HISTOIRE

NATURELLE

DES POISSONS.

STRASBOURG, imprimerie de V.e BERGER-LEVRAULT.

HISTOIRE
NATURELLE
DES POISSONS,

PAR

M. LE B.ᵒⁿ CUVIER,

Pair de France, Grand-Officier de la Légion d'honneur, Conseiller d'État et au Conseil royal de l'Instruction publique, l'un des quarante de l'Académie française, Associé libre de l'Académie des Belles-Lettres, Secrétaire perpétuel de celle des Sciences, Membre des Sociétés et Académies royales de Londres, de Berlin, de Pétersbourg, de Stockholm, de Turin, de Gœttingue, des Pays-Bas, de Munich, de Modène, etc. ;

ET PAR

M. A. VALENCIENNES,

Professeur de Zoologie au Muséum d'Histoire naturelle, Membre de l'Académie royale des sciences de Berlin, de la Société zoologique de Londres, etc.

TOME SEIZIÈME.

A PARIS,

Chez P. BERTRAND, rue Saint-André-des-Arcs, n.º 38.
STRASBOURG, chez V.ᵉ LEVRAULT, rue des Juifs N.º 33.
1842.

AVERTISSEMENT.

J'ai commencé dans ce volume l'histoire des poissons de la famille nombreuse et utile des cyprinoïdes; je n'ai traité dans cette première partie que des cyprins à barbillons. C'est elle qui comprend les espèces les plus grandes et les plus estimées, et celles sur lesquelles les hommes qui veulent encourager l'agriculture et une de ses branches importantes, doivent porter leur attention et appeler celle du Gouvernement. Il y aurait de grandes et de fructueuses tentatives à faire sur l'acclimatation de ces espèces. Le barbeau est indigène de nos contrées; la carpe n'était certainement pas connue dans l'Europe septentrionale du temps des Romains : c'est une des plus précieuses acquisitions en ce genre; c'est vers la fin du xv.ᵉ siècle ou le commencement du xvi.ᵉ qu'elle a été introduite seulement en Angleterre. Les poissons rouges ou nos dorades, qui viennent des provinces assez chaudes de la Chine, se sont naturalisées tout récemment dans nos climats. Cet exemple nous donne la preuve certaine, que si l'on portait ses vues vers ce genre d'amélioration de nos eaux douces et des produits qu'elles peuvent nous donner, on aurait de grands avantages à y introduire de nouvelles espèces de poissons d'eau douce. Les lacs de l'Inde, si abondans en

poissons variés, nous fourniraient des espèces qui supporte-
raient nos saisons; car les cyprins s'élèvent dans les montagnes de l'Inde à des hauteurs de cinq à six mille pieds
au-dessus du niveau de la mer, là où les rivières se congèlent
tous les ans. Ces espèces, vantées par les naturalistes qui
ont fait l'histoire de ces contrées, atteignent jusqu'à trois
pieds de long : ce serait donc une nouvelle richesse apportée
au produit de la pêche. Il est assez curieux de voir la grande
quantité de cyprins dont sont peuplées les eaux de l'Inde;
la hauteur à laquelle ces espèces s'élèvent dans les montagnes et vivent dans les ruisseaux les plus clairs et les plus
rapides, lorsqu'on ne trouve dans ces climats aucune truite,
poissons que l'on peut nommer en Europe essentiellement
alpins.

Je ne connais non plus aucune espèce de cyprin des Andes
de l'Amérique équinoxiale, et le nombre des poissons de ce
genre que l'on trouve dans les immenses amas d'eau de
l'Amérique septentrionale, est infiniment petit par rapport
à ceux d'Europe ou de l'Inde. Ainsi je ne décris qu'un seul
cyprin américain, du genre du goujon, dans ce volume.
A la vérité, les familles suivantes dont je vais continuer
l'histoire, comprennent un plus grand nombre de cyprinoïdes.

Aux travaux anciens et connus de tous les zoologistes,
il faut ajouter le travail récent dont j'ai emprunté tant de
faits, celui de M. John M'clelland, chirurgien au service
de la compagnie des Indes, qui nous a fait connaître les
poissons de l'Assam.

L'ichthyologie a fait de nouvelles acquisitions par les recherches de MM. Hombron et Jacquinot, pendant leur circumnavigation sous les ordres de M. le contre-amiral Dumont d'Urville; mais l'on conçoit que dans ces sortes de voyages la famille des cyprinoïdes, qui ne comprend que des poissons d'eau douce, ait été peu augmentée.

Au Jardin du Roi, ce 6 mai 1842.

TABLE

DU SEIZIÈME VOLUME.

LIVRE DIX-HUITIÈME.

CHAPITRE PREMIER.

CHAPITRE II.

CHAPITRE III.

Pages. Planch.

CHAPITRE IV.

CHAPITRE V.

Pages. Planch.

CHAPITRE VI.

CHAPITRE VII.

CHAPITRE VIII.

HISTOIRE

NATURELLE

DES POISSONS.

LIVRE DIX-HUITIÈME.

LES CYPRINOÏDES.

Les poissons dont nous allons faire connaître les nombreuses espèces, très-voisines les unes des autres, constituent, sous le nom de CYPRINOÏDES, une famille naturelle qui correspond au genre CYPRINUS de Linné ou d'Artedi. Ce genre, réunissant les espèces qui peuplent en plus grande abondance les eaux douces courantes ou lacustres de l'Europe, comprenait aussi les espèces étrangères connues lors de la publication de la X.ᵉ ou de la XII.ᵉ édition du *Systema naturæ*. Il n'y avait qu'une seule espèce, le *cyprinus dentex*, qui y fût introduite mal à propos. Ce groupe est tellement bien fait et les rapports qui lient les espèces entre elles sont si faciles à saisir, que Gmelin, dans la XIII.ᵉ édition, en retira le *cyprinus dentex*, et c'est peut-être le seul genre de Linné qui ait été convenablement corrigé dans cette compilation.

Ce genre s'est de même conservé dans les auteurs qui

16.

ont succédé à ce grand naturaliste, de telle sorte que les Cyprins, dans les ouvrages de Lacépède, de Shaw, de Bloch (édition de Schneider), ont toujours gardé la vérité de la composition première, malgré les additions que ces auteurs y ont faites.

M. Cuvier, montrant aux zoologistes que les genres de Linné étaient, dans l'état avancé de la zoologie, des types de familles naturelles, établit plusieurs coupes dans les cyprins. Il en présente le tableau dans le Règne animal dès 1817. Dans cette première édition, on voit paraître le genre *Carpes,* auquel est réservé plus particulièrement le nom de *cyprinus,* et que l'auteur caractérise par une dorsale longue, ayant une épine forte et le plus souvent dentelée au commencement de la dorsale et de l'anale. Leur bouche est tantôt pourvue de barbillons, tantôt elle manque de ces sortes d'appendices. Les Barbeaux (*barbus,* Cuv.) ont toujours quatre barbillons, et une dorsale armée d'un rayon solide et comme épineux; les Goujons (*gobio*) ont les barbillons des Barbeaux, mais leurs nageoires dorsale et anale sont dépourvues de rayon dur. Ces deux nageoires sont courtes, et n'ont jamais l'extension que· la première surtout a dans les carpes.

Les Tanches (*tinca*) diffèrent des goujons par les barbillons très-petits. La position des barbillons sur le milieu de la lèvre supérieure et une dorsale assez grande caractérisent les Cirrhines : elles sont des eaux douces étrangères à l'Europe, ainsi que les Labéons (*labeo,* Cuv.), cyprinoïdes sans barbillons, mais remarquables par leurs lèvres épaisses et la longueur de leur dorsale, étendue quelquefois comme celle des carpes. Après ces divisions, restaient les poissons désignés vulgairement sous le nom de *blanchaille,* de *pois-*

sons blancs, sans lèvres remarquables par leurs barbillons ou par leur épaisseur, dont un groupe, réunissant les espèces à corps élevé et comprimé, à dorsale courte, mais à anale très-longue, constitue les Brèmes (*abramis*) et les autres à dorsale et anale très-courtes, ont fourni le genre des Ables (*leuciscus,* Cuv.). A ce premier travail, M. Cuvier n'a ajouté, dans sa seconde édition, que le genre Catostome (*Catostomus,* Lesueur), voisin des Labéons par la configuration de leur lèvre, mais à dorsale courte, comme celle des Ables.

Ces divisions de M. Cuvier, faites en consultant la riche collection du Muséum, ont donné naissance à plusieurs genres faciles à reconnaître; quoique celui des ables, comprenant non-seulement presque tous les cyprinoïdes de nos eaux douces, mais encore un assez grand nombre d'espèces étrangères, soit une réunion d'espèces souvent difficiles à déterminer. Aussi c'est sur ces espèces que les zoologistes récens ont porté leur attention; et les travaux de M. Fitzinger, puis ceux de M. Agassiz, qui ont pris pour base heureuse de leurs caractères le système de la dentition pharyngienne, ont amélioré beaucoup ces derniers genres.

Je suis de l'avis de M. Agassiz, qui considère les cobitis comme de véritables cyprinoïdes, surtout en les restreignant, comme il le fait, aux espèces sans dents. Mais je ne suis pas de son avis quand il croit devoir retirer de cette famille les genres Pœcilia, Lebias, etc., confondus à tort avec les cobitis; car ils me semblent avoir tout l'ensemble de véritables cyprins : leurs dents maxillaires et le nombre de leurs rayons branchiostèges, deviennent seulement des caractères de genre.

Cette séparation est suivie par le prince Charles Bonaparte de Canino qui, faisant des CYPRINIDÆ sa trente-troisième famille, caractérisée par les organes que tous les ichthyologistes ont pris pour base de leur division, les subdivise en deux groupes secondaires : en *cyprinini*, à bouche le plus souvent tentaculée, à corps muqueux et en écailles cachées sous cette couche muqueuse ; et en *leuciscini*, à bouche sans barbillons, et à écailles solides non recouvertes par cette couche muqueuse ; puis, les POECILIDÆ deviennent la trente-quatrième famille, caractérisée par la présence des dents aux mâchoires, et en nombre de rayons branchiostèges supérieur à trois. Ce n'est pas ici le lieu de discuter cette méthode ichthyologique faite suivant les principes de M. Agassiz, et dans laquelle les *cyprinidæ* appartiennent à l'ordre des *cycloïdées*, dont le caractère se trouve exprimé dans ces mots : *squamæ læves, stratis lamellaribus integerrimis subpositis,* et dans lequel les quatre premières familles se composent de poissons à corps couvert d'une peau nue sans aucunes espèces d'écailles. Ces groupes sont cependant si nombreux qu'ils réunissent plus de trois cents espèces faisant excep-tion à la règle générale formulée par le caractère de l'ordre. Mais la discussion de tous ces rapprochemens nous jetterait maintenant trop loin de l'histoire des cyprins.

A l'occasion d'un beau et grand travail sur les cyprins de la péninsule de l'Inde, qui a le grand mérite de nous faire bien connaître les espèces si nombreuses de ces contrées, et de nous aider à comprendre les travaux du savant naturaliste, le docteur Buchanan Hamilton, dont les descriptions ne sont pas malheureusement toujours assez suffisantes, de sorte que l'on ne peut guère se servir avec exactitude que des excellentes figures de cet ouvrage, un chirurgien, attaché au service médical du Bengale, M. John M'clelland, très-versé dans toute la zoologie, a fait précéder son mémoire de ses vues sur la classification des cyprins. Il propose de diviser cette grande famille en trois autres secondaires : une première comprendrait, sous le nom de POEONOMINÆ (Ποιονόμος, qui se nourrit d'herbe), tous les cyprins à régime spécialement herbivore, dont la bouche est peu fendue, et le canal intestinal très-long : cette famille correspond aux *cyprinini* du prince Charles Bonaparte, et aux premiers genres du règne animal jusqu'aux leuciscus de cet ouvrage. Une seconde famille réunirait les espèces carnassières; aussi l'auteur l'appelle SARCOBORINÆ (Σαρκοβόρος, carnivore) : ce sont les *leuciscini* (Ch. B.). Par opposition aux précédens, le canal intestinal est plus court, et l'auteur signale la petite proéminence de la symphyse de la mâchoire inférieure comme un vestige de dents pour arrêter la proie. Je crois ici que M. J. M'clelland, excellent observateur des espèces indiennes, dont plusieurs vivent presque exclusivement d'insectes, a trop promptement généralisé dans ce cas, et peut-être aussi dans ce qui regarde la première famille; car tous les cyprins mangent des vers avec autant d'avidité que le blé. Enfin, sa troisième famille correspond aux cobitis et aux pœcilies; il leur donne le nom d'APALOPTERINÆ (Ἀπαλός, mou, et πἸερὸν, nageoires); famille, ayant de trois à six rayons à la membrane branchiale, le corps muqueux, un intestin court et point de rayons épineux aux nageoires. Comme l'auteur y réunit les cobitis et les pœcilies, il ne peut pas prendre, comme ses prédécesseurs, la présence des dents aux mâchoires pour un caractère supérieur. Je ne suivrai pas

M John M'clelland dans tous les rapprochemens ingénieux qu'il a faits, en adoptant les idées de M. Maclay; mais je n'oublierai pas de dire que le tableau de la distribution géographique des cyprins qu'il a dressé, est d'un haut intérêt. Il montre, que sur plus de deux cents espèces connues aujourd'hui, plus de la moitié appartiennent aux eaux douces de l'Inde; car il en signale cent trente-neuf. L'Europe en nourrit le plus après l'Inde, puisqu'on y compte quarante à cinquante espèces.

Les essais de classification que je viens d'analyser, prouvent que tous les auteurs ont senti la grande famille des cyprinoïdes; mais il est évident que les caractères secondaires, donnés comme devant servir à établir des sous-familles, ne précisent pas assez ces groupes.

La nature des rayons durs et poignans de la dorsale ou de l'anale de quelques cyprinoïdes ne m'empêche pas de regarder ces poissons comme des malacoptérygiens, ainsi que l'ont fait Artedi et Cuvier; car ces épines sont de même nature que celles des siluroïdes : mais dans nos cyprins il n'y en a plus qu'aux nageoires dorsale et anale comme dans les carpes, ou à la dorsale seulement, comme dans les barbeaux : tous les autres cyprinoïdes manquent de ces rayons durs. Quant aux caractères de la famille, il faut les trouver dans leur bouche peu fendue, non protractile, dont les mâchoires sont faibles, même quand elles sont pourvues de dents. Les intermaxillaires font le bord supérieur de la bouche, les pharyngiens inférieurs sont armés de dents variables selon les genres : elles portent contre une plaque cartilagineuse adhérente à une apophyse du basilaire. Le canal alimentaire, toujours assez étroit, alongé, et replié plusieurs fois sur lui-même, reçoit entre ces circonvolutions les lobules d'un foie assez gros, dont le lobe principal est souvent très-volumineux : il n'y a pas d'appendices cœcales. A ces caractères, ajoutez que la vessie aérienne est grande, à parois fibreuses, divisée le plus souvent en deux, quelquefois même en trois sacs distincts; la seconde poche communique avec le haut de l'œsophage par un cordon assez long, qui remonte sur la face supérieure de l'estomac. La rate est grosse et cachée sur ce viscère; les reins sont alongés, et renflés autour des parties arrondies des poches, dans lesquelles la vessie aérienne est divisée. Le crâne des cyprinoïdes est lisse, généralement bombé, et n'a qu'une seule crête interpariétale vraiment saillante; car c'est à peine si l'on doit donner le nom de crêtes aux deux apophyses élevées sur les occipitaux supérieurs. Cette crête interpariétale est courbée en arrière, sans faire de saillie sur la convexité de la ceinture formée par les mastoïdiens et les pariétaux, derrière lesquels est articulé l'interpariétal. Elle dépasse un peu la région occipitale; mais le crâne n'est pas ici divisé en fosses plus ou moins profondes, comme cela a lieu dans les acanthoptérygiens, les labroïdes exceptés, qui marchent, sous ce rapport, vers les malacoptérygiens. Cette crête ne touche pas à la grande et large apophyse de la première vertèbre, dont le corps, assez intimement uni à celui de la seconde et de la troisième, rappelle ce que nous avons observé dans la vertèbre des siluroïdes, et qui est surtout très-analogue à celle des silures manquant de bouclier ou de chevron produits par les interépineux des rayons de la dorsale. Les carpes lient donc naturellement, par leurs épines dorsale et anale à bord dentelé en arrière, les cyprinoïdes aux siluroïdes.

Ces observations répondent, je crois, à la critique faite par M. Agassiz à ceux qui commencent l'histoire des cyprinoïdes par celle de la carpe. C'est de tous nos cyprins le poisson le plus abondant, le mieux connu, celui sur lesquels les faits qui servent de point de départ et de comparaison, peuvent être vérifiés aussi facilement que sur la perche de nos étangs. J'avoue, d'ailleurs, que je trouve plus de rapports entre les carpes et les silures, que je ne saisis ceux qui lient les cobitis aux gades et aux anguilles.

Ceux des cyprinoïdes qui ont le corps couvert d'écailles, ont ces organes formés de lames à bords d'accroissement lisses, entiers et parallèles, comme les scombéroïdes, entre autres, nous en offrent des exemples dans les acanthoptérygiens, et plusieurs autres cyprinoïdes ont des stries en éventail sur la portion radicale de leurs écailles, comme beaucoup de percoïdes.

La membrane branchiostège a trois rayons forts et courbés. Les ventrales, quand elles existent, sont abdominales, et rejetées sous le ventre, ordinairement à l'aplomb de la dorsale, quand elle est courte, et qui leur correspond tantôt par le premier, mais souvent par le dernier rayon.

Les cyprinoïdes peuplent les eaux douces du monde entier; quelques-uns descendent dans les fleuves jusqu'auprès de leur embouchure, et vivent alors dans les eaux saumâtres; mais on ne peut les désigner d'une manière absolue comme des poissons de mer, quoique quelques auteurs aient parlé de poissons de cette famille, vivant habituellement dans l'eau salée. En général, les espèces appartiennent à l'Asie et à l'Europe; car il y en a peu en Afrique. Je n'en connais pas dans les eaux si abondantes de l'Amérique équinoxiale; mais celles de l'Amérique septentrionale en nourrissent plusieurs espèces.

Les travaux de M. Agassiz nous ont fait connaître quelques cyprinoïdes fossiles, qui proviennent des terrains tertiaires d'eau douce, et qui ressemblent beaucoup à nos espèces d'Europe.

Ces cyprinoïdes, les moins carnassiers des poissons, se nourrissent tous de matière végétale, et surtout de substances organiques en décomposition; c'est sans doute pour l'assimiler qu'ils avalent souvent une assez grande quantité de limon, tenant dans son mélange beaucoup de substance nutritive. Ils mangent aussi des graines et se jettent sur les vers et sur les insectes. Le genre de nourriture paraît varier avec les saisons; car les personnes qui s'adonnent à la pêche, savent que pendant telle saison il faut amorcer avec des grains le même poisson qu'à une autre époque de l'année on prendra à la mouche ou au ver.

Quelques espèces de cyprins attaquent aussi les petits poissons. Certaines espèces vivent isolées, d'autres se tiennent en petites troupes, et d'autres, enfin, font des bancs, comparativement à la masse d'eau, aussi étendus que les harengs. Ainsi l'on pêche l'ablette avec des nappes qui représentent en petit la pêche du hareng, et on peut quelquefois prendre dans une seule nuit plus de mille individus de cette espèce.

Les observations que j'ai faites sur ces poissons, m'ont aussi prouvé que plusieurs cyprinoïdes sont sujets à une somnolence hivernale. J'ai trouvé un tronc de saule que le pêcheur, avec qui j'étais, avait attaché à la remorque de son bateau pour le ramener chez lui, afin de le brûler. Ce tronc d'arbre fut traîné et remué pendant plusieurs heures; quand on le mit à terre, on s'aperçut qu'il était creux, et qu'une vingtaine de barbeaux (*cyprinus barbus,* Linn.), dont plusieurs assez gros, s'étaient serrés les uns contre les autres dans ce tronc d'arbre. On put les tirer de cette retraite, et ils furent pendant assez long-temps sur la terre, sans remuer ni sauter, comme fait le poisson hors de l'eau. Le meunier (*cyprinus dobula*) s'engourdit aussi pendant l'hiver : plusieurs individus se serrent ensemble dans un trou de berge, et y demeurent immobiles pendant la mauvaise saison, tellement qu'on peut les prendre avec la main. On sait, en général, que pendant le froid le poisson se tient tranquille au fond de l'eau; mais les faits que je viens de rapporter, et surtout le premier, me semblent prouver cette sorte de disposition somnolente, à laquelle les physiologistes auraient dû faire plus d'attention, après les faits curieux rapportés par Pallas à l'article du *Cyp. carassius.*

En étudiant aussi ces cyprins dans le baquet où on les place au moment de la pêche, j'ai souvent observé que plusieurs d'entre eux, et plus particulièrement le barbeau (*cyprinus barbus*), font entendre un son guttural très-prononcé. Ils le produisent sous l'eau, et dans ce cas, aucune bulle d'air ne s'échappe de leur ouïe ni de leur bouche. Je ne connais pas encore le moyen que l'animal emploie pour émettre ce bruit, qui doit être de même nature que celui que les trigles, les cottes et autres font entendre.

Les poissons extraordinaires que M. Pentland a rapportés du lac de Titicaca, et qui, malgré leur singularité et en particulier l'absence de leurs ventrales, doivent être classés dans la famille des cyprinoïdes, m'ont engagé à voir comment nos cyprins se comportent dans l'eau soumise à une faible pression barométrique. Les cyprins du lac de Titicaca vivent dans des eaux élevées de 4,500 mètres au-dessus du niveau de l'océan Pacifique. La pression barométrique y est de 0^m,43 à 0^m,42 de mercure. J'ai placé des goujons (*cyprinus gobio*) sous des récipiens, disposés convenablement, pour connaître, par la hauteur du baromètre, la pression à laquelle les corps seront soumis sous la cloche. J'ai vu que, si on fait le vide lentement, de manière à n'avoir plus que moitié ou qu'un quart de pression atmosphérique, les goujons ou les loches, au nombre de cinq ou six, mis dans un vase plein d'eau sous la cloche, n'ont pas paru en souffrir. Ils y ont passé quatre ou cinq heures. En ayant soin de maintenir toujours le vide à cette même pression, les petits animaux ne laissaient échapper que quelques bulles d'air très-rares; en faisant le vide brusquement, et en descendant à un vingt-huitième de pression, ils ont laissé échapper beaucoup d'air, et ont commencé à perdre l'équilibre quand ils ont voulu nager; en faisant descendre le mercure encore plus bas, les animaux ont éprouvé un autre genre d'actions. Les gaz contenus dans leur intestin se sont dilatés, le ventre s'est météorisé, et l'animal s'est tenu renversé et est venu flotter à la surface de l'eau. Dans ce cas, ces petits poissons avaient vidé complétement leur vessie aérienne. Je m'en suis assuré par plusieurs autopsies. Cependant les goujons ont vécu dans cette position tout aussi long-temps que des goujons soumis à la pression ordinaire de l'atmosphère, dans un vase où ils n'auraient pas manqué d'air. En les y replaçant après vingt-quatre heures, ils se sont peu à peu retournés pour reprendre leur position normale et ordinaire : les animaux se sont tenus tranquilles au fond de l'eau, ils avaient l'abdomen si déprimé qu'il semblait creusé en gouttière; mais ils se gonflaient tout doucement, et après six heures, ceux que j'ouvrais avaient la vessie aérienne distendue, remplie de l'air qu'elle sécrète, c'est-à-dire, presque en entier de gaz azote. La vessie était tout-à-fait dans les mêmes conditions, et présentait le même aspect que celle d'un poisson retiré de l'eau ordinaire, et sans avoir été soumis à aucune expérience.

Le nom de *cyprinus*, sous lequel on désigne ces poissons, est un nom grec, et en comparant les passages des différens auteurs anciens, on arrive à une détermination peut-être moins douteuse de ce nom qu'à celle de beaucoup d'autres que nous trouvons dans leurs écrits.

Si nous ne pouvons appliquer d'une manière spéciale le nom de κυπρῖνος à l'une des espèces du genre Cyprin, nous trouvons cependant, par plusieurs traits rapportés par les anciens, que cette expression est une de celles qui conviennent le mieux à notre carpe. En effet, Aristote[1], en parlant des organes des sens des poissons, et après avoir dit que leur langue est imparfaite et obscure ou presque effacée (εχουσι δ' ἀμυδρῶς), ajoute que quelques-uns ont un palais charnu, qui leur tient lieu de langue, comme, par exemple, dans les fluviatiles, aux cyprins, τοῖς κυπρίνοις, et tellement que, si on n'y regarde avec attention, on le prendrait pour la langue. Ce trait est assez caractéristique pour ne laisser aucun doute sur la signification du mot κυπρίνος. Le naturaliste grec l'appliquait à nos espèces de

---

1. *Hist. anim.*, liv. **IV**, ch. **VIII**, p. 826, A.

cyprins, les seuls parmi les poissons qui aient ainsi le palais
gros, charnu et animé par un grand nombre de filets
nerveux. Si l'on veut encore comparer, sous le rapport
du développement de cet organe, nos carpes, nos meu-
niers, nos vandoises et autres espèces, on doit dire, sans
craindre ici une interprétation forcée, qu'Aristote désignait
la carpe par le mot de *cyprinus*.

Nous voyons encore les cyprins cités dans quelques
autres passages de ses œuvres. Mais ces citations ne se
rapportent pas à des traits d'organisation aussi caractéristiques que celui tiré du passage cité plus haut. Ainsi,
au chapitre XIII du livre II, il cite le cyprin avec le
glanis, la perche et le tourd comme exemple de poissons
ayant de chaque côté quatre branchies sur un rang double;
ce qui est vrai pour le plus grand nombre des poissons.
Cette citation du κυπρίνος, en commun avec la perche et
le glanis, pour appuyer un fait tenant à l'organisation générale des poissons, prouve que celui désigné sous ce
nom était abondant et connu de tous, et il est là cité
avec d'autres poissons d'eau douce. Au livre VI, chapitre XIV, il le donne comme un exemple d'un poisson
frayant cinq fois dans l'année, et ne laissant pas, comme
les espèces marines, échapper son frai d'une seule fois.
Ceci est assez bien conforme à ce que nous observons
de nos jours. Le fait est que la carpe et la plupart de
nos autres cyprins fraient à plusieurs reprises et successivement, depuis Avril et Mai jusqu'à la fin de Juillet ou
le commencement d'Août. Enfin, nous voyons, en quatrième lieu, Aristote citer le κυπρίνος comme un poisson
soumis à l'influence du tonnerre, dont les effets étaient
de l'assoupir; propriété qu'il partageait avec le glanis,

quoique d'une manière moins prononcée. Il est vrai que,
si Aristote n'eût cité que ce dernier trait, il nous eût laissé
aussi incertain pour la dénomination de ce nom de poissons
cités dans ses œuvres que pour tant d'autres; mais la particularité exposée avec tant de précision dans la première
citation, ne peut nous laisser en doute sur l'idée attachée
par Aristote à la dénomination grecque du cyprin.

Athénée[1] n'est pas d'ailleurs aussi instructif qu'Aristote;
il a écrit *κυπριανος*, le plaçant d'abord parmi les poissons
de mer, et ensuite rapportant, d'après Dorion, qu'on doit
le compter parmi les poissons fluviatiles ou lacustres.

Oppien nous laisse à son tour dans l'incertitude, et il
résulterait de l'emploi qu'il a fait du mot *κυπρίνος*[2], en le
citant avec les *scombres*, les *mormylus* et autres poissons
qui aiment le rivage, que cette expression était aussi bien
employée pour des espèces marines que donnée à des
espèces d'eau douce, comme cela se pratique encore
aujourd'hui dans le langage des pêcheurs de nos côtes,
qui appellent *carpes de mer* certains labres ou spares
qui n'ont même aucune affinité générique avec les poissons d'eau douce qu'ils connaissent sous le nom de carpes.
A la vérité, Oppien[3] cite les *κυπρίνοι* comme des espèces
qui pondent cinq fois par année, se rapportant en cela à
une des remarques d'Aristote. Comme il les oppose aux
Τρίγλη, aux *Σκορπιος* et à d'autres poissons de mer, il est bien
difficile d'inférer de l'emploi de ces dénominations à quels
poissons ces deux auteurs entendaient l'appliquer.

---

1. Ath., *Deipn.*, liv. VII, ch. 17, p. 309, B.
2. *Hal.*, liv. I, vers 101.
3. *Hal.*, vers 593.

Ælien cite[1] les κυπρῖνοс parmi les poissons du Danube,
en leur donnant l'épithète de noirs (μέλανεс); ce qui ne
peut guère conduire à savoir s'il entendait parler de nos
carpes, d'autant plus qu'il fait entrer, dans le Danube,
avec les *cyprinus*, les coracinus, les mulles et d'autres
poissons, et ceux-là en compagnie du *xiphias*. On ne peut
douter, par ce qu'il rapporte du xiphias, dont la pointe
du bec peut se retrouver enfoncée dans la carène des
vaisseaux, qu'il ne s'agisse de l'espèce que nous connaissons encore aujourd'hui sous ce nom[2], ainsi que nous
l'avons déjà admis à l'article de ce poisson; mais je crains
bien qu'il n'y ait eu dans le rapport d'Ælien quelque
confusion; car nous remarquons aussi qu'aucun auteur ne
signale de notre temps que l'espadon remonte quelquefois
dans nos fleuves.

Quoi qu'il en soit du vague de ces dernières interpré-
tations, les premières données d'Aristote sur la nature du
palais des carpes, nous mettent assez complètement sur la
voie pour lever nos doutes à ce sujet.

Cependant Pline, ne profitant pas entièrement des
écrits d'Aristote, ne cite le cyprin[3] que comme un poisson à qui il arrive dans la mer les mêmes effets d'engour-
dissement que le tonnerre cause au glanis, et dans un
autre endroit[4] il indique aussi, conformément aux assertions du naturaliste grec, que le cyprin fraie six fois; mais
Pline néglige de reproduire ou d'ajouter à ce qu'Aristote

---

1. Liv. XIV, ch. 23 et ch. 26.
2. Tom. VIII, pag. 197.
3. Liv. IX, ch. 16, édit. Hardouin, t. I, p. 509, lig. 14.
4. *Ibid.*, p. 532, lig. 18.

dit de si positif sur la nature de ces poissons, et qui peut nous les faire reconnaître.

Je dois faire observer ici qu'il faut suivre la leçon du père Hardouin, et ne pas regarder comme une troisième citation du *cyprinus*, la seule qu'ait donnée Artedi d'après l'édition de Dalechamps. Il est clair qu'il y a dans cette leçon une faute qu'on ne peut guère corriger autrement que selon la version du père Hardouin.

Toutefois, si nous admettons que le nom de κυπρίνος soit celui sous lequel les anciens désignaient la carpe, nous devons faire remarquer que ce mot ne se trouve pas dans Ausone; ce qui me fait supposer que de son temps ces poissons que l'on croit venir des contrées orientales de l'Europe ou de l'Asie, ne s'étaient pas encore avancés jusque dans les Gaules. Cette remarque s'accorde assez bien avec ce que nous savons positivement, que c'est presque de nos jours, c'est-à-dire, sous le règne de Henri VIII, que la carpe a été introduite en Angleterre.

CHAPITRE PREMIER.

Des Carpes, *et en particulier de la* Carpe commune (*Cyprinus carpis*).

Le nom de carpe, sous lequel nous désignons vulgairement un des poissons d'eau douce le plus commun et le plus connu dans toute l'Europe, vient sans aucun doute des mots *carpo, carpa,* etc., que l'on trouve dans les auteurs du moyen âge qui ont parlé des différents êtres naturels. Paul Jove, en 1523, donne le mot de *carpena* pour la dénomination de la carpe chez les riverains du Pô; mais il dit que les Vénitiens la connaissaient sous le nom de *reïna.* Elle est devenue l'espèce primitive d'un groupe de cyprinoïdes, caractérisé par une longue dorsale, ayant trois rayons poignans, dont le troisième, le plus long, est souvent dentelé en arrière, et ressemblant à certains rayons de siluroïdes.

L'anale a deux rayons forts et solides; les dents pharyngiennes, attachées à l'os que M. Geoffroy a nommé le cricéal, sont au nombre de cinq : une, très-grosse, dont les deux bords sont courbes et semblent être concentriques, a la surface hérissée de trois collines d'émail parallèles, un peu sinueuses, et séparées en deux parties par un sillon longitudinal. En arrière et à chaque côté de cette dent, deux autres, à couronne plate et usée, avec cinq ou six collines d'émail dirigées dans le même sens que celles de la grosse dent : ces deux dents ne sont pas moitié aussi grosses que la première. En avant de celle-ci une seule dent impaire, à couronne arrondie, mousse et sans trace

16.   3

de collines. La cinquième dent, placée à l'arrière de tout cet appareil dentaire, est très-petite.

Le nombre varie selon les espèces.

Tout le corps est épais, plus ou moins large et comprimé; les écailles sont épaisses, fortes et à stries concentriques; la vessie aérienne est grande et divisée en deux lobes, le postérieur communiquant avec l'œsophage : la membrane branchiostège a trois rayons forts et plats.

Parmi les carpes il y a des espèces dont les angles de la mâchoire et le milieu de l'intermaxillaire portent de petits barbillons plus ou moins visibles, d'autres en manquent; ce qui établit deux divisions dans ce groupe. M. Fitzinger avait même cru que l'on pourrait se servir du caractère tiré de la présence ou de l'absence des barbillons pour établir deux genres; l'un, les *Cyprinus* ou carpes à barbillons; l'autre, les *Cyprinopsis* ou carpes sans barbillons. M. Nilson nommait ceux-ci *Carassius* : mais la petitesse de ces organes ne peut pas permettre de leur donner tant d'importance : ainsi, je pense que M. Agassiz a raison de les réunir. Cet habile ichthyologue ne connaît pas d'espèces fossiles du genre carpe.

La carpe a le corps de forme régulière et élégante pour un poisson. Il est légèrement comprimé, plus arrondi en dessous, et un peu en toit sur le dos. La hauteur, double de l'épaisseur, est contenue quatre fois dans la longueur totale. Le front et la nuque ont le profil soutenu et un peu bombé; puis, la ligne du profil du dos monte de la nuque à la base du premier rayon de la dorsale par un arc de cercle assez sensible, ensuite la courbe s'alonge sous la base de la nageoire du dos, et devient un peu concave sur le dos du tronçon de la queue. La ligne du ventre est presque droite depuis la bouche jusqu'à l'anus, d'où elle remonte obliquement sous l'anale, pour devenir droite ensuite sous la queue, dont la hauteur n'est pas moitié de celle du tronc avant la dorsale. La tête, mesurée jusqu'au bord membraneux de l'opercule, est un peu moins longue que le corps n'est haut. L'œil est de grandeur médiocre, son diamètre étant plus petit que le sixième, mais plus grand que le septième de la longueur de la tête. L'espace du front entre les deux yeux est convexe, et mesure trois longueurs de diamètre sur le poisson vivant; car cet espace paraît plus étroit quand on l'examine sur le poisson qui a séjourné pendant quelque temps dans l'alcool. La chaîne des osselets du sous-orbitaire ne paraît pas au travers de la peau épaisse qui recouvre la joue, à moins que le poisson ne soit desséché, ou qu'on ne l'examine sur le squelette. Il en est de même du préopercule; on n'en voit que le limbe, et encore est-il peu distinct. Le bord vertical en est lisse et arqué, la convexité tournée en arrière; l'horizontal est tout-à-fait inférieur, mais rectiligne; l'angle est mousse. L'opercule est un trapèze irrégulier, dont l'angle postérieur est arrondi : celui qui répond à l'interopercule est très-aigu. Le supérieur ou l'angle d'articulation est presque droit, et de son sommet l'on voit partir de nombreuses ciselures, qui s'étendent en rayonnant sur toute la surface de l'os. Le bord membraneux de l'opercule est assez large; le sous-opercule a la forme d'un arc de cercle : quant à l'interopercule, il est assez étroit et courbé en une sorte de crosse, dont la partie convexe et arrondie dépasse l'angle du préopercule. Tous les os ont leurs bords lisses, et sans aucunes épines. La bouche est peu fendue, car jusqu'à l'angle de la mâchoire on compte que la distance fait plus du septième, mais moins du sixième de la longueur de la tête. L'arcade maxillaire supérieure forme un arc assez régulier, qui est à peu près une demi-circonférence de cercle : la mâchoire inférieure est plus courte que la supérieure. Toutes deux n'ont aucunes dents; leurs lèvres épaisses constituent un bourrelet charnu autour de cette ouverture. Il s'étend assez en une espèce d'auricule de chaque côté de la mâchoire inférieure, et il se replie sur l'intermaxillaire et passe sur le maxillaire pour y former une sorte de seconde lèvre, qui donne naissance à deux barbillons : l'un, à l'angle de la commissure, égale en longueur la fente de la bouche; l'autre, naissant sur le milieu de la lèvre, est de moitié plus court que le premier. La bouche est peu protractile, aussi la branche de l'intermaxillaire est-elle courte : elle se loge, quand elle est retirée, dans une échancrure, sur le devant de l'ethmoïde, et vu la brièveté de la branche montante, le maxillaire est retenu vers son extrémité, et l'intermaxillaire s'abaisse plutôt qu'il ne se porte en avant : tout le bout du museau est arrondi et convexe au-devant des yeux. Sur les bords de cette convexité et un peu des yeux, sont les deux ouvertures de la narine, très-rapprochées l'une de l'autre; l'antérieure est bordée d'un mince rebord étendu en membrane papilleuse qui cache la grande ouverture de la narine postérieure. Les deux branches de la mâchoire sont planes en dessous, et se portent sous la gorge à une distance plus grande que la bouche elle-même n'est fendue. Il y a entre ces deux branches un intervalle assez grand, ce qui fait sous la gorge un isthme assez large, qui est encore accru par l'épaisseur et la largeur des rayons branchiostèges, bien qu'ils ne soient qu'au nombre de trois : ils divergent à mesure qu'ils s'éloignent du corps de l'hyoïde. Mais dans toute cette étendue horizontale la membrane branchiostège est adhérente à la peau qui recouvre la gorge. La fente des ouïes, malgré cela, est encore assez grande, quoique recouverte par le large bord membraneux de l'opercule que recouvre toute la ceinture osseuse de l'épaule : aussi, sur le poisson vivant, les branchies s'ouvrent-elles très-peu. Cette ceinture est formée par un scapulaire étroit et grêle, qui descend jusqu'à la moitié de la hauteur entre le bord supérieur de l'opercule et l'insertion de la pectorale, et en second lieu par un huméral, dont l'angle arrondi forme au-dessus de la nageoire un petit écusson à peu près semi-elliptique. La pectorale a le bord (à peu près arrondi) des rayons épais divisé en quatre filets à l'extrémité, à partir du troisième; car le second n'a que deux divisions, et le premier est simple : tous sont articulés. La longueur de la nageoire est comprise six fois dans la distance du bout du museau à l'échancrure de la caudale. La ventrale, un peu plus courte que la pectorale, a une apparence plus triangulaire; elle est fixée à peu près à la fin du second cinquième de la longueur totale. Le commencement de la dorsale répond à la ventrale; sa plus grande hauteur égale la moitié de celle du tronc, mesurée sous le premier rayon de la nageoire; elle s'abaisse par une première échancrure peu profonde, devenant une ligne droite sur les derniers rayons, qui n'ont plus que les deux tiers de la hauteur des premiers. L'anale répond à peu près au second tiers de la distance entre le bout du museau et le milieu de la caudale; elle dépasse un peu sous le tronçon de la queue les derniers rayons de la dorsale. Ces deux nageoires ont l'une quatre et l'autre trois rayons épineux : le premier est très-petit; le second a près de la moitié de la hauteur du troisième. Les deux premiers rayons, à pointes mousses, sont comprimés d'avant en arrière, et ont leurs bords lisses. Quant au troisième ou au quatrième, il est fort et poignant, arrondi en avant, cerclé en gouttière en arrière; chaque bord est armé d'épines courtes, robustes, d'autant plus grosses qu'elles sont plus près de la pointe du rayon. Il paraît que ce rayon et les suivans grandissent beaucoup plus que les deux premiers; car je trouve qu'ils ont même hauteur sur deux individus de taille différente de près du double, l'un de $0^m,40$, l'autre de $0^m,75$; le second rayon porte sur les deux $0^m,014$, tandis que le troisième de la plus petite a $0^m,033$, et celui de la plus grande a $0^m,061$. La caudale est profondément échancrée plutôt que fourchue : les deux lobes sont arrondis.

B. 3; D. 4—19; A. 3—5; C. 6—17—6; P. 16; V. 9; le dernier de la dorsale et de l'anale double.

La tête et les nageoires sont nues, sans aucunes écailles; mais le corps en est couvert de grandes et fortes; j'en compte trente-sept ou trente-huit rangées entre l'ouïe et la caudale, et onze sur une bande verticale. La portion non recouverte de chaque écaille est finement striée et même grenue; le bord, en arc régulier, en est mince et comme membraneux. La portion recouverte forme un carré trois fois au moins aussi grand que la portion libre; les bords supérieur et inférieur sont rectilignes; l'antérieur ou radical est légèrement festonné. Du centre de l'écaille, croissant par des stries circulaires concentriques, on voit se diriger vers le bord de la racine des stries formant des angles opposés au sommet à ceux des stries de la portion non recouverte; mais ces stries radicales ne constituent plus un éventail radical semblable à celui des percoïdes, par exemple, et de la plupart des acanthoptérygiens. La ligne latérale, tracée par le milieu de la sixième écaille, est formée d'une suite de tubulures et de pores perforant l'écaille médiane dans son centre.

Tout ce poisson est vert bouteille, plus ou moins rembruni sur la tête, sur les nageoires et sur le bord des écailles, dont le centre est doré.

Nous en avons qui ont deux pieds trois pouces de longueur.

La carpe, telle que nous venons de la faire connaître extérieurement, montre une splanchnologie assez simple.

Son canal intestinal est assez long; l'estomac est étroit; il se prolonge sans interruption jusques auprès de l'anus, d'où ce canal revient vers le tiers antérieur de l'abdomen; de là il retourne moins en arrière que la première fois; il remonte ensuite jusque sous le diaphragme, puis revient former un repli parallèle au précédent, et le suivant en dedans jusques au quart antérieur, où il se recourbe pour aller droit à l'anus.

Le foie donne de même des lobes qui règnent entre tous les replis de l'intestin, et dont le lobe droit s'unit à gauche, par-devant et par-derrière, près du diaphragme, et qui vers l'anus se recourbe et remonte beaucoup plus haut. La vésicule du fiel est grande, ovale, et donne, par un gros canal cholédoque, dans le haut de l'intestin, en y entrant par le côté droit. La bile qu'elle y verse est très-foncée. La rate est un assez gros viscère, étendu d'un bout à l'autre de l'abdomen, et lobé en plusieurs endroits. Tous ces viscères sont retenus par des épiploons, qui deviennent quelquefois chargés de beaucoup de graisse.

Une autre particularité anatomique de la carpe se trouve dans le corps brunâtre qui existe sur les côtés du corps, sous cette couche de fibres musculaires d'un rouge très-foncé qui suit le nerf de la ligne latérale. Ce corps reçoit un très-gros vaisseau, que je crois une veine, par un trou assez large, qui traverse les muscles sous-jacens et correspond à l'endroit de la division de la vessie. J'indique ici cet organe, sur lequel il faut faire de nouvelles recherches, parce qu'il me paraît avoir des connexités avec les vaisseaux des reins.

La vessie aérienne est double; l'antérieure est ovoïde, ou, pour mieux dire, arrondie aux deux bouts; sa face dorsale est légèrement creuse, l'autre est convexe. La seconde vessie est conique et est peu arquée, de manière que la pointe du cône descend vers l'anus. Ces deux corps occupent tout l'abdomen, à partir des éminences descendantes de l'apophyse de la grande vertèbre. La portion antérieure est d'un quart ou d'un cinquième plus courte que la postérieure; mais à cause de l'égalité de ses deux bouts, elle a plus de capacité intérieure. La membrane propre de la vessie est mince et fibreuse, d'une belle couleur blanche, quelquefois un peu laiteuse ou bleuâtre. Toute cette partie est enveloppée dans une sorte de ligament cylindrique assez épais, un peu rougeâtre, surtout par la cuisson, et qui forme une sorte de seconde membrane par-dessus la membrane propre de la vessie. Cette seconde tunique adhère, par un point rougeâtre, sur le haut et sur le devant de la vessie, à l'endroit où les deux palettes verticales de l'apophyse transverse se touchent. De ce point partent deux ligaments étroits et linéaires qui s'insèrent, sur le haut et l'arrière de la palette, dans chaque petite fosse qu'elle a dans le haut; puis un second ligament va à la pointe de l'os de Webber : mais par ce point d'attache la vessie est complètement fermée, on ne peut y trouver aucune communication avec l'extérieur par cette portion, et sauf ce point d'attache et bien fermé de la tunique propre avec celle qui l'enveloppe, il n'y a aucune autre adhérence antérieure avec la membrane externe. Les corps rouges sont situés dans cette vessie antérieure; ils sont très-petits. Comme la membrane externe est épaisse, que vers le dos elle prend une apparence qui m'a paru glandulaire, je serais très-porté à croire que la membrane externe doit contribuer à la sécrétion de l'air, qui doit se renouveler très-souvent dans ces

poissons. La membrane externe s'étend sur toute la face postérieure
de la vessie antérieure, descend entre elle et la seconde pour em-
brasser le conduit de communication entre les deux lobes. Cette
membrane se perd ensuite sur la portion arrondie de la seconde
vessie par des fibres rayonnantes, et ne s'étend pas très-loin. La
seconde vessie est ronde en-dessus comme en-dessous; de sa face
ventrale et de son extrémité antérieure elle donne un canal étroit
formé des mêmes tuniques qu'elle, argenté de même, et s'ouvrant
sur la région dorsale de l'œsophage, après s'être un peu renflé.
Une papille en ferme l'entrée.

Les laitances de la carpe mâle sont blanches, très-grosses,
lobées en plusieurs lobules plus nombreux vers la fin de l'abdomen, et cachant en dessous une partie de l'intestin. Ces laites
s'étendent depuis les apophyses transverses de la grande vertèbre
jusqu'à l'anus.

Les reins sont comme divisés en deux masses, car on en observe
une première qui remplit la fosse formée par le basilaire et par les
apophyses transverses des premières vertèbres : ces deux premiers
lobes communiquent par le trou rond pratiqué entre le corps de
la grande vertèbre et la lame verticale de l'apophyse transverse de
cette vertèbre. Ces deux reins deviennent si minces qu'ils semblent
ne plus se continuer au-dessus du premier lobe de la vessie aérienne.
Cependant ils se renflent de nouveau en une masse triangulaire et
oblongue, remplissant le vide que laissent entre elles les deux divisions de la vessie, et se portant par-dessus le lobe de la seconde
vessie, qu'ils embrassent dans plus de moitié de sa longueur; ils
s'unissent, par un uretère assez long, à la vessie urinaire, qui n'est
pas très-grande.

La langue de la carpe est très-petite, peu mobile, presque point
distincte en avant de l'appareil hyoïdien. Mais il y a de plus développé que dans tous les autres cyprins, un corps remarquable
formant le plancher de toute la voûte palatine, et auquel on donne
souvent le nom de *langue de carpe*. Ce corps, assez épais,
d'une consistance assez molle, adhère à la face inférieure des
pharyngiens supérieurs, au-devant par conséquent du tubercule

qui remplit la fossette de l'apophyse du basilaire. C'est à cet endroit qu'il est le plus épais; il s'amincit en avançant sur le devant de la bouche, sous les os de la caisse et des apophyses ptérygoïdiennes; mais il ne touche pas aux os palatins. Sa substance homogène est composée de granulations très-fines : ce corps reçoit un nombre considérable de filets nerveux. Ce qui est digne de remarque, c'est que chacune des branches de la huitième paire entrant dans l'arceau branchial envoie un rameau, qui se divise de suite en une infinité de petits filets, pouvant être suivis avec le microscope dans leurs subdivisions dans l'organe, et montrant la nature essentiellement nerveuse de ce corps.

J'ai aussi à parler du tubercule basilaire remplissant la fossette de l'occipital inférieur. Ce corps dur reçoit évidemment la pression des dents pharyngiennes; sa forme correspond à celle de la fossette, et sa surface externe est convexe. Il est d'une nature homogène, semblable à une sorte de cartilage; sans être cependant un véritable cartilage. Par la cuisson le centre devient opaque, se durcit plus vite que les bords, qui restent transparens. Les couches qui se forment par superposition, sont difficiles à voir; cependant elles existent. Je n'ai vu ni nerfs ni vaisseaux s'y distribuer : il se détache avec une grande facilité de l'occipital.

Quant au squelette de ce poisson,

il présente un crâne élargi, surtout à la ceinture mastoïdienne, légèrement bombé en dessus, et représentant en quelque sorte, par cette face, un rectangle un peu rétréci en avant. L'interpariétal et les occipitaux latéraux terminent ce rectangle, et donnent chacun une éminence dirigée vers l'arrière. Les crêtes ne se prolongent pas en avant, ni par conséquent sur le crâne, dont la convexité est égale. L'ethmoïde, qui fait l'extrémité antérieure de ce disque du crâne, est presque triangulaire en dessus; et creusé de chaque côté, pour loger, en partie, les narines, qu'il sépare. Les frontaux principaux derrière lui, couvrent moitié de la longueur totale. Au milieu de leur bord externe est une pointe qui appuie sur l'extrémité saillante du frontal postérieur, et forme avec lui l'apophyse

postorbitaire. Le frontal antérieur forme l'apophyse antorbitaire.
Il est concave en avant, pour achever avec l'ethmoïde de loger la
narine. Il est percé d'un grand trou pour le passage du nerf olfac-
tif. Son bord inférieur a un tubercule pour l'articulation du palatin.
Le bord supérieur de l'orbite est en partie formé par un petit os
en croissant attaché au frontal antérieur et au frontal principal ou
moyen. Ce petit os particulier, qui ne peut être considéré comme
faisant partie de la chaîne des osselets du sous-orbitaire, puisque
ceux-ci sont au-dessous et derrière l'apophyse postorbitaire, pourrait être nommé OS SURORBITAIRE. Derrière les frontaux principaux
sont des pariétaux presque carrés. A leurs côtés, des mastoïdiens
qui se portent un peu plus en arrière que les pariétaux, et qui ont
entre leurs parties saillantes en arrière les deux occipitaux externes
et l'interpariétal. L'occipital supérieur donne de son milieu une
petite apophyse saillante, vestige de la crête de la plupart des acanthoptérygiens. L'occipital latéral est percé en arrière d'un très-grand
trou ovale, et d'un autre sur la partie latérale, et il donne une aile
saillante, au milieu de laquelle vient toucher la portion saillante
du mastoïdien et former un troisième trou, plus ou moins bien
fermé, sur le côté externe et supérieur du crâne. Il y a de chaque
côté sous le mastoïdien une fosse, ou plutôt une voûte très-concave,
dont l'ouverture est dirigée vers le bas, et à laquelle le mastoïdien,
l'occipital supérieur, l'occipital latéral et la grande crête du sphénoïde, contribuent : cette dernière est assez considérable, et elle
est percée de trous pour le passage des rameaux de la cinquième
paire.

L'articulation pour le temporal est longue et étroite : elle est fournie
par le mastoïdien, par le frontal postérieur, un peu par la grande
aile et par l'aile orbitaire. Celle-ci est assez large ; elle s'unit en
dessous à sa correspondante, en même temps qu'elle s'articule en
arrière avec la grande aile, en dessus avec le frontal postérieur et
avec le frontal principal, et en avant avec le sphénoïde antérieur.
Ce dernier os est grand ; c'est de tous les poissons, après le genre
des silures, celui des carpes où on trouve le sphénoïde antérieur
le plus grand. Il repose sur l'apophyse antérieure du sphénoïde

ordinaire, et, s'élevant par deux lames, il remplit l'espace entre l'aile orbitaire, le frontal principal et le frontal antérieur, s'étendant jusqu'à son articulation avec le sphéniode ordinaire; ce qui fait qu'il n'y a point, comme dans la plupart des autres poissons, de cloison interorbitaire membraneuse. La cavité cérébrale se continue alors entre les deux lames du sphénoïde antérieur et les deux frontaux antérieurs jusqu'à l'ethmoïde.

Derrière l'apophyse postorbitaire est une fosse basse et profonde, ayant pour plafond le frontal principal et le mastoïdien, et pour plancher le frontal postérieur.

Le vomer est oblong, un peu élargi en avant, où il a de chaque côté deux tubercules pour l'articulation des os de la mâchoire supérieure. Ces tubercules me paraissent des os particuliers, que je n'ai vus jusqu'à présent que dans les cyprins; ils tombent et se détachent facilement dans les jeunes sujets.

Pour continuer cette description du crâne, revenons au sphénoïde ordinaire ou postérieur, lequel est alongé, caréné en dessous, couché horizontalement sous l'aile orbitaire et le sphénoïde antérieur, qui repose sur lui. Il s'élargit un peu et s'arrondit sous la grande aile avec laquelle il s'articule; sur le bord antérieur de cette suture est un petit trou rond, au-devant duquel saille une petite apophyse pointue et dirigée en avant.

En arrière, le sphénoïde s'articule avec le basilaire ou occipital inférieur; cet os touche aussi à la grande aile en avant et l'occipital latéral en dessus. Ce que cet os offre de plus remarquable, est cette espèce de plaque osseuse, portée sur une sorte de corps de l'os, creusé d'un grand trou, qui semble l'orifice du grand canal osseux qui se prolonge jusques au-dessus des apophyses transverses de la grande vertèbre. Le disque, porté par ce corps, a une forme à peu près rhomboïdale, mais dont l'angle antérieur est obtus et le postérieur très-aigu, de sorte que les deux côtés de cet angle sont beaucoup plus longs que les deux autres. Toute la face est concave, et remplie, pendant la vie de l'animal, par cette sorte de coussin d'une nature toute particulière, propre aux cyprins, sur lequel jouent les dents pharyngiennes, et dont j'ai parlé tout à l'heure sous le nom de tubercule basilaire; au-dessus et en arrière du disque concave, l'occipital se prolonge en une longue et forte apophyse saillante, carénée et tranchante en dessous, creusée en gouttière en dessus, et dont les bords d'union avec le corps s'évasent pour continuer et agrandir le canal osseux dont j'ai parlé plus haut.

Outre les pièces osseuses de l'appareil operculaire, les quatre osselets du sous-orbitaire et les trois rayons larges et aplatis de la membrane branchiostège, il faut encore parler, pour compléter cette description ostéologique de la tête de la carpe, d'abord du temporal. Cet os est articulé dans la gouttière que j'ai indiquée plus haut, par un bord arrondi, ayant une sorte de condyle oblong antérieur plus gros que le postérieur. De l'angle du condyle antérieur s'élève, sur la face externe de l'os, une crête qui se porte, en s'élevant, le long du bord postérieur, et y forme une arête vive et saillante qui suit le bord interne du préopercule, lequel s'appuie sur l'angle inférieur de ce temporal et s'y articule par une sorte de suture écailleuse. Au-dessus de la crête, et sur le bord postérieur, on voit une surface arrondie qui sert par en haut à l'articulation de l'opercule. Le bord antérieur du temporal est mince et tranchant, et la partie inférieure, devenue concave, reçoit le bord arrondi de l'os de la caisse, pièce quadrilatère très-mince, un peu épaissie en avant et en haut, pour soutenir l'apophyse ptérygoïde interne. Son angle antérieur est creux et devient un point d'articulation pour le palatin, lequel remplit l'échancrure laissée entre le frontal antérieur et le vomer. Le palatin va même toucher l'ethmoïde. Le jugal forme une pièce appuyée par sa base sur l'angle antérieur du préopercule. Son angle antérieur élargi sert à l'articulation de la mâchoire inférieure. Sur le corps de ce jugal s'élève une sorte de crête mince, qui va, d'une part, s'unir avec le bord antérieur et inférieur de la caisse, et, de l'autre, par son bord supérieur reçoit l'apophyse ptérygoïde externe, petite pièce osseuse, mince comme une écaille, et qui est arrondie et libre en avant.

L'hyoïde forme d'abord une série de quatre osselets alongés, dont le premier, placé par conséquent sous la langue, qui n'a point de liberté, va jusqu'à la symphyse de la mandibule inférieure.

A l'articulation de ce premier osselet et du second, vient s'articuler de chaque côté un os épais, percé d'un trou vers le milieu. Il est carré, horizontal, et fait, avec son congénère et une autre pièce tuberculeuse qui s'y articule en avant, une large ceinture osseuse, premier et grand support de l'isthme entre les mâchoires. Il donne en arrière une lame verticale qui va s'appuyer le long de la face interne de l'interopercule, ainsi que la dernière pièce, qui est apophysaire et en forme de stylet. Cette lame et son stylet donnent en avant insertion aux rayons branchiostèges. A la face inférieure du corps de l'hyoïde s'articule, enfin, la dernière grande pièce de cet appareil, l'épisternal de M. Geoffroy Saint-Hilaire, formé d'une large lame triangulaire, sur la face interne et postérieure de laquelle s'élève une crête verticale, comme le bréchet se montre sur la face antérieure du sternum des oiseaux.

Au-dessus de cet appareil est le squelette des branchies, dont la partie moyenne est formée des osselets qui soutiennent la langue et sa base, et reçoit sur les côtés les quatre arcs branchiaux ou les pleuréaux supérieurs et inférieurs de M. Geoffroy, creusés, comme à l'ordinaire, par la face externe et postérieure d'une gouttière qui abrite les vaisseaux et les nerfs qui se distribuent sur les peignes de la branchie. Ces arceaux sont complétés en dessus par les pharyngiens supérieurs, qui n'offrent rien de remarquable à signaler; mais les pharyngiens inférieurs ou les cricéaux de M. Geoffroy prennent ici un grand développement, parce que ce sont les véritables organes de la mastication. Ce pharyngien, vu par sa face inférieure, est formé d'une large lame ou table pliée sur elle-même, pour avoir une face triangulaire horizontale, qui, par son angle antérieur très-aigu, touche au corps médian de l'appareil branchial. Le bord interne de ce triangle est épaissi, et donne une surface articulaire qui reçoit la semblable du pharyngien opposé. La seconde portion de la table inférieure se redresse pour faire, avec la précédente, un angle assez obtus; son bord se contourne pour se porter en dedans et devenir une sorte de crochet, dont l'extrémité a quelque largeur. Le bord de cette portion se relève aussi, et se porte ensuite en dedans et en dessus, sans toucher à la lame postérieure; l'espace entre ces deux lames est soutenu par des lamelles osseuses, ce qui rend la face supérieure du pharyngien complètement lacuneuse ou caverneuse. C'est vers l'angle des deux faces de l'os que sont développpées et insérées les dents de l'animal.

Après ces différens appareils osseux qui tiennent à la tête, il en est encore une autre suite de pièces qui touchent au crâne par l'une d'elles. Je veux parler de la ceinture humérale qui soutient la nageoire pectorale.

L'apophyse externe et styléale du mastoïdien reçoit un très-petit surscapulaire, qui ne dépasse pas l'aile de l'occipital latéral, et soutient l'extrémité supérieure du scapulaire. Cet os, mince et tranchant en avant, est plié en gouttière en arrière; son extrémité descend jusqu'à l'angle du sous-opercule. La pointe supérieure de l'huméral est cachée sous la face interne du scapulaire, de manière à ce que l'extrémité de l'huméral touche encore à l'aile de l'occipital latéral. L'huméral se porte ensuite, en se contournant pour suivre la courbe de l'ouverture de l'ouïe, en une grande lame sur laquelle battent les ouïes dans les mouvemens respiratoires. Cette lame a, dans la partie antérieure qui est la plus large, une double courbure; car elle est convexe sur le bord externe et concave sur l'interne. En dessous, l'huméral donne une crête, la seule portion qui soit visible à l'extérieur de l'animal, et derrière laquelle s'articule le radial, os court et petit, qui porte en avant le cubital, et se trouve tout-à-fait placé à la face antérieure et inférieure ou jugulaire de la ceinture humérale. C'est une sorte de lame mince, concave en dehors, convexe en dedans, et ayant de ce côté une lame ou crête apophysaire assez saillante derrière le grand trou radio-cubital de cette portion du membre antérieur. Le styléal est attaché, comme à l'ordinaire, à la face interne de l'huméral, ou au-dessus et en arrière de l'attache du radial : il est cylindrique.

Je compte trente-six vertèbres de la colonne vertébrale de la carpe que j'ai sous les yeux : vingt appartiennent à l'abdomen et seize à la queue. Des vingt premières, les trois antérieures, que quelques zoologistes ont appelées cervicales, parce qu'elles n'ont pas de côtes, méritent une attention particulière. La première a un corps très-étroit; elle semble avoir été arrêtée dans son développement par la suivante. Son apophyse épineuse ne s'élève pas en lame, c'est un simple tubercule qui ne touche pas même à la crête de l'interpariétal. Elle a cependant une apophyse transverse excessivement petite. La seconde vertèbre a le corps élevé, surtout en dessus, et donne une apophyse épineuse, qui devient ici une large lame plus grande que la crête interpariétale, et qui contribue à agrandir cette portion de la nuque osseuse du poisson. Le bord supérieur de cette crête s'étend en arrière à la hauteur du crâne, en dépassant, par un angle saillant, le corps de la vertèbre. Aussi le bord postérieur est-il échancré, tandis que le bord antérieur est droit et linéaire. Cette crête apophysaire ne touche pas à la crête interpariétale. Il y a entre elle un espace presque égal à la largeur. Cette seconde vertèbre a une apophyse transverse remarquable, qui saille horizontalement en se courbant un peu en arrière, et en étant même un peu plus large que la base de l'occiput, car elle dépasse l'aile de l'occipital latéral.

La troisième vertèbre a le corps un peu plus étroit que la seconde; son apophyse épineuse est grêle, monte le long de celle de la seconde vertèbre, et se porte en arrière pour se terminer en une pointe isolée, qui complète l'échancrure commencée par la concavité du bord postérieur de la lame de la seconde vertèbre.

Son apophyse transverse est encore plus remarquable que la précédente; elle devient, par sa complication et sa grandeur, un os très-important. Se détachant du corps vertébral par une base épaisse et lacuneuse, elle se porte sur les côtés et se courbe pour descendre presque verticalement sous la colonne vertébrale, en divergeant cependant un peu de la ligne médiane. Cette pièce devient un os fort et pointu supérieurement; l'autre extrémité, qui va toucher à la vertèbre, donne en arrière une lame d'abord courbe pour devenir horizontale par-dessus, et presque verticale en dessous. Cette lame va toucher à sa congénère, et laisse, entre le corps de la vertèbre et elle, un grand trou ovale, dont le plus grand diamètre est horizontal. Mais le bord antérieur et inférieur de cette lame se contourne encore par-dessous pour faire un autre trou, qui va par le dessous du crâne : il est ovale, et a son plus grand diamètre dans le sens longitudinal et dans une direction un peu oblique de dedans en dehors.

Cette première lame que je viens de signaler, et dont je vois les bords contournés dans des plans aussi différens, s'étend, mais en suivant le mouvement de ces bords, de façon qu'elle descend verticalement sous la colonne vertébrale sans la toucher, en arrière de la longue apophyse de l'occipital inférieur, dont elle est aussi bien séparée, et forme, avec sa congénère, une cloison osseuse, concave en avant, convexe en arrière, ayant à sa partie supérieure un petit enfoncement, dans lequel s'insère le ligament qui par l'autre extrémité se perd sur la tunique externe de la vessie natatoire. Sur le corps de la seconde vertèbre et en arrière de son apophyse transverse, il y a une petite fossette oblongue et oblique de haut en bas, qui reçoit la facette correspondante d'un petit os particulier à ces animaux, et qui est l'osselet de Webber, cet habile anatomiste ayant le premier appelé l'attention sur lui : distinct, sans mobilité toutefois, mais pouvant être détaché facilement, il adhère au corps de la vertèbre par une facette étroite et verticale. Cette pièce se porte un peu en dehors, puis s'élargit en une sorte de lame taillée en faux, donnant une pointe antérieure qui passe sur l'apophyse de la première vertèbre, et une pointe postérieure qui va s'engager sous l'apophyse transverse de la troisième. Elle complète la fosse qui existe derrière le crâne sous les premières vertèbres, et qui est ainsi formée par le basilaire, les apophyses des seconde et troisième vertèbres, et l'osselet de Webber. Cette fosse est remplie par le premier lobe des reins, comme je l'ai dit plus haut. Les apophyses transverses des premières vertèbres sont longues et courbées; puis celles qui correspondent aux rayons osseux de la dorsale sont petites, parce que ces premiers interépineux sont grands, élargis en lame, surtout celui du premier. On voit ici comment le casque élargi des silures, et le bouclier qui reçoit le petit rayon, articulé en chevron pour fixer le grand rayon, se forment dans ces poissons, en exagérant, en donnant plus de développement à ces pièces. Les autres interépineux de la dorsale sont petits. La dernière vertèbre est dilatée en éventail. Je ne compte que seize paires de côtes, dont les antérieures sont fortes et articulées solidement avec l'épine dorsale, parce qu'elles ont à côté de la facette articulaire une seconde facette, portée sur une petite apophyse montante.[1]

Belon[2] admet que la carpe est le Κυπρῖνος des anciens, et il serait assez fondé à nous faire adopter cette interprétation; car il assure que de son temps les Grecs modernes d'Étolie le nomment encore *kiprinos* : sa figure est très-bonne.

Rondelet[3] ne nous donne aucun renseignement bien notable sur la carpe, dont il a laissé une bonne figure, quoique dans celle-ci, comme dans celle de Belon, on ait oublié la paire supérieure des barbillons. Cependant elles sont toutes supérieures à celle de Salviani[4] où l'os de la dorsale et les barbillons sont oubliés, mais la coloration générale en est bien sentie.

Gesner[5] et Aldrovande[6] qui ne fait que reproduire la figure de celui-ci, ont peu ajouté à l'histoire de ce poisson; seulement Gesner commence déjà à nous apprendre que, selon l'âge les pêcheurs suisses lui donnent en allemand des noms différens, appelant la carpe d'une année, *ein Setzling;* celle de deux ans, *ein Sproll* ou *Sprall,* et qu'elle ne reçoit le nom de *Karpf* qu'à l'âge de trois ans. On la nomme aussi *Michael-Fisch* (poisson de S. Michel),

---

1. Voyez, pour l'ostéologie de la carpe, les belles planches IX, X et XI de l'Histoire des poissons de l'Europe centrale, par M. Agassiz.
2. *Belon,* pag. 274 et 275.
3. *De pisc.,* pag. 150.
4. *De aquat.,* pag. 92.
5. *De aquat.,* pag. 309.
6. *De pisc.,* pag. 637.

parce que vers cette époque se fait la pêche des étangs, et qu'on en voit un plus grand nombre sur les marchés.

Willughby parle de sa taille, en lui attribuant une longueur de trois coudées. D'ailleurs cet auteur a mêlé le petit nombre de ses observations propres à ce que les auteurs que je viens de citer lui ont fourni.

Si Bloch avait mieux fait dessiner les pièces operculaires de la carpe, sa figure ne laisserait rien à désirer. Sous ce rapport la figure de Meidinger lui est supérieure, on peut la dire très-bonne. Mais de toutes les figures que j'ai à citer, celle qui est sans aucun doute la plus parfaite après le dessin de M. Agassiz, est la gravure sur bois que nous trouvons dans l'Histoire des poissons d'Angleterre de M. Yarell[1] : toute petite qu'elle est, je trouve qu'elle rend mieux le faciès de la carpe que celle, très-bonne aussi, que nous a donnée le prince Charles Bonaparte de Canino et de Musignano.

La carpe, comme nos poissons d'eau douce, croît assez vite dans la première année, puis, sa croissance devient moins rapide. Une carpe de Seine a, au bout de huit à dix mois, sept à huit pouces de long; mais quand elle a atteint un pied, elle croît très-lentement.

C'est un des poissons dont l'irritabilité vitale est connue de tout le monde pour être très-grande. Elle vit long-temps hors de l'eau. Si l'on élève brusquement la température de l'eau dans laquelle on tient une carpe, elle se débat, elle souffre à une température de 35° centigrades, mais sans périr; à 40°, elle tombe sur le côté, ses branchies sont gorgées de sang, ses sinus veineux sont pleins, et en

____

1. Pag. 305.

portant la température à 45°, j'ai vu les carpes tomber dans une sorte de catalepsie, qui pouvait les faire croire mortes. Si l'on retire une carpe soumise à cette température de 45° pendant quelque temps, et après qu'on la voit roide, les nageoires écartées du corps et dilatées en éventail, et qu'on la mette sur un marbre froid ou dans l'eau froide, on est tout étonné, au bout de quelques secondes, vingt à trente, de voir l'animal reprendre ses mouvemens. Ces changemens se succèdent très-promptement; on les voit se produire dans le court espace de temps d'une minute : les carpes ne rendent aucune bulle d'air ni par la vessie ni par l'anus, et cela aussi long-temps que je les ai tenues dans l'eau, et de manière que l'intérieur de leur corps avait atteint la température de l'eau. L'air distend la vessie aérienne, les parois résistent, et le gaz n'est pas forcé de sortir.

Les carpes soumises à cette température, produisent une sécrétion de mucosité des plus abondante, c'est même un bon moyen de voir les orifices des nombreux pores muqueux qui s'ouvrent très-régulièrement sur la tête au-dessus des orbites, sur la nuque, sur les joues, autour des sous-orbitaires, du bord du préopercule : cette sécrétion de mucosité a lieu par toute la surface de la peau, même sur celle des nageoires.

La carpe paraît devenir plus grande dans l'est de l'Europe que dans nos fleuves de France. Ainsi on trouve déjà dans le Rhin, et surtout dans le Volga et les autres affluens, des carpes de trois pieds, et, dit-on, davantage; car Rzaczynski[1] dit qu'on en a pris dans le Dniester qui avaient cinq pieds de long.

---

1. *Hist. Pol.*, pag. 142.

Quant au poids, elle paraît atteindre trois livres en six ans; et quand ce poisson est bien nourri, il devient d'une grosseur considérable. Bloch en vit une, prise en Saxe, qui pesait vingt-deux livres; et ajoute que, près d'Anger-bourg en Prusse, on en trouve qui pèsent jusqu'à quarante livres. A Dertz, dans la Nouvelle-Marche, on a pris une de trente-huit livres, qui fut présentée à Fréderic-le-Grand comme une rareté. Peut-être bien que Bloch a adopté ensuite sans critique les exemples de carpes grosses comme un enfant, prises dans le lac Lagau, et celle pêchée à Bischoffhaus près de Francfort sur l'Oder, qui pesait soixante-dix livres et qui avait deux aunes et demie de long; toutefois la longueur ne dépassait pas celle citée plus haut par Rzaczynski, et dont les côtes font de manches de couteau. Jovius a encore été plus loin, quand il rapporte que le lac Larius (le lac de Côme) en nourrit qui y atteignent à deux cents livres de poids.

Sa ténacité vitale a fait, sans aucun doute, réussir aussi facilement sa castration, au moyen de laquelle on l'en-graisse aisément. On peut aussi la tenir dans de la mousse humide, la nourrir avec du lait caillé, des grains, du pain mêlé avec du vin : on dit qu'elles acquièrent par ce pro-cédé un très-bon goût, et qu'on peut les garder ainsi pendant quinze jours hors de l'eau, pourvu qu'elles aient toujours de l'humidité autour d'elles.

J'ai observé des carpes des différentes parties de l'Eu-rope : nous en avons des fleuves de Russie et de la Sibérie orientale données par MM. de Humboldt et Ehrenberg; j'en ai rapporté des eaux douces de l'Allemagne, de la Prusse, de la Hollande, de la Belgique; nous en avons comparé de la Seine, des lacs ou étangs voisins; des diffé-

rentes parties de l'Italie que nous avons reçus du Tibre
par M. Savigny, du lac de Côme par M. Pentland, du lac
de Trasimène par M. Canali, et plus récemment, des dons
que nous a faits M. le prince Charles Bonaparte de Musignano. Nous avons observé sur ce grand nombre d'individus les mêmes formes générales , sur tous le même
nombre d'écailles : nous avons vu rarement varier le
nombre de rayons; cependant nous en devons aux soins
qu'a bien voulu prendre Mme Magin, alliée à la famille du
célèbre Lacépède, un exemplaire de la Gironde, qui a un
rayon de plus à la dorsale, c'est-à-dire, qu'on lui compte

D. 3 — 20.

Je retrouve ce même nombre sur un autre du lac de
Côme qui nous a été rapporté par M. Pentland.

En consultant les auteurs, on voit que la carpe ne va
pas très au Nord; car celles que Linné a citées dans la
Fauna suecica, sont importées de l'Allemagne dans les
parties méridionales de la Suède. La carpe est aussi
mentionnée dans la *Fauna danica* de Muller, dans le
Prodrome de Nilsson; mais elle ne fait pas partie des
catalogues donnés par Othon Fabricius dans la *Fauna
Groenlandica;* par Faber, dans les Poissons d'Islande;
par Low dans la Faune des Orckney; par Reinhardt de
l'Ichthyologie du Groenland : elle ne va donc pas aussi
haut vers le Nord que les saumons.

Si la carpe est maintenant abondante en Angleterre,
c'est qu'elle y a été introduite, selon Willughby et tous
ceux qui l'ont copié, par Marshall, vers 1600; mais
d'après les recherches récentes rapportées par M. Yarell,
il faut rapporter à un temps plus haut l'introduction de
ce poisson dans les trois royaumes; car dans le livre de

dame Juliana Barnes, imprimé à Westminster en 1496, la carpe y est mentionnée; et dans le livre des dépenses privées de Henri VIII en 1532, il y est fait mention des carpes du roi.

Pallas dit, dans sa Zoographie russe, qu'elles sont apportées de Prusse à Pétersbourg dans des bateaux arrangés convenablement, et qu'on n'a commencé à les voir dans cette ville que depuis 1729. Il nous apprend que les Calmouques font une mauvaise colle de poisson avec la vessie natatoire de la carpe; mais que sa peau, écaillée et convenablement préparée avec du lait acide et le tannin tiré des racines du *statice coriaria,* sert à faire des sortes de vestes élégantes, nommées vêtement de carpes (sasan-sarssyn), qui résistent bien à l'humidité. Elles entrent dans la mer, où elles acquièrent soixante livres de poids. Elle vit très-bien dans les eaux saumâtres et est un des poissons les plus abondans de la Caspienne. Les peuples en rejettent les ovaires, qu'ils regardent comme malsains et nuisibles à l'économie, quoique les canards et les oies domestiques mangent ces œufs sans en éprouver aucune incommodité.

Je trouve une parfaite représentation de la carpe dans un dessin japonais intitulé *Koij,* et ce nom, ainsi que le dessin, me confirment le rapprochement que je fais de notre poisson avec la figure qui existe aussi dans l'imprimé japonais, cité déjà tant de fois. L'auteur a oublié cependant le barbillon supérieur. Il y est appelé *goij* ou *li-iu-rang,* c'est-à-dire roi des poissons. Il dit qu'à l'âge d'un an elles ont un pied de long, à deux ans deux pieds, à trois ans et au-delà, trois pieds et rarement plus; qu'elles pondent plus de soixante-dix mille œufs; qu'elles nagent très-bien, et peuvent remonter des cataractes.

La carpe a été aussi représentée par Lepechin, tome I, pl. XXIII : elle est de la Caspienne, et il dit qu'elle atteint à quatre pieds.

Je vois aussi par un exemplaire envoyé de Cayenne par M. Frère, que notre carpe peut vivre dans les eaux douces de ce pays, et qu'elle y devient assez grande. Je ne pense pas cependant qu'elle se soit multipliée dans les eaux douces de nos colonies; et je ferai remarquer que l'on va voir dans la suite de ces descriptions, que ce que l'on indique comme des carpes de l'Isle-de-France ou de Chine, sont des espèces toutes différentes.

La carpe fraie en Mai et en Juin; si le temps est chaud, elle commence en Avril. Elle choisit les lieux où il croît beaucoup d'herbes. Elles se tiennent près de la surface, et les mâles, au moment de lancer leur laitance, battent l'eau de leur queue avec force, et font un bruit très-remarquable par le mouvement qu'ils se donnent.

Une grosse carpe pond une quantité considérable d'œufs : Bloch ne l'évalue pas à moins de six cent mille. Aussi dans certains endroits la quantité de petites carpes est si considérable que cet alevin nuit à leur développement. Dans les étangs bien aménagés, et qui, pour que les carpes y croissent et y prennent un bon goût, doivent être traversés par une eau courante, on en retire toujours l'alevin, et on ne met que la quantité convenable de ces petites carpes que l'on va prendre dans les alevinières.

La carpe saute, comme le saumon, pour remonter et franchir les obstacles qui la retiennent; elle fait des bonds qui ont plus de quatre pieds au-dessus de l'eau; c'est un poisson difficile à prendre à cause de cette habitude et de cette autre : elle enfonce sa tête dans la vase quand elle sent que l'on traîne un filet dans l'eau, et laisse ainsi passer la nappe de la maille au-dessus d'elle.

Le nom de carpe a passé dans toutes les langues, et semble venir de celui de *carpena,* que l'on trouve dans les langues du Midi. Cependant, selon les Italiens, elle se nomme à Venise *Rayna.* Dans beaucoup d'endroits le frai ou l'alevin porte un nom particulier jusqu'à l'âge de trois ou quatre ans.

Bloch cite des hermaphrodites de carpe; mais la préparation qu'il avait conservée pour le démontrer, prouvait précisément le contraire. M. Rudolphi m'a montré, pendant que j'étais à Berlin, que la graisse des épiploons d'une femelle avait été prise pour la laitance.

Bloch dit aussi que la carpe produit des mulets avec la gibèle (*cyprinus gibelio*) ou le carrassin (*cyprinus carassius*). Mais il a avancé cette assertion, parce qu'il n'avait pas su distinguer, comme l'a fait M. Heckel, les espèces voisines de ces cyprins.

Ces poissons sont assez voisins pour que des fécondations artificielles pourraient avoir lieu; mais je doute de ces mulets naturels, parce qu'en général les cyprins ne fraient pas à la même époque dans les étangs, et que les œufs d'une ponte sont très-promptement fécondés par les mâles de l'espèce.

La carpe vit très-long-temps; cette longévité passe des siècles : ainsi quelques carpes des étangs de Fontainebleau remontent, dit-on, au temps de François I.er; celles de Chantilly au temps du grand Condé; celles des étangs de Pontchartrain seraient de la même époque. On cite d'autres carpes de deux cents ans, et entre autres celles des étangs du jardin royal de Charlottenbourg près Berlin;

mais Bloch donne une bien mauvaise raison, quand il affirme pour preuve de leur longévité qu'il pousse à ces carpes de la mousse sur la tête. Cette sorte de mousse est un parasite qui se développe, encore très-rarement, sur ces animaux quand l'eau est mauvaise; alors il faut renouveler la pièce d'eau, si l'on veut éviter la perte des poissons.

Outre le développement de ce parasite, qui n'est peut-être pas sans analogie à la muscardine, et que les eaux malsaines font croître sur le corps de ces poissons, la carpe est sujette encore à plusieurs autres maladies. J'en ai vu souvent atteintes d'une sorte d'hydropisie abdominale, qui prouve que les séreuses sécrètent alors une quantité extraordinaire de liquide.

Ce cyprin n'est pas tourmenté par un grand nombre de vers intestinaux. Cependant le *ligula simplicissima* R., le *cariophyllus mutabilis* R., qui pullulent dans tous les cyprins, ne les épargnent pas. On y trouve aussi l'*echinocephalus clavæus* Zed.; mais cette espèce de ver est déjà plus rare dans la carpe que dans les autres cyprins.

C'est ici le cas de parler d'une déformation particulière aux cyprinoïdes; car je l'ai observée sur un meunier (*cyprinus dobula*); mais elle est beaucoup plus fréquente sur la carpe que sur aucune autre espèce; elle consiste

dans un raccourcissement de la face, qui est tel que la base du front fait saillie au-devant des yeux et de la bouche. Cette déformation porte sur les os du crâne, un ou deux os de la face à peine y prennent part. En effet, dans ces carpes à museau raccourci les os maxillaires et intermaxillaires, l'apophyse ptérygoïde externe, la caisse, le temporal, ne sont nullement altérés; les osselets sous-orbitaires antérieurs sont déplacés, mais non déformés. Les os sujets

16. 6

à subir cette déformation, sont d'abord les frontaux principaux, qui s'abaissent en se pliant presque verticalement par le travers de l'apophyse orbitaire postérieure de cet os. En se courbant ainsi, le frontal antérieur et l'ethmoïde sont abaissés sans se déformer; la grande aile et l'aile orbitaire du sphénoïde ne changent pas, mais le sphénoïde antérieur est raccourci et comme plié sur lui-même, de telle sorte que cette pièce n'a plus en longueur le quart de l'aile orbitaire, tandis qu'elle l'égale presque dans l'état ordinaire. Le sphénoïde postérieur est aussi beaucoup changé par le raccourcissement de tout son corps avancé sous les fosses orbitaires et pituitaires : cette portion, qui dépasse d'un tiers la longueur du corps du sphénoïde, articulé à l'occipital inférieur et sous la grande aile, n'est plus dans la déformation du tiers de la longueur de ce même corps du sphénoïde; le vomer et l'ethmoïde sont entraînés aussi à suivre ces déviations.

Ainsi l'on trouve toutes les pièces osseuses d'une carpe saine.

Tout l'arrière du crâne et le reste du squelette sont d'ailleurs dans l'état ordinaire; c'est aux dépens des frontaux principaux, du sphénoïde, de l'aile orbitaire, du vomer, du palatin, de l'apophyse ptérygoïde interne, de l'ethmoïde et du frontal antérieur, que se fait cette sorte de monstruosité. Elle présente cela de remarquable, que ce changement se reproduit de la même manière, de telle sorte que j'ai vu plusieurs carpes déformées absolument semblables entr'elles, et que cette déformation se trouve déjà représentée par Rondelet dans son livre des Poissons[1] sous le nom de *cyprini mira specie*. Il l'avait achetée vivante sur le marché de Lyon. Une autre figure en a été donnée par Gesner[2] d'après un individu pêché dans la Pera

---

1. Rondelet, *De pisc.*, p. 154.
2. Gesner, *Aquat.*, p. 314.

à l'étang de Nozeray. Au moment où j'écris on peut en voir une vivante dans la grande pièce d'eau du parc de Fontainebleau. L'on conserve dans cette même pièce d'eau des carpes remarquables par la variété de leur couleur. Plusieurs viennent de l'étang de Moret.

Les unes sont presque blanches; le bord des écailles vert foncé les faisant paraître tachetées de noir, et selon qu'il en reste plus ou moins, elles sont plus ou moins grivelées.

D'autres sont rouges ou orangées, plus ou moins grivelées ou marbrées de jaune ou de vert noirâtre.

Le peuple croit que ces teintes blanches désignent leur vieillesse; mais ceux qui donnent cette raison, ne font pas attention qu'ils en ont sous les yeux différentes tailles, et que l'âge n'entre pour rien dans ces variations accidentelles.

Il importe cependant d'observer et de constater ces variétés, car elles m'ont servi à reconnaître que la peinture sur vélin qui existe dans la collection du Muséum et sur laquelle M. de Lacépède, tome V, page 156, a établi l'espèce dédiée à Mme la comtesse de Lacépède, née Jubé de la Perelle, ne représentait qu'une des variétés de carpe.

Il faut donc rayer des catalogues scientifiques le cyprin Anne-Caroline. Aubriet a peint cette belle variété sans y ajouter malheureusement aucune note. Comme je ne retrouve pas l'étude première dans la bibliothèque de M. de Jussieu, il y a lieu de penser qu'il l'aura faite d'après nature.

Une autre variété remarquable, qui dépend d'une déviation du système cutané, est celle que l'on a nommée le *roi des cyprins* ou *des carpes,* et encore *carpes à cuir* ou *carpes à miroir;* dénominations qui existent en Allemagne comme en France. Les nombreux individus que j'ai comparés entre eux et à la carpe ordinaire, m'ont présenté des

formes, des proportions, des nombres de rayons semblables. La variation consiste dans les écailles. Ces poissons
n'en ont généralement que trois rangées sur le corps : une
de chaque côté de la base de la dorsale, une par le milieu
du côté le long de la ligne latérale, une troisième le long
du ventre; il y en a quelquefois d'éparses sur la ceinture
de la poitrine, sur la queue; j'en ai vu pêcher un individu
dans l'étang de Saint-Gratien de la vallée de Montmorency,
près Paris, qui n'avait aucunes écailles sur le corps.

La fixité des formes ne peut laisser de doutes sur l'identité spécifique de ces poissons. Les écailles dans ces variétés
deviennent très-grandes; j'en ai un individu, sur lequel on
peut en prendre qui ont un pouce cinq lignes de haut et
dix lignes de large : sur ces écailles la portion découverte
est de beaucoup plus grande que la portion radicale. Les
stries et les granulations sont toutes irrégulières. Le squelette, absolument semblable, a le même nombre de vertèbres, et aucun organe des viscères n'offre la plus légère
différence.

On rencontre plus fréquemment cette monstruosité de
la carpe, et on la trouve figurée dans Schæffer[1], dans
Meidinger[2], dans Bloch[3] et autres. Celui-ci la considéra
d'abord comme une espèce distincte sous le nom de
cyprinus rex cyprinorum, et il nomma ensuite la variété
nue et sans écailles de la dénomination de *cyprinus nudus*,
mais qui, dans son édition posthume, ne parurent plus
que comme de simples variétés du *cyprinus carpio ;* ce qui

---

1. *Epist. de st. ichth. meth.*, fig. 1, 2, 3,
2. *In pisc. Aust.*, n.° XLI.
3. Pl. 17.

n'empêcha pas Lacépède[1] de compter ces deux variétés parmi ses cyprins, en changeant les noms de Bloch en ceux de cyprin spéculaire (*cyprinus specularis*) et de cyprin à cuir (*cyprinus coriaceus*). Meidinger, qui les regardait aussi comme une espèce distincte, les nommait *cyprinus macrolepidotus*.

Mais il y a encore parmi ces cyprins des variations qui tiennent à des différences dans les proportions, et la plus grande hauteur du corps ne dépend pas ici de la plénitude des individus au moment du frai. La tête est aussi proportionnellement plus petite. La longueur des barbillons les fait tenir de la carpe.

Ces différences dans les formes ont été appréciées par M. le prince Charles Bonaparte de Canino, et ont donné lieu à l'établissement des espèces suivantes.

La Carpe bossue

(*Cyprinus elatus*, P. Ch. Bon.)

en est un exemple. Les caractères de l'espèce que le prince Charles Bonaparte de Canino a figurée sous le nom que nous citons d'après lui, consistent

dans la grande hauteur du corps, surpassant le tiers de la longueur totale; dans la brièveté de la tête, deux fois plus courte que la hauteur du tronc : le dos est très-bossu. La longueur des barbillons égale presque celle de ces organes de la carpe, si elle n'est pas plus grande : les nombres sont

D. 23; P. 16; V. 9; A. 9; C. 24.

Sa couleur ressemble à celle de notre carpe; elle porte

---

1. Lacépède, p. 528.

cependant une teinte ou tache dorée sur l'opercule qui l'a fait nommer *regina della garza doro*, par opposition à celles du Tibre, qui, étant d'une teinte plus uniforme, sont appelées *regina scurra*. Je crois devoir rapporter à cette espèce ou à cette variété des individus rapportés du Tibre par M. Savigny.

M. Charles Bonaparte pense que c'est dans cette variété qu'il faut chercher la représentation de la carpe donnée par Salviani. J'avoue que ces rapprochemens me paraissent assez incertains, il vaut peut-être mieux considérer tous ces poissons comme étant d'une même espèce.

La CARPE REINE.

(*Cyprinus regina,* Ch. Bon.)

Outre la carpe commune et la carpe bossue, je trouve la figure d'une autre espèce d'Italie qui, d'après M. le prince Charles Bonaparte, se distingue par des différences dans des formes plus tranchées :

Elle a le corps plus alongé; la hauteur est contenue quatre fois dans la longueur totale; le museau est plus arrondi et plus gros, le dessus du crâne est plus large; le premier sous-orbitaire est plus large, le surorbitaire est plus petit, les nageoires ventrales sont plus alongées, la caudale plus fourchue. Les nombres sont :

D. 3/20; A. 2/6; C. 17; P. 20; V. 10.

La ligne latérale est droite et très-marquée : je compte trente-sept rangées d'écailles entre l'ouïe et la caudale, une écaille a sa surface nue finement granuleuse, sa portion radicale lisse le long du bord; mais les stries concentriques d'accroissement des écailles de la carpe ordinaire ne sont plus apparentes, même à la loupe. Dans l'individu que j'ai sous les yeux, les barbillons, surtout ceux de l'angle de la mâchoire, semblent plus longs.

Je compte aussi sept dents au pharyngien : la grosse moyenne n'a que trois colliers, et elle est aussi plus petite ; les trois antérieures sont plus grosses, les internes et postérieures plus petites, en sorte que la dentition est évidemment différente. Le tubercule qui reçoit ces dents, et qui est attaché à la longue apophyse de l'occipital postérieur, est aussi un peu différent.

Ce poisson m'a été envoyé de Rome par le prince Charles Bonaparte de Canino : il fait partie de la collection du jardin du Roi. L'individu est long de neuf pouces. Un second individu, de même taille, existait depuis le temps de Buffon dans les galeries du Muséum.

Le prince Charles Bonaparte rapporte à cette variété les figures de Belon[1]. C'est plus spécialement la carpe que les pêcheurs italiens nomment *regina chiara*.

M. Heckel, qui s'occupe avec tant de succès de l'étude des poissons, a fait connaître dans les Archives de Vienne plusieurs cyprins du lac Neusiedler ; selon moi, ils rentrent dans l'espèce de la carpe commune, en étant toutefois des variétés notables de cette espèce si répandue. Je ne crois pas surtout que son *cyprinus hungaricus* soit distinct du *cyprinus regina,* dont je viens de parler ; en voici la description d'après lui.

Le Cyprin de Hongrie.

(*Cyprinus hungaricus*, Heckel.)

M. Heckel[2] trouve les caractères distinctifs de cette espèce :

1.° Dans un corps un peu alongé, et dans lequel, d'après la

---

1. *De aquat.*, 275.
2. *Arch. Vienn.*, t. I, 2.ᵉ part., p. 222, tab. 19, fig. 11.

figure, la hauteur est le quart de la longueur totale; 2.° dans la grandeur des yeux, dont le diamètre égale la largeur des plus grandes écailles.

Il y en a six séries au-dessus et en dessous de la ligne latérale un peu concave. L'œil est d'ailleurs au-dessus de la ligne droite, tirée par le milieu de la bouche et de la caudale, et est plus près de la ligne du profil. Les dents pharyngiennes ressemblent beaucoup par le nombre et les proportions à celles de notre carpe : il en est de même des barbillons.

Ce poisson pèse jusqu'à vingt livres. Il est plus particulièrement désigné par les riverains du lac Neusiedler sous le nom de *Seekarpfen,* par opposition à la variété qui se tient dans le Danube, qui est alors nommée *Flusskarpfen.*

M. Heckel rapporte à cette espèce la figure *Marsili*[1], et la variété que M. Fitzinger nomme *cyprinus carpio lacustris.*

La Carpe de Nordmann.

(*Cyprinus Nordmannii,* nob.)

Les contrées orientales de l'empire Russe ont aussi une carpe particulière, que M. Nordmann a donnée au Muséum, en la rapportant à l'espèce nommée *cyprinus Kollarii* par M. Heckel. Voici les principales différences :

Le corps est beaucoup plus haut que celui de la carpe commune; car la hauteur fait plus du tiers de la longueur totale. La ligne du profil monte de la nuque à la dorsale par une courbe très-soutenue; la ligne du ventre est aussi très-convexe; cela fait paraître la tête petite. En effet, sa longueur est une fois et deux tiers dans la hauteur du tronc, ou près de cinq fois dans la longueur totale; l'intervalle entre les yeux paraît un peu plus large et plus bombé, le museau est arrondi, les barbillons sont alongés, filiformes, plus grêles que

---

1. Mars. *Dan.*, tab. 19.

ceux de la carpe ordinaire; les dents pharyngiennes sont plus petites, plus égales, au nombre de cinq : les nombres des rayons sont d'ailleurs très-semblables.

D. 4/19; A. 3/6, etc.

Je trouve quarante rangées d'écailles entre l'ouïe et la caudale, et quinze ou seize dans la hauteur. Les stries d'accroissement et concentriques des écailles sont plus fines; d'ailleurs les écailles sont semblables à celles de la carpe : les couleurs de laiton doré sont aussi les mêmes.

L'individu que M. Nordmann a donné au Cabinet du Roi est long de neuf pouces. Ces poissons viennent sur le marché d'Odessa, et proviennent du Dniester et du Bug.

Je trouve sur le poisson conservé dans l'eau-de-vie, que le museau est plus pointu, et que les barbillons sont plus longs que ne le représente la figure du *Fauna pontica,* et il me semble avoir beaucoup d'affinité avec le *cyprinus elatus* du prince Charles Bonaparte. Il est peut-être le même.

Cependant, à cause de l'acuité du museau et de la petitesse de la tête, je crois qu'il faut encore distinguer cette variété : les couleurs plus dorées sur le dos, plus vertes sur le devant du corps et le milieu des flancs, la blancheur du ventre, me semblent encore devoir nécessiter cette séparation.

L'habileté si reconnue du professeur Nordmann, le séjour qu'il a fait à Vienne, où il a pu étudier sur les lieux les espèces décrites par le savant ichthyologiste de cette capitale, m'ont fait hésiter pendant quelque temps à changer le nom donné par le professeur d'Odessa; mais il m'est impossible d'admettre cependant qu'on regardera comme étant de l'espèce du *cyprinus Kollarii* dont M. Heckel dit : *cirrhis brevissimis*, un poisson qui a des barbillons tels que la figure les représente, et qui paraissent beaucoup plus grêles quand le poisson a fait un long séjour dans l'alcool.

La Carpe sundarée.

(*Cyprinus semiplotus*, J. M.)

C'est encore à la suite des carpes à barbillons qu'il faut placer, d'après les observations de M. John M'clelland, le *Sundaree* ou le *Sentooree* des pêcheurs d'Assam.

C'est un poisson à tête petite et charnue, à museau déprimé, lequel est épais et carré, et percé de neuf pores rangés horizontalement autour de l'extrémité. Le corps est épais et comprimé, à profil inégalement arqué. La dorsale est longue et précédée d'une épine.

Voici les nombres comptés par M. J. M'clelland.

D. 27; A. 9; C. 19; P. 16; V. 9.

Les couleurs le long du dos sont d'un noir grisâtre, passant au bleu pâle ou blanchâtre le long des flancs. On compte trente-deux rangées d'écailles le long de la ligne latérale, et dix dans la hauteur du tronc.

Sa longueur ordinaire est de douze à vingt pouces, et son poids varie d'une livre et demie à deux livres et demie.

Il faut le prendre au filet dans le plus grand silence.

Ce poisson, l'un des plus délicieux de l'Assam, se trouve seulement dans les parties hautes de la province, se tenant, jusqu'au pied des montagnes, dans les cours d'eau claire et souvent très-rapides. C'est à Suddyah où il est le plus commun. Sa chair, peu fournie d'arêtes, est légère, savoureuse, de très-bon goût; aussi est-ce, parmi les poissons ordinaires, un de ceux qui se maintiennent à un prix élevé.

L'espèce décrite par M. John M'clelland est figurée, pl. XXXVII, fig. 2, dans le XIX.ᵉ volume des *Asiatic researches;* où est inséré le mémoire sur les cyprins de l'Inde.

L'auteur place à la suite de ce *cyprinus semiplotus,* qu'il regarde avec raison comme une carpe, une autre espèce, le *catla* des pêcheurs du Bengale (*cyprinus catla* de Bloch). Mais ce poisson, manquant de barbillons, pourrait encore faire partie de la seconde division du genre Carpe, s'il avait un rayon épineux à la dorsale. L'absence de ce caractère m'a déjà fait croire que le catla doit être du grand groupe des *leuciscus.*

La CARPE NANCAR.

(*Cyprinus nancar,* Buch., *Gang. fish.,* p. 299.)

Le poisson que M. Hamilton Buchanan a nommé *cyprinus nancar,* doit être très-voisin du *cyprinus Kollarii* de Heckel.

Il le caractérise par les quatre petits barbillons de sa bouche; les vingt rayons de sa dorsale; les lèvres lisses, sans pores ni tubercules sur le bout du museau, le corps étant couvert de larges écailles. La ligne latérale est courbée par en bas; il y a une écaille dans l'aisselle de chaque ventrale. Buchanan ne dit pas si la grande épine du dos est dentelée. La caudale a de larges lobes.

Voici les nombres donnés par l'auteur qui a découvert cette espèce, écrits à notre manière,

B. 3; D. 3/17; A. 3/6; C. 20; P. 18? V. 9.

M. Buchanan remarque que cette espèce ressemble au *cyprinus Gibelio* de Bloch, à la différence près des barbillons.

Cette observation confirme le rapprochement que nous faisons ici.

La CARPE AUX NAGEOIRES JAUNES.

(*Cyprinus flavipinnis*, K. V. H.)

J'ai trouvé, parmi les dessins de Kuhl et Van Hasselt, que j'ai pu consulter avec tant de profit pour cet ouvrage, grâce à l'amitié qui me lie à M. Temminck, la figure d'une carpe que je crois, comme les naturalistes qui l'ont fait dessiner, d'une espèce particulière.

Les formes du tronc de la dorsale, son étendue, la brièveté de l'anale, les stries de l'opercule, les barbillons, rappellent les caractères de la carpe. Mais l'œil est plus grand, la caudale a les lobes plus pointus.

D'après le dessin, les nombres sont :

D. 4/18; A. 3/5, etc.

La couleur est un vert olivâtre, plus ou moins foncé sur le dos, à reflets dorés, qui donnent aux flancs, sur lesquels ils prédominent, une couleur jaune de laiton, plus vive que celle de notre carpe ordinaire; les nageoires sont jaunes, à teintes orangées.

Ce poisson me paraît long de cinq pouces. Il est indiqué par les naturalistes à qui nous en devons la connaissance, comme venant des eaux douces de Buitenzorg.

La CARPE AUX BANDES VERTES.

(*Cyprinus vittatus*, nob.)

Les mêmes naturalistes ont envoyé des mêmes lieux une petite carpe

à corps oblong étroit, à museau pointu, dont les barbillons maxillaires sont alongés; à dorsale un peu haute de l'avant, à caudale fourchue, qui a le dos jaunâtre, rayé de bandes longitudinales vertes et foncées; le ventre, blanc, a des teintes rosées et bleuâtres.

La dorsale et la caudale sont violettes; les nageoires inférieures sont blanchâtres.

D. 27; A. 7, etc.

La longueur du dessin, fait à Java, est de trois pouces.

Après ces espèces, il faut parler des cyprins que M. de Lacépède a introduits dans son Histoire naturelle des poissons, en consultant des collections de peintures chinoises dont il a reproduit les figures. Malheureusement les gravures faites par Desenne donnent peu l'idée de la vérité des dessins que les peintres chinois paraissent avoir faits d'après nature.

La première espèce est

La Carpe mordorée

(*Cyprinus nigro-auratus*, Lacép.),

sorte de poisson à couleurs dorées semblables à celles de la carpe, qui est souvent tout aussi riche. Je fais cette observation pour avertir le lecteur qui pourrait croire à la lecture de l'article de M. de Lacépède[1], que cette espèce est beaucoup plus parée qu'elle ne l'est réellement.

Ce cyprin a le corps plus court qu'aucune de nos carpes, et il faut que le barbillon supérieur soit bien court, s'il existe, car je ne le trouve représenté ni sur le dessin qui a servi à M. de Lacépède, ni sur un autre que je dois à la générosité de M. Dussumier, et qui a été

---

1. T. V, p. 547, pl. 16, fig. 2.

fait aussi à Canton. J'ai également vu deux autres peintures de cette même espèce dans la bibliothèque de sir Joseph Banks, et elles ressemblent toutes deux, sous ce rapport, comme sous celui des autres formes, à celles que j'ai citées plus haut, et cependant ces quatre dessins ne sont pas des copies l'un de l'autre. Les quatre figures représentent de longs barbillons à l'angle de la bouche, la dorsale est brune, à reflets rougeâtres; les nageoires inférieures sont pâles.

A en juger d'après le dessin, ces poissons atteignent à dix pouces.

La seconde espèce est

La CARPE ROUGE-BRUN
(*Cyprinus rubro-fuscus,* Lacép.[1]),

à corps ovale, assez semblable aux précédens, mais que le peintre chinois représente avec quatre barbillons, et dont le corps verdâtre plus ou moins foncé, avec des nuances rougeâtres, a une couleur générale différente de celle de la carpe; et ces différences deviennent plus sensibles par les nuances des nageoires, qui sont rosées plus ou moins vives sur les bords; la caudale est aussi plus fourchue.

J'ai vu cette variété représentée par d'autres peintures chinoises dans la bibliothèque de Banks.

Il y a donc lieu de croire que ce poisson existe aussi comme une espèce distincte dans les eaux douces de la Chine.

Les dessins représentent des individus de même taille que les précédens.

---

1. T. V, p. 531, pl. 16, fig. 1.

Le Cyprin vert-violet.

(*Cyprinus viridi-violaceus*, Lacép.)

Il ne me paraît pas aussi juste de séparer de cette espèce, comme l'a fait M. de Lacépède, la carpe qu'il a désignée[1] sous le nom de cyprin vert-violet (*cyprinus viridi-violaceus*).

Le dessinateur n'a marqué que deux barbillons au milieu de la lèvre, et il a négligé ceux de la commissure. Mais ici il y a incorrection de l'artiste, les teintes vertes du corps, violacées ou rougeâtres des nageoires, sont celles de l'espèce ci-dessus : si le poisson paraît plus alongé, c'est évidemment le résultat de la position que le peintre lui a donnée.

On pourrait croire que cette carpe est plus carnassière que les autres, car elle semble poursuivre des petits cyprins.

Je trouve encore des représentations de ces espèces sur des dessins chinois faits sur papier de riz, et que S. A. la princesse Marie d'Orléans avait eu l'extrême bonté de me donner, voulant aussi être utile à la publication de l'Histoire des poissons.

La Carpe de Kollar.

(*Cyprinus Kollarii*, Heckel.)

Voici une espèce de carpe que nous avons observée depuis plus de vingt ans dans le lac de Saint-Gratien, petit village de la vallée de Montmorency. Ce poisson y est tout aussi abondant que la carpe commune, et les pêcheurs l'en distinguent très-bien, en lui donnant le nom de *carreau,* parce que son corps, comparé à celui

---

1. T. V, p. 548, pl. 16, fig. 3.

des carpes ordinaires, est en effet beaucoup plus large et plus carré.

Les petits barbillons du bord des lèvres différencient cette espèce de la gibèle (*cyprinus Gibelio,* Bl.); mais c'est avec cette dernière espèce qu'il est très-facile de la confondre. Nous allons la décrire avec quelques détails, parce que l'espèce, quoique bien déterminée à présent, n'est pas encore généralement connue.

Elle a le corps élevé et comprimé; la hauteur n'est comprise que deux fois et trois quarts dans la longueur totale. La ligne du profil monte obliquement jusqu'à la base du premier rayon de la dorsale, étant légèrement soutenue et convexe en arrière de la nuque, qui est elle-même un peu bombée. La tête de la carpe de Kollar, assez petite, est comprise quatre fois et presque une demi-fois dans la longueur totale. Le dessus du crâne est lisse, et plus bombé entre les yeux que dans la carpe. Deux diamètres et demi mesurent l'intervalle entre les yeux, ils n'ont environ que le cinquième de la longueur de la tête. La chaîne des osselets du sous-orbitaire est très-marquée; elle se compose de cinq pièces : la première, oblongue et triangulaire, est comprise entre l'œil et le bout du museau, ou mieux, l'épaisseur des lèvres. Dans la concavité de son bord supérieur est placée la narine. Le second sous-orbitaire est petit et lisse comme le troisième, qui est arqué, plus grand que le précédent ou que le suivant, mais moins que le premier. Le quatrième et le cinquième ont leur surface rugueuse. Le dernier monte sur la tempe, au-dessus de l'œil. Dans le bord sourcilier et arqué du frontal principal, est attaché un très-petit os susorbitaire. Il n'y a pas, sur cette partie, autant de pores que dans la carpe ordinaire. Le préopercule, à surface lisse et couverte par une peau nue et brillante, a un limbe osseux assez large. L'angle en est très-arrondi, et le long du bord horizontal on compte sept à huit petits pores percés comme avec une pointe d'une aiguille ordinaire.

L'opercule est couvert de stries rayonnantes; le sous-opercule et l'interopercule n'offrent rien qui soit à remarquer. La bouche est peu fendue; la mâchoire inférieure est plus courte que la supérieure, laquelle forme un museau assez arrondi.

L'ossature de l'épaule, plus anguleuse que celle de la carpe, a un bord horizontal plus long; la pectorale, qui s'insère dessous, est plus courte : elle n'a guère que le huitième de la longueur du corps.

La ventrale n'est guère plus grande; la dorsale, étendue vers le dos, mais naissant un peu moins en avant, a son troisième rayon dentelé. L'anale, pourvue aussi d'un fort rayon, mais taillée en scie par la face postérieure, est courte. Le tronçon de la queue est plus court que celui de la carpe. La caudale est peu fourchue.

B. 3; D. 4/20; A. 3/6; C. 8 — 17 — 8; P. 16; V. 9.

Les écailles sont grandes et fortes; il y en a trente-sept rangées entre l'ouïe et la caudale, sur seize de hauteur. Chaque centre a des stries radiées sur sa surface libre. Vue à la loupe, une écaille détachée montre sa portion radicale, couverte en outre de stries concentriques parallèles au bord, et formant sur les stries divergentes et longitudinales des ondulations; le bord radical est un peu festonné, et l'éventail est ici composé de dix rayons, dont les deux externes sont les plus larges. Il y a, en outre, des stries concentriques. Une écaille de la carpe de Kollar est donc tout-à-fait différente de celle de la carpe commune, malgré l'affinité de ces deux espèces. Il y a plus même; car l'écaille que je viens de décrire ressemble à celle d'un grand nombre de percoïdes ou d'autres acanthoptérygiens, avec lesquels on ne pourrait placer la carpe, si on réunissait les poissons par la considération des écailles.

La ligne latérale, composée d'une suite de petits traits, forme une ligne un peu courbe par en bas.

La couleur est semblable à celle de la carpe; c'est un doré jaunâtre assez uniforme, et glacé de verdâtre sur le dos.

Sa splanchnologie montre que son canal intestinal est plus

long que celui de la carpe; car il se replie six fois; son estomac, un peu plus gros que le reste de l'intestin, a une veloutée formée de mailles fines et admirables; le foie est très-volumineux et suit les contours de l'intestin; la rate est grosse et plus cachée vers le foie. La vésicule du fiel est aussi grosse. La vessie aérienne, divisée en deux, organisée de même, communique avec l'œsophage par un canal plus grêle, mais renflé à sa sortie de la vessie et à son entrée dans l'œsophage. Les reins sont gros, semblables à ceux de la carpe.

Quant au squelette, je lui trouve le crâne plus court; la crête interpariétale se porte moins en arrière; les occipitaux latéraux ont une pointe très-courte; le trou de l'occipital latéral est grand; l'apophyse de la seconde vertèbre est dilatée vers le bord supérieur; celle de la troisième vertèbre est un stylet droit et grêle. Les apophyses transverses de la seconde et de la troisième vertèbre sont à peu près semblables à celles de la carpe; les lames verticales de celle de la troisième vertèbre et l'osselet de Webber sont moins alongés; aussi la protubérance occipitale est-elle également plus courte.

L'abdomen est protégé par seize côtes; la colonne vertébrale a trente-six vertèbres, dont seize pour la queue.

La chair de ce poisson est blanche et tendre. Aux ventes du poisson de l'étang de Saint-Gratien on la tient au même prix que celle de la carpe, la laissant ainsi supérieure aux autres ables qui y vivent en commun.

Je crois bien que le poisson dont je viens de donner la description est de la même espèce que celui observé et décrit par M. Heckel[1], en la dédiant à un de ses collègues, M. Kollar, l'un des conservateurs du Musée impérial de Vienne. La figure qu'il en donne répond parfaitement à notre poisson, et le texte confirme ce rapprochement.

---

1. Ann. de Vienne, t. I.ᵉʳ, p. 223, pl. XIX, fig. 2.

La diagnose seule suffit déjà à l'établir; c'est en effet le seul des poissons d'Europe dont on puisse dire *cirrhis brevissimis.*

Ce poisson venait du lac Neusiedler en Hongrie, où les pêcheurs le regardent comme un métis de leur *Gareissl* (*cyprinus carassius,* L.) et de leur *Seekarpfen* (*cyprinus hungaricus,* Heck.); aussi le nomment-ils *Karpf-Gareissl.*

S'il y avait besoin de preuves pour réfuter cette assertion, il suffirait de rappeler que l'espèce de *cyprinus Kollarii* est très-abondante dans le lac de Saint-Gratien, où je n'ai jamais vu le *cyprinus carassius,* et où la gibèle (*cyprinus gibelio*) ne me paraît se rencontrer que par hasard; car je n'en ai jamais vu prendre qu'un seul individu pendant le long espace de temps que j'ai suivi avec soin la pêche de cet étang.

J'ai placé cette espèce après les carpes étrangères dont l'histoire a suivi directement celle de notre carpe d'Europe, parce que ce poisson lie tout naturellement les carpes à barbillons et celles qui en sont privées, et dont M. Fitzinger a voulu faire un genre sous le nom de CYPRINOPSIS, ou M. Nilsson sous celui de CARASSIUS.

Les organes tentaculaires deviennent trop rudimentaires dans l'espèce de la carpe de Kollar pour leur donner, selon moi, l'importance que les deux savans que je viens de nommer ont cru devoir leur attribuer; en cela j'aime à suivre l'opinion de M. Agassiz. Mais d'ailleurs c'est seulement un nom à introduire ou à supprimer dans nos catalogues scientifiques; car les lecteurs voient que les espèces sont rapprochées selon qu'elles ont des barbillons ou qu'elles en sont dépourvues.

Viennent donc maintenant les carpes sans barbillons aux mâchoires : celles de nos climats ont le corps plus haut que l'espèce vulgaire ; mais parmi les poissons étrangers on retrouve les formes alongées et gracieuses de la carpe commune.

Les eaux douces de la France nourrissent peu de ces cyprins ; je ne les vois pas mentionnés dans les Faunes de l'Italie ou de l'Espagne ; ils sont communs en Allemagne et vers l'est de l'Europe ; ces espèces montent un peu plus haut vers le Nord que notre carpe ; puisqu'en Suède l'une d'elles a un nom vulgaire.

La Carpe carassin.

(*Cyprinus carassius*, Bl.)

La première de ces espèces a le corps plus court, plus haut et plus trapu qu'aucune autre ; c'est celle que j'ai vue très-communément sur les marchés de Berlin, où elle porte, comme par tout le reste de l'Allemagne, le nom de *Karausche.*

Le corps est presque orbiculaire ; la hauteur fait la moitié de la longueur. Le profil du dos monte par une courbe très-arquée ; le ventre est moins courbe, de sorte qu'une ligne tirée de l'angle de la bouche au milieu de la caudale, partage ce poisson par les deux tiers et non par la moitié de la hauteur. La tête est comprise quatre fois et deux tiers dans la longueur totale. L'œil est proportionnellement un peu plus grand que celui de la gibèle. Ses osselets sous-orbitaires sont petits et au nombre de six. Il y a aussi un surorbitaire, mais très-petit et comme perdu dans le bord membraneux de l'orbite. L'opercule est grenu plutôt que strié ; la bouche est peu fendue, sans barbillons, ou, s'il y en a un à l'angle de la mâchoire, il est tellement petit que souvent il échappe et se perd en distendant la peau.

Les dents pharyngiennes sont plus étroites et moins nombreuses encore que dans la carpe; le tubercule du basilaire est plus court, plus haut, et a sa surface grenue, au lieu d'être lisse.

La longueur de la dorsale mesure le tiers de la longueur totale; sa hauteur, plus grande que celle de la dorsale de la gibèle, fait la moitié de l'étendue de la nageoire, et est comprise deux fois et demie seulement dans la hauteur du corps sous elle. Le premier rayon est finement dentelé, et l'on voit très-clairement, dans les individus que j'ai rapportés de la Sprée, que le rayon solide et épineux est composé d'articulations nombreuses et rapprochées.

La ventrale est plus longue que la pectorale; la caudale est plutôt échancrée que fourchue.

B. 8; D. 4/17; A. 3/6; C. 17; P. 16; V. 9.

Je compte trente-trois rangées d'écailles entre l'ouïe et la caudale, sur quatorze dans la hauteur. Leur surface nue est finement striée en rayons, et je compte sept rayons inégaux à l'éventail. La ligne latérale est un peu concave et formée par une suite de tubulures. La couleur est un vert bouteille foncé, à reflets dorés.

Les viscères ressemblent beaucoup à ceux de la carpe, à cela près, qu'ils sont moins alongés, étant contenus dans une cavité abdominale plus courte.

Le crâne de ce poisson est plus arrondi, même sur la région occipitale; les occipitaux supérieurs n'ont qu'un simple petit tubercule; la crête interpariétale a son contour postérieur à double courbure en S, et touche presque, par sa portion inférieure et saillante, à la crête de la seconde vertèbre, qui a son bord antérieur concave et épais, et le postérieur mince, tranchant et presque droit, de sorte que la crête n'est un peu élargie que par l'addition de l'apophyse épineuse de la troisième vertèbre. L'apophyse transverse de la seconde vertèbre ressemble à celle de la carpe; celle de la troisième est plus grêle, plus dirigée en avant, et a sa lame postérieure plus droite et presque sans trou sous le corps de la vertèbre; l'osselet de Webber est court, mais semblable à celui de la carpe. L'apophyse du basilaire descend d'abord beaucoup plus bas, de sorte qu'elle détache plus du crâne la fossette qui reçoit le tubercule; cette apophyse se prolonge moins en arrière; les premiers interépineux de la dorsale sont hauts et assez larges, et ont deux arêtes latérales, une de chaque côté, saillantes. Il y a quinze côtes longues et arrondies.

Je les trouve, sur un poisson long de dix pouces, aussi hautes que sur une gibèle longue de quinze pouces. Je compte trente-trois vertèbres à la colonne vertébrale, vingt pour l'abdomen, et treize pour la queue, la dernière en éventail.

C'est, comme je l'ai dit, une des espèces les plus communes sur les marchés de Berlin, où j'ai pu m'en procurer facilement un grand nombre; car elle s'y vend à bas prix.

D'autres individus viennent du Havel, et ont été donnés au Cabinet du Roi par M. le marquis de Bonnay. J'en ai aussi pêché dans le lac de Tegel sur le domaine de M. de Humboldt, où j'ai reçu tant de marques d'amitié d'une famille à laquelle j'ai voué une reconnaissance dont il m'est doux de donner ici une preuve nouvelle.

Je l'ai aussi observée dans tous les canaux de la Nord-Hollande qui affluent dans le lac de Harlem; mais l'espèce n'entre pas dans cette petite mer.

Le Cabinet du Roi en a aussi reçu des individus de l'Elbe par MM. Tinnemann et Nitsch; du Danube, par M. Agassiz, qui les a envoyés de Munich; et enfin, j'en ai encore sous les yeux d'autres individus, qui viennent des eaux douces de la Sibérie orientale, et que je dois à l'amitié de MM. de Humboldt et Ehrenberg.

Bloch en a donné une bonne figure pl. XI de sa grande ichthyologie; elle est copiée dans l'Encyclopédie, fig. 322, sous le nom de Hamburge.

Nous voyons déjà cette espèce indiquée dans Gesner sous le nom de *karass*[1], qui est probablement l'origine du mot allemand sous lequel on la connaît aujourd'hui.

La première figure de cet auteur est assez grossière; mais dans ses *Paralipomena*[2] il en a donné une seconde très-reconnaissable; et celle-là se trouve reproduite dans son *Nomenclator*.[3]

Je ne trouve pas, d'ailleurs, notre poisson dans Belon ni dans Rondelet; et Willughby n'en parle que d'après Gesner.

Artedi a très-bien connu ce poisson, soit pour l'avoir vu en Suède ou en Hollande, quand il vint s'y rendre; mais je ne crois pas que l'on puisse, comme lui, conclure de la dénomination allemande de karass, que l'on peut retrouver dans ce poisson le χαραξ d'Élien ou d'Oppien.

Toujours est-il que c'est d'après la phrase d'Artedi que l'espèce prend rang dans le système naturel; mais il me paraît que Linné confondait encore avec elle le *cyprinus gibelio* dont il ne fait pas mention; et puis il cite Marsili[4], qui représente tout aussi bien la gibèle que le carassin. Mais Bloch a commencé à bien établir l'espèce, en donnant la bonne figure citée plus haut, en comparaison avec celle de la gibèle. Pennant avait aussi connaissance de ce poisson sous le nom de *Cruciancarp*.

Non-seulement le poisson est commun dans le nord de l'Allemagne, mais il se trouve en Suède : Linné le cite dans le *Fauna suecica* sous le nom de *ruda* ou *karussa*,

---

1. *De aquat.*, p. 318.
2. *Paral.*, p. 16.
3. *Nom.*, liv. III, p. 298.
4. Mars., *Danub.*, t. IV, pl. 14.

selon M. Nilsson. M. Sundevall, continuateur de l'ouvrage de MM. Fries et Ekstrœm, en donne aussi une bonne figure, sous le même nom que Linné (*Scand. fisk.*, pl. 31). M. Muller le cite aussi dans sa Faune de Danemarck; mais ni Faber, ni Reinhardt, ni Low ne le comptent dans leurs Faunes boréales.

Depuis Pennant, les zoologistes anglais Turton, Flemming, Jennyns, Yarell l'inscrivent dans leurs ouvrages. Mme Lee (Bowdich) en a donné une représentation dans son bel ouvrage des poissons d'eau douce de la Grande-Bretagne. Il me paraît que les couleurs argentées dont elle l'a ornée sont un peu brillantes, ainsi que le rouge des nageoires.

M. Siemsen le cite aussi comme un poisson abondant de Mecklenbourg, où il se nomme *karutsch* ou *kruthz*. Cette dénomination rappelle tout-à-fait le nom de Pennant. Dans quelques provinces de France on l'appelle *carassin;* et comme l'espèce n'est pas très-connue, à cause de sa rareté, je l'ai vu confondre avec le *cyprinus Kollarii* sous le nom de carreau.

Il ne paraît pas se trouver en Suisse; car ni M. Hartmann, ni M. de Jurine n'en font mention : l'espèce se trouve, au contraire, en Hongrie; M. Reisinger la cite dans son Histoire des poissons d'eau douce de la Hongrie.

L'espèce se trouve aussi dans les provinces méridionales et orientales de la Russie. Pallas trouve le carassin dans tous les lacs de la Russie et de la Sibérie, le disant plus abondant au Sud qu'au Nord, et le donnant comme un poisson délicieux; réputation qu'il est loin d'avoir, et avec raison, dans le reste de l'Europe. Ce célèbre naturaliste rapporte que ce cyprin vit dans les eaux claires et limpides, mais qu'il se tient aussi dans les eaux impures, et même dans les eaux salées, étant toujours le premier colon qui s'établisse dans les lacs nouvellement formés dans les déserts. Ils s'engourdissent pendant l'hiver, en se serrant en troupes même dans les lacs qui se congèlent jusqu'au fond, et ils résistent tout l'hiver à cet état de congélation, mais à la fonte des glaces ils se revivifient dans ces eaux. Aussi les habitans de Jakutsk et autres riverains de la Lena les retirent ainsi tout gelés ; ils choisissent les grands pour leur provision d'hiver, et rendent aux eaux les petits, qui revivront au printemps suivant. Il a vu prendre des carassins dans la glace à Selenginsk, et ils ont continué de vivre jusqu'à trois jours hors de l'eau.

Pallas se rappelle avec raison alors le passage de Pline[1] qui cite les *gobiones* du Pont, saisis par les glaces au point de ne plus donner signe de vie que lorsqu'ils sentent la chaleur des plats ; et celui d'Ovide[2] qui dit :

> *Vidimus in glacie pisces hærere ligatos;*
> *Sed pars ex illis tum quoque viva fuit.*

M. Nordmann le cite aussi dans son *Fauna pontica*, et cet auteur indique le système d'eau du ruisseau du Reout en Bessarabie comme l'endroit où il abonde le plus.

Linné, et les autres observateurs, rappellent que cette carpe est tourmentée par le *lernœa cyprinacea*.

---

1. Liv. IX, ch. 57 : *In Ponti regione apprehendi glacie piscium maxime gobiones, nonnisi patinarum calore vitalem motum fatentes.*
2. *Trist. III, eleg.* 10.

La Carpe meule.

(*Cyprinus moles*, Agassiz.)

M. Agassiz a désigné, sous le nom de *cyprinus moles,* une espèce très-voisine du carassin, mais qui s'en distingue surtout

> par sa dorsale plus basse, et parce que le corps est moins haut; car la hauteur ne fait pas ici la moitié de la longueur du tronc, la caudale non comprise; les écailles n'ont pas de stries.
>
> J'en compte trente et une entre l'ouïe et la caudale, et quinze dans la hauteur, dont huit au-dessus de la ligne latérale, qui est presque droite.
>
> D'ailleurs les poissons se ressemblent beaucoup par leurs autres caractères, et par l'absence de barbillons.
>
> D. 4/17; A. 3/6, etc.

Je fais cette description sur un individu que je dois à l'amitié de M. Agassiz et qui vient du Danube. Le Cabinet du Roi en possède un second individu, pêché également dans ce fleuve, et qui faisait partie des collections que M. le marquis de Bonnay a toujours eu la bienveillance de faire dans ses différens postes diplomatiques, à la prière de M. Cuvier.

J'ai pu aussi apprécier les caractères de cette espèce sur les dessins encore inédits de cyprinoïdes que M. Agassiz a fait faire pour sa belle Histoire des poissons de l'Europe centrale, et qu'il m'a confiés.

La Carpe gibèle.

(*Cyprinus gibelio*, Bl.)

Ce poisson a le corps plus alongé et plus renflé que les précédens.

Sa hauteur est deux fois et deux tiers dans la longueur totale, et l'épaisseur fait presque la moitié de la hauteur. La courbe du ventre est plus concave que celle du dos n'est convexe. Quoique le corps soit plus alongé, il n'y a que le même nombre de rangées d'écailles entre l'ouïe et la caudale : j'en compte trente, d'où il résulte que les écailles sont plus grandes; elles sont striées et grenues. Il n'y a que trois larges rayons à l'éventail radical; les stries d'accroissement sont très-prononcées. Il n'y en a que treize dans la hauteur, six au-dessus de la ligne latérale, qui est droite.

La dorsale est basse; les lobes de la caudale arrondis; les pectorales petites.

La tête est petite, du cinquième de la longueur totale; le dessus du crâne est granuleux comme l'opercule, qui est de plus strié. Le sous-opercule est aussi granuleux.

Les dents pharyngiennes sont étroites, au nombre de trois, et ne portent qu'un seul sillon sur la couronne.

L'individu que je décris a huit pouces de long.

Cette gibèle se trouve en France; nous en avons de petits individus venant de l'étang de l'abbaye de Prémontrey et que le Cabinet du Roi doit à feu M. Bosc. Elle paraît plus commune en Allemagne : j'en ai vu à Berlin, et j'en ai d'autres qui viennent du Danube par M. le marquis de Bonnay, ou par M. Agassiz.

Je l'ai observée pour la première fois au marché de Berlin, et j'en ai vu un assez grand nombre d'individus que j'ai comparés à ceux de notre pays, et je n'y ai vu aucune différence. Je l'ai aussi observée à Hanau, de sorte que je ne puis douter que cette espèce ne soit aussi répandue en Allemagne qu'en France. Nous en avons, en effet, dans le Cabinet du Roi d'autres individus, provenant de différens étangs de notre pays.

Bloch a donné plusieurs détails curieux sur ce poisson.

Il fraie en Mai, Juin et Juillet, et en nombre prodigieux
d'individus. Il estime que le nombre des œufs d'une seule
année dépasse trois cent mille. Ce poisson ne devient pas
aussi gros que la carpe : les plus grands individus ne dépassent pas quinze pouces.

Sa vie est tenace; il se conserve assez bien dans les
petits cours d'eau, ou dans les plus petites mares, et sans
y prendre un goût de vase comme la carpe. Sa chair est
tendre, peu grasse, sans être sèche. Outre le nom de
giebel, qu'il porte en commun avec le *cyprinus dobula,*
on lui donne en Sibérie le nom de *kleiner Karass* ou de
Gieblichen. On retrouve ces dénominations dans Gesner,
et c'est là le seul témoignage qui fasse croire que cet auteur
ait connu ce poisson, dont il ne donne pas de figure et
dont Willughby n'a parlé que d'après lui. Il est à remarquer que Linné ne compte pas ce poisson dans la XII.ᵉ
édition, et qu'elle paraît dans l'édition de Gmelin en
copiant l'article de Bloch. Elle n'est pas citée ni dans la
Fauna groenlandica de Fabricius, ni dans la *Fauna
danica* de Muller; et Low, sur les Orkney, Faber, sur
l'Islande, n'en font pas mention.

MM. Nilsson[1] et Ekstrœm la comptent cependant, sous
le nom de *cyprinus gibelio,* parmi les poissons de la
Faune de Scandinavie, mais en la regardant comme inférieure au *cyprinus carassius.* D'après eux, les pêcheurs
suédois leur donnent le nom de *damm ruda.* M. Sundevall
la donne aussi, pl. 3a des poissons de Scandinavie. Les
auteurs anglais citent aussi un *cyprinus gibelio :* tels

---

1. Nils., *Prod. Faun. scand.,* p. 33.

sont même MM. Flemming[1], Jennyns[2] et Yarell. La figure donnée par ce dernier naturaliste[3] me représente bien le poisson que j'ai sous les yeux. Selon Pennant, ce poisson aurait été aussi importé d'Allemagne en Angleterre.

Il ne paraît pas que ce cyprin se trouve dans le midi de l'Europe et en Italie; je ne le vois pas mentionné par les auteurs qui ont traité des poissons de ces contrées, et entre autres la Faune d'Italie du prince Charles Bonaparte n'en donne pas de figure. M. Fitzinger le compte parmi ses poissons d'Autriche; et M. Nordmann le cite dans son *Fauna pontica*[4]. Nous en avons de Russie, que la grande-duchesse Hélène de Russie, princesse du Wurtemberg, avait envoyés à M. Cuvier. Cependant Pallas n'a pas admis cette espèce dans sa Zoographie russe. M. Nordmann dit qu'elle a été naturalisée depuis peu de temps dans les étangs d'Odessa.

La CARPE NAINE.
(*Cyprinus humilis*, Heckel.)

Le savant ichthyologiste du Musée de Vienne, que nous avons cité plusieurs fois, a décrit, sous le nom indiqué plus haut, une petite carpe

à corps alongé, semblable, sous ce rapport, à une dorade de la Chine, dont la hauteur fait près du quart de la longueur totale, et qui est égale à l'étendue que la nageoire occupe sur le dos. La pectorale est aussi plus longue que celle du *cypr. carassius.* Il y a six écailles au-dessus de la ligne latérale, et cinq en dessous.

---

1. *Brit. Faun.*, p. 185.
2. *An. vert. Grant Brit.*, p. 402.
3. *Brit. fish.*, p. 315.
4. *Faun. pontica*, p. 479.

M. Heckel[1] a figuré cette espèce qui a le dos verdâtre doré et le ventre argenté.

Elle vient de Palerme : les individus sont longs de trois pouces.

Le même auteur fait aussi connaître dans ce recueil[2] une autre espèce, nommée

Carpe bucéphale

(*Cyprinus bucephalus, Carassius bucephalus,* Heckel),

à tête épaissie, obtuse; à dos un peu élevé; à caudale plus courte que la tête; ayant cinq rangées d'écailles au-dessous de la ligne latérale et huit au-dessus.

D. 3/16; A. 3/5; C. 6 — 17 — 6; P. 13; V. 9.

Cette espèce habite les sources chaudes des environs de Salonique en Macédoine, où elle a été observée par M. le docteur Von Frivaldszky, de Pesth, qui y a vu d'autres cyprinoïdes, et particulièrement le *cyprinus hungaricus* de Heckel.

La Carpe rayée.

(*Cyprinus lineatus,* nob.)

Le Cabinet du Roi a reçu de M. Gernaert, consul de France à Macao, une espèce

caractérisée par la rangée de pores ouverts sous l'œil, et qui se prolongent sur une ligne tirée à travers le sous-orbitaire; j'en compte facilement quatorze.

---

1. *Ann. Vienn.*, t. II, pl. IX, fig. 4, p. 156.
2. *Ibid.*, t. II, p. 157.

Il y en a ensuite onze qui suivent le contour du limbe du préopercule, cinq à six sous la branche de la mâchoire inférieure, et enfin d'autres épars sur le crâne.

Ce poisson a d'ailleurs le museau aigu, la tête petite, comprise quatre fois dans la longueur totale; la hauteur égale au tiers de cette longueur; la dorsale est étendue comme celle de la carpe : son quatrième rayon est fortement dentelé. L'anale, courte, a une forte épine; les lobes de la caudale sont arrondis; la pectorale est assez large.

D. 4/23; A. 3/6; C. 7 — 17 — 6; P. 29; V. 9.

Les écailles sont larges et minces : j'en trouve trente-trois rangées sur la longueur, et onze sur la hauteur, dont cinq au-dessus de la ligne latérale. Elle est droite.

L'opercule est couvert de fines stries, mais les autres pièces sont lisses. Les osselets sous-orbitaires sont étroits et petits.

On peut juger encore que les couleurs étaient distribuées par raies longitudinales foncées, tracées sur un fond uniforme, probablement rouge, en nombre égal à celui des écailles, que les lignes traversent par le milieu.

L'individu est long de neuf pouces.

La Carpe cuirassée.

(*Cyprinus thoracatus,* nob.)

M. Dussumier a rapporté des rivières de l'Isle-de-France une carpe

sans barbillons; à corps gros et trapu; à tête courte, arrondie en dessus, renflée sur les joues, sans pores remarquables, et dont le troisième sous-orbitaire est assez grand pour couvrir presque tout le haut de la joue, toucher au limbe du préopercule, et former ainsi une sorte de cuirasse osseuse sur la joue du poisson. L'opercule, assez large, est peu strié.

Il n'y a rien à remarquer sur le sous-opercule et l'interopercule.

Il y a quatre dents pharyngiennes à couronne oblongue, à un seul sillon et de couleur noire.

La dorsale est moins longue que celle de l'espèce précédente, quoiqu'elle occupe encore la moitié aù moins de la longueur du dos. Le rayon épineux est bien dentelé. Celui de l'anale est plus fort et un peu courbe. La caudale a ses lobes larges et arrondis. Les autres nageoires sont petites.

D. 4/17; A. 3/7; C. 5 — 21 — 5; P. 19; V. 9.

Les écailles sont fortes, striées et grenues. Je n'en compte que vingt-sept rangées entre l'ouïe et la caudale, douze sur la hauteur; la ligne latérale, qui est droite, est sur la sixième rangée.

Cette carpe a le dos vert olivâtre; au-dessous de la ligne latérale la teinte devient plus claire, et les reflets dorés sont plus brillans, surtout sur la région des pectorales. Les nageoires verticales sont verdâtres, les nageoires paires sont jaunes. La joue et les opercules ont une couleur dorée, et la nuque est olivâtre. Le dessus du museau est plus foncé.

Ce poisson, qui habite les rivières de l'Isle-de-France, y est estimé. M. Dussumier ne nous parle pas de la taille de cette carpe : l'individu décrit dans cet article est long de sept pouces.

Je pense qu'il faut encore rapporter à cette espèce, en les considérant comme des variétés, des poissons à dents pharyngiennes semblables par la forme et pour le nombre, et dont le troisième sous-orbitaire touche encore au limbe du préopercule, quoique ce sous-orbitaire paraisse plus rétréci.

Ces poissons ont le lobe de la caudale plus étroit. D'ailleurs ces individus me paraissent avoir varié par la couleur comme nos poissons dorés; car, outre ceux rapportés par M. Dussumier, MM. Desjardins, Quoy et Gaimard, Lesson et Garnot, en ont aussi conservé dans leur collection; et les uns semblent avoir été rouge doré, d'autres argenté, d'autres vert noirâtre. Un des individus pris par M. Dussumier a deux anales, placées à côté l'une de l'autre, et parallèles. Je ne trouve aucune autre déviation dans les formes de ce poisson.

Ce poisson, ou une espèce fort voisine, est représenté dans l'imprimé japonais que nous avons cité déjà tant de fois : il y est appelé *tsi* en chinois, ou *tafirago* en japonais. Ces renseignemens nous ont été donnés par M. Abel Remusat. Le naturaliste japonais dit que la chair en est mauvaise.

La couleur est noirâtre sur le dos, et blanche sous le ventre ; la caudale est suffisamment fourchue pour constater, avec la forme de la tête, l'identité spécifique que j'établis ici.

La Carpe de Langsdorf.

(*Cyprinus Langsdorfii*, nob.)

M. Langsdorf a cédé au Cabinet de Berlin une carpe sans barbillons, que M. Lichtenstein m'a permis de décrire et de dessiner.

L'espèce est plus semblable à la gibèle par la forme alongée du corps elliptique qu'au carassin. L'opercule et le préopercule sont fortement granulés. Les écailles, au nombre de trente dans la longueur et de quinze dans la hauteur, ont chacune trois stries divergentes.

D. 3/19; A. 3/5; C. 4—17—5; P. 16; V. 9.

Ce poisson a une teinte uniforme verte à reflets dorés, plus foncée sur le dos que sur le ventre.

16.

La longueur de l'individu desséché est de sept à huit pouces.

Je ne doute pas qu'il faille rapporter à cette espèce la figure de l'imprimé japonais qui est placée à côté de celle de la précédente sous le même nom chinois *tsi* ou *tafirago*. La couleur, rembrunie sur le dos, est jaune sous les parties inférieures.

Il ne serait pas impossible qu'une peinture chinoise que je dois à M. Dussumier, et qui a le dos noir doré foncé, et devenant presque noire derrière la nuque, fût faite d'après un individu de la même espèce : le dessus de la tête est rouge, ainsi que la base de la dorsale et de la caudale; le bord de ces deux nageoires est noir, la caudale étant moins rembrunie; les autres nageoires sont rosées : tout le reste du poisson brille d'une belle teinte rouge, couverte d'or.

Le peintre n'a pas dessiné de barbillons, et comme il ne les a pas oubliés sur d'autres poissons d'espèces distinctes par leurs formes, il y a lieu de croire que c'est avec intention et par suite de son exactitude qu'il n'a pas mis de barbillons autour de la bouche de cette espèce.

J'ai vu aussi dans la bibliothèque de Banks deux autres dessins chinois qui représentent des cyprins de ce groupe : l'un a le dos vert foncé, le ventre argenté, la dorsale et la caudale vertes; les autres nageoires sont brunes; sur l'autre le dos est vert, mais tirant plus sur le jaune; le ventre est brun, ainsi que les nageoires qui s'y insèrent; la caudale est verte.

Je signale ces dessins, sans oser établir d'après eux des espèces sur des renseignemens encore si peu certains.

La Carpe dorée *ou la* Dorade de la Chine.

(*Cyprinus auratus*, Bl.)

Ce poisson, qui fait l'ornement de nos pièces d'eau dans nos jardins, dont on admire jusque dans les vases, placés convenablement dans l'intérieur de nos habitations, la variété des couleurs rouges, argentées, verdâtres, pures ou mêlées entre elles avec de grandes marbrures noires, souvent à reflets dorés ou argentés, et que l'on connaît vulgairement sous le nom de *poisson rouge* ou de *dorade de la Chine,* est une espèce de Carpe sans barbillons.

Sa forme se rapproche surtout de cette variété que nous avons indiquée d'après le prince Charles Bonaparte sous le nom de *cyprinus regina.* Je trouve qu'elle lui ressemble tellement qu'on la confondrait certainement avec un individu décoloré de cette espèce, si l'absence des barbillons ne venait éclairer le zoologiste et en montrer les vrais caractères spécifiques.

La hauteur du corps égale, à peu de chose près, le quart de la longueur totale; l'épaisseur du tronc surpasse peu la moitié de la hauteur.

La longueur de la tête fait un peu moins que le quart de celle du corps; le profil monte obliquement; l'œil est médiocre; l'espace qui le sépare de celui de l'autre côté, est double du diamètre; le dessus du crâne est bombé; le troisième sous-orbitaire couvre moins la joue que dans l'espèce précédente; mais il est plus large que celui de la carpe ordinaire; l'opercule a des stries fines et des granulations; la bouche, petite, n'a point de barbillons; ses dents pharyngiennes sont au nombre de trois, et placées parallèlement à la suite l'une de l'autre; leur couronne est mince, et n'a qu'une seule colline.

La ligne du dos monte lentement au-delà de la nuque, où ce profil est assez soutenu. La dorsale s'élève sur la seconde moitié de la longueur du tronc. Je ne compte que deux petits rayons avant l'épine dentelée en arrière. Il y en a aussi deux au-devant du grand rayon de l'anale ; mais le premier est excessivement petit. La caudale est du cinquième de la longueur totale. La pectorale est courte ; mais elle atteint encore à la naissance de la ventrale : toutes deux sont du sixième de la longueur du corps.

D. 3/16 ; A. 3/5 ; C. 4 — 17 — 5 ; P. 18 ; V. 10.

Il y a vingt-six rangées d'écailles le long des flancs, et douze sur la hauteur. Elles sont de moyenne grandeur, finement striées et formées de couches concentriques superposées, avec huit rayons à l'éventail.

La couleur générale de ce poisson, bien connu de tout le monde, est un rouge vermillon à reflets dorés, qui devient quelquefois rose tendre, surtout quand le corps est glacé d'argent. D'autres individus sont blancs ; d'autres sont verdâtres, comme nos carpes. Il y en a de marbrés par de grandes taches rouges et blanches ; d'autres ont des marbrures rouges et noires, ou quelquefois le rouge est remplacé par du blanc. Chez d'autres le vert est le fond de la teinte ; ceux-ci sont moins sujets à varier ; cependant le noir s'y mêle quelquefois par grandes taches.

Les viscères ressemblent, en général, à ceux de la carpe ; le canal intestinal et le foie étant très-semblables. La vésicule du fiel me paraît cependant plus grosse ; la première vessie aérienne est plus courte, ce qui la rend plus globuleuse ; le canal pneumatophore est plus court et plus grêle.

Je trouve, en étudiant le crâne, un très-petit surorbitaire, un interpariétal plus avancé sur le crâne, des occipitaux latéraux sans aucune apophyse ; les trous de l'arrière du crâne plus écartés ; la crête interpariétale plus basse en arrière ; l'apophyse épineuse de la seconde vertèbre en lame plus étroite ; celle de la troisième, plus basse et plus petite ; l'apophyse transverse de la seconde vertèbre plus grêle et plus arquée ; celle de la troisième plus dirigée en avant ;

ses lames inférieures plus étroites et plus petites; l'osselet de Webber est plus court, ainsi que l'apophyse du basilaire, dont la fossette est plus oblongue. Il y a trente vertèbres, dont quinze portent des côtes, et douze sont pour la queue.

Ces dorades atteignent à huit et même à dix pouces, et je trouve, selon le rapport des missionnaires en Chine, que dans le jardin de l'empereur on en conserve qui ont un pied à un pied et demi et même plus; mais on n'en a jamais vu de cette taille en Europe. Elles ne supportent pas le froid de nos hivers dans des bassins peu profonds; mais celles qui sont mises en liberté dans de grands étangs, ne périssent que par un très-grand froid. Elles fraient en abondance au mois d'Avril et de Mai : elles croissent assez vite.

Quelques personnes qui élèvent un grand nombre de ces poissons, m'ont assuré qu'ils naissent rouges, quand ils sont uniformément de cette couleur; que la teinte est même plus vive que celle des adultes, et qu'en général leur couleur, d'abord vive et laquée, passe insensiblement au rouge vermillon quand le poisson, devenu plus grand, prend ses teintes dorées. Mais comme ces animaux sont sujets à de nombreuses variations de couleur, dans leur état adulte, on voit aussi quelquefois des individus qui perdent les taches de leur jeunesse en grandissant, ou d'autres qui en prennent pour passer, par exemple, au noir ou au blanc.

Dans les viviers on observe des poissons rouges ayant à peine un pouce de longueur, c'est-à-dire, encore très-près de l'état de frai. Toutefois il paraît que dans les premières années ce sont de véritables petits protées, et que leur couleur ne devient fixe qu'à l'âge de trois ou quatre ans. Nous allons ajouter cependant que Baster les a vus naître vert doré, pour devenir ensuite rouges : elles changent de bonne heure.

Ces poissons, importés de Chine en Europe, et de là dans le reste du monde, paraissent originaires de la province de Tche-Kiang, qui s'étend de $27°\,12'$ latitude nord au $31°\,10'$, et par $115°$ longitude ouest. Elle les fait entrer dans les présens qu'elle offre à l'empereur, et dans les échanges qu'elle fait avec les autres provinces : leur nom chinois est *kin-yu,* c'est-à-dire, poisson doré.

Il y en a beaucoup de variétés, et il en est d'elles comme de celles que nous obtenons de nos animaux domestiques ou de nos plantes cultivées : selon la mode, suivant le goût de l'empereur, telle ou telle sorte devient plus recherchée et se paie plus cher.

Ces nombreuses variétés se voient toutes réunies à Pékin dans le palais de l'empereur et dans les maisons des princes ou de quelques riches. On en fait élever de grandes quantités, et ce n'est que le fretin ou le rebut qui va se vendre au marché. Les belles espèces n'y paraissent que très-rarement, ordinairement lorsqu'une confiscation subite les a fait sortir de quelque grand palais. Ces dorades sont assez voraces; elles mangent des vers souvent beaucoup plus longs qu'elles, et on les voit mâcher leur proie en l'avalant, afin d'en venir à bout; c'est même une sorte d'amusement pour les Chinois, de donner un ver aux poissons, et de voir les autres courir après celui qui a attrapé la proie pour en saisir l'extrémité flottante; et l'adresse du poisson à tromper par des mouvemens d'une extrême vivacité l'avidité de ceux qui le poursuivent.

On croit en Chine que certains petits vermisseaux rouges
qui se trouvent dans la vase du bord de la mer ou des
eaux saumâtres, sont préférables à tous les autres pour la
nourriture des kin-yu; on croit même que ce genre
d'alimentation augmente l'éclat de leurs couleurs métal-
liques. Il y a au palais de l'empereur des eunuques chargés
d'aller tous les jours chercher des vers pour les poissons
de ses viviers.

Les Chinois croient que l'on peut changer et multiplier
à l'infini les variétés de ces dorades. L'habileté de ceux
qui font métier d'en élever, consiste à mélanger convenablement les races dans les eaux où on les fait se reproduire. Pendant les premières années leur vie est très-
délicate, et il n'y a guère que les hommes qui se livrent
à l'industrie de leur éducation qui sachent y réussir; encore ont-ils de la peine à conduire les poissons à leur
troisième année, et en perdent-ils des milliers. Mais quand
les kin-yu ont passé trois ou quatre hivers, des soins très-
bornés suffisent pour les garder un grand nombre d'années. On dit que dans le palais de l'empereur on en conserve qui ont plus de cinquante ans.

Pendant les hivers si rudes et si longs de Pékin, ces
poissons, qui viennent des provinces au moins aussi chaudes que l'Espagne, s'engourdissent par le froid, et restent
pendant près de six mois sans manger. Les canaux et les
nappes d'eau du jardin impérial de Pékin sont pleins de
poissons dorés. Ces eaux communiquent à un grand bassin
central, qui se nomme la grande mer, et au milieu est une
espèce de large puits de quinze pieds de profondeur, qui
y a été creusé exprès, et sur lequel on a soin de rompre
tous les jours la glace. Dès que l'automne arrive, tous les

poissons rouges se rendent à ce puits, et s'y tiennent pendant tout l'hiver.

A Pékin, les particuliers les conservent en les mettant dans les puits, où ils s'habituent très-bien à vivre, quoique l'eau contenant beaucoup de sel soit saumâtre. Il faut seulement que le puits soit assez large, et que l'on habitue graduellement le poisson à cette sorte d'eau par des mélanges préalables et faits, d'abord, en très-petite quantité.

Nous n'avons guère en Europe qu'une seule variété du *kin-yu*, celle qui est la plus commune et qui résiste le mieux, parce qu'elle appartient au type principal de l'espèce.

On doit les premières notions sur ces poissons à Kempfer et aux jésuites missionnaires Duhalde et Lecomte. Quant à l'époque de leur première apparition en Europe, elle est incertaine : quelques auteurs la font remonter aux années 1611 ou 1691; d'autres ont pensé, ainsi que M. Yarell a soin de le rapporter, que les Portugais, après avoir découvert la route de l'Inde par le Cap de Bonne-Espérance, ont d'abord naturalisé les dorades au Cap, où elles sont encore aujourd'hui très-communes, et d'où elles seraient venues ensuite à Lisbonne.

Selon Baster, on les aurait portées à Sainte-Hélène. Elles ont été aussi naturalisées à l'Isle-de-France, où elles abondent et sont servies sur la table comme un mets délicat.

Mais il paraît bien que ce n'est pas avant le commencement du dix-huitième siècle, vers 1730, que ces cyprins se sont multipliés en Europe. Baster nous apprend que les premiers apportés en Angleterre, sont venus avec Philippe Worth, et qu'après qu'ils y eurent frayé, on les répandit sur le reste de l'Europe. Le comte de Bentink et Clifford, que Linné a rendu à jamais célèbre, furent les premiers Hollandais qui en nourrirent dans leurs viviers; et à l'époque où écrivait Baster, 1765, ils n'y avaient pas encore frayé.

On dit que les premières dorades venues en France, arrivèrent au port de Lorient dans le jardin de la compagnie des Indes, dont les directeurs en firent des présens à madame de Pompadour.

La plus ancienne figure qui en a été faite, doit être celle de Petiver, mort en 1718, et dont le *gazophylacium* a été publié cependant beaucoup plus tard. Linné en donna une première figure en 1740 dans les actes de Stockholm, d'après des individus observés chez des grands seigneurs de Danemarck; et, en 1746, dans son *Fauna suecica*, il reproduit une figure de la dorade, et il n'en parle que dans une note mise à la suite de la description de ses cyprins : alors l'espèce n'était pas encore connue en Suède.

Quelques années après, en 1751, Pennant, dans ses Glanures, pl. 209, publie la figure de plusieurs variétés, et qui ont cela de remarquable que, semblables à celles de Linné, elles représentent des individus à anale, dorsale doubles, et à caudale trifurquée. C'est ce qui explique comment Linné, introduisant l'espèce dans la X.e édition du *Systema naturæ,* a donné pour diagnose la phrase suivante :

C. pinna ani gemina, cauda transversa bifurca.

Plusieurs années après, Baster, en 1765, consacra la planche IX du tome II de ses *Opuscula subseciva* à représenter six variétés de ces dorades; et comme il en avait élevé dans ses bassins, il a fait connaître plusieurs traits curieux de leur histoire. Ainsi, il les vit,frayer aux mois d'Avril et de Mai; il remarquait que la femelle est poursuivie par le mâle, qui, après plusieurs mouvemens, finit par se retourner pour appliquer son cloaque sous celui de la femelle; tous les deux alors lancent, l'un ses œufs, l'autre sa laitance. Il vit ces sortes d'accouplemens se faire entre des individus de couleurs variées, rouges, blancs ou noirs, de sorte qu'il réfute par cette observation le préjugé déjà répandu de son temps, que les poissons rouges dorés étaient des mâles, et les argentés des femelles.

Au commencement de Juin il observa des petits, longs de quatre à six lignes, de couleur noire ou brune. Au bout de six semaines ils avaient déjà des taches argentées ou blanches, et au mois d'Octobre ils avaient un pouce et demi. Après un an écoulé, ils commencèrent à changer de nuances, et le ventre rougit; dans le courant de l'année, ils devinrent d'une belle couleur dorée. Ayant ensuite ajouté quelques observations sur la manière de les nourrir et de les conserver dans les vases où nous les gardons, et dont les soins les plus urgens consistent à les tenir dans de l'eau pure, telle que l'eau de pluie, Baster donne une description détaillée du poisson, et en fait connaître des variétés, dont les principales présentent les formes suivantes : Il y en a à deux dorsales très-courtes chacune, et éloignées l'une de l'autre; de ces deux nageoires, l'antérieure est quelquefois remplacée par un tubercule, ou bien la seconde disparaît; d'autres ont le dos uni sans nageoire, tantôt régulier, tantôt comme bossu. A ces variétés s'ajoutent celle de la duplicature de l'anale, et de la trifurcation de la caudale; et quelquefois cette nageoire devient double, comme l'anale.

Il ne paraît pas qu'à cette époque les naturalistes aient encore observé les variétés à yeux saillans; cependant elle a été introduite avec les autres par les missionnaires ou agens de la compagnie des Indes du port de Lorient, et au moment où j'écris, je sais qu'il y a encore un de ces poissons à yeux gros et saillans, vivant dans les bassins du jardin de cette ville. Nous conservons maintenant dans les galeries du Muséum deux individus de cette race, que M. Gaudichaud a eu soin de prendre à Macao, pendant le court séjour qu'il y a fait. Dès que Linné eut inscrit l'espèce dans sa X.ᵉ édition, elle reparut dans les XII.ᵉ et XIII.ᵉ qui suivirent. Bloch la représenta dans sa grande Ichthyologie, et on voit que les poissons dorés étaient encore rares en Prusse, puisqu'il cite le nom de la personne généreuse qui lui en donna les exemplaires figurés sur la planche 93 de son ouvrage. Une autre variété, semblable à celle de Sauvigny, et que Bloch tenait de Vosmaer, a été donnée dans cette Ichthyologie, pl. 410.

Les auteurs des Faunes de la Grande-Bretagne, depuis Pennant jusqu'à nos jours, ont maintenant inscrit ce poisson parmi les espèces d'Angleterre.

M. de Lacépède en parle aussi dans son Ichthyologie, et à la suite de l'article du poisson doré, fait d'après celui de Bloch, il cite comme des espèces distinctes, cette variété à gros yeux, qu'il nomme cyprin télescope (*cyprinus telescopus*), et cyprin gros yeux (*cyprinus macrophthalmus*), et il en distingue une autre sous le nom de cyprin à quatre lobes (*cyprinus quadrilobus*). Cependant, s'il eût étudié l'article si bien fait de Baster, il aurait sans aucun doute évité de tomber dans ces erreurs. On voit que M. de Lacépède ne consulta que le recueil de peintures coloriées, publié chez Martinet par M. Sauvigny. Il n'a paru de cet ouvrage que le commencement des planches, et très-peu de pages de texte.

Ces planches, parfaitement bien exécutées en couleurs, sont copiées d'un recueil de peintures chinoises, envoyées en 1772 au ministre secrétaire d'État Bertin. Elles sont toutes disposées sur un long rouleau, et accompagnées d'une notice, d'où nous avons extrait une partie de ce que nous disons plus haut des habitudes des poissons dorés. Ces missionnaires mentionnent six variétés de kin-yu, dont voici, suivant eux, les noms chinois :

1.º Les *ya-tan-yu,* ou œufs de cane, ainsi nommés à cause de leur forme raccourcie et renflée au milieu. Il paraît, d'après le dessin, que la plupart des individus manquent de dorsale, et qu'il y en a à deux anales et à caudales quadrilobées : cette variété se tient plus ordinairement au fond de l'eau, le dos en bas et le ventre en haut, quoique ce poisson puisse facilement se retourner quand il veut nager : il se meut cependant aussi dans la position retournée. Il semble que c'est aussi le poisson le plus richement doré.

2.º Le *long-tsing-yu,* ou œil de dragon, correspond au *télescope* et au *gros-yeux* de M. de Lacépède; variété remarquable par la saillie énorme des yeux. Je les ai disséqués, et n'ai trouvé aucune différence de structure interne ou externe; l'œil seulement est beaucoup plus gros. Ses muscles droits ou obliques étaient très-grêles; le nerf optique ne m'a pas paru plus petit : ce poisson se tient souvent renversé comme le précédent.

Les Chinois ont sur l'origine de cette espèce une singulière croyance : ils la regardent comme un métis du *kin-yu* ordinaire, fécondé par une grenouille mâle. C'est, d'ailleurs, une des variétés les plus rares et les plus chères, et elles se vendent à Pékin jusqu'à 20 thalers la pièce.

3.° On appelle *choui-yu* ou dormeur, une variété qui se tient presque toujours au fond de l'eau, sans mouvemens. Il semble que de monter à la surface du vase soit une fatigue pour le poisson; car il redescend très-promptement sur le sable.

4.° Le *kin-teon-yu,* ou *cabrioleur,* est dans l'habitude de sauter fréquemment au-dessus de l'eau, obliquement, comme le font d'ailleurs nos carpes.

5.° Le *nin-eubk-yu* ou la nymphe, est moins brillant d'or ou d'argent que les autres dorades; mais la délicatesse des nuances tendres et irisées dont elle est peinte, et la vivacité de ses mouvemens, font beaucoup rechercher cette variété.

6.° Enfin, ces missionnaires signalent le *ouen-yu* ou le lettré, dont les couleurs sont disposées de façon qu'on croit retrouver des caractères chinois le long des flancs. Les marchands de Pékin prétendent qu'ils obtiennent ce résultat par un moyen dont ils gardent le secret. Les prêtres des missions ont appris, mais sans l'avoir vérifié, que les Chinois pouvaient, par une sorte de tatouage, marquer les flancs de ces poissons de caractères simulant plus ou moins l'écriture. Les pères croient, que la pâte employée pour laisser des traces sur le poisson, est faite avec de l'arsenic délayé dans de l'urine de tortue. On sait que les préparations épilatoires contiennent ordinairement ce métal, qui a, pour cet usage, un effet très-énergique. Il est assez naturel de croire que l'action de cet agent métallique laisse des traces sur les écailles cornées du poisson.

J'ai examiné plusieurs de ces variétés, que je regarde comme de véritables monstruosités qui changent beaucoup, soit par les formes, soit par les proportions des nageoires. MM. Eydoux et Souleyet en ont rapporté plusieurs assez curieuses qui, avec celles données au Cabinet du Roi, prises, comme les précédentes, à Macao par M. Gaudichaud, m'ont fait faire les observations suivantes :.

Un premier individu, long seulement de trois pouces et demi, a le corps assez semblable aux dorades ordinaires;

la tête est peut-être un peu plus renflée et le museau un peu plus court. La caudale a pris beaucoup de développement en longueur; car ses lobes pointus sont plus longs que le tronc; leur mesure, portée sur lui, atteint au bord de l'orbite. Les autres nageoires sont aussi plus alongées, mais elles n'offrent rien de très-extraordinaire : la dorsale est plus haute à l'avant.

J'en ai un autre individu,

à tronc déformé, raccourci. La hauteur fait la moitié de la longueur, sans y comprendre la caudale. Le ventre est gros et saillant, à queue courte, la dorsale n'est plus formée que de deux ou trois rayons à la suite de l'épine dentelée. Les ventrales sont alongées. L'anale a huit rayons mous; mais la caudale est très-développée et comme double, c'est-à-dire, qu'à l'extrémité du corps il y a deux nageoires échancrées ou fourchues, et réunies seulement par leur bord supérieur, qui égale en longueur la distance comprise entre l'ouïe et la naissance de la caudale. Je compte vingt écailles sur ce côté. La ligne latérale est courbe et sur le milieu du corps.

C'est bien certainement une déformation due à un commencement de monstruosité double; car j'en ai un second exemplaire en tout semblable à celui que je viens de décrire, mais qui a deux nageoires anales : c'est alors le vrai *cyprinus auratus* de Linné, et le cyprin quatre lobes de Lacépède.

Un second poisson à deux anales et ayant conservé sa dorsale, est remarquable par l'excessif alongement de ses nageoires. Dans celui-ci

la tête est grosse, et est comprise deux fois et demie seulement dans la longueur du tronc; le dos est bossu sous la dorsale; le ventre est gros; la hauteur fait un peu plus que la longueur de la tête. Il y a deux anales; la gauche est un peu plus courte que la droite. La caudale est double, et la longueur de cette nageoire dépasse de près d'un quart la longueur de la tête et du tronc pris ensemble; les ventrales ont une longueur égale aux trois quarts de celle des lobes de la caudale; les pectorales, aussi très-longues, font les deux tiers de la ventrale; la dorsale, courte, a cinq à six rayons, qui ne font que les trois quarts de la nageoire paire inférieure : la plus longue anale égale presque les ventrales.

J'ai aussi une suite de monstruosités, répondant aux œufs de cane des Chinois : ce sont les dorades sans dorsales. Il n'y en a plus de traces.

Leur corps est aussi déformé et raccourci. Quelques-uns ont la caudale large, grande et alongée; d'autres ont cette caudale développée et à trois lobes, c'est-à-dire, qu'un lobe supérieur ou une demi-caudale suit, comme à l'ordinaire, verticalement le corps du poisson; puis en dessous, il y a deux lobes inférieurs ou deux demi-caudales, qui s'unissent au bord impair supérieur.

Cette variété paraît une des plus communes; je l'ai vue vivante dans les eaux douces en Hollande. M. Temminck, pendant un séjour que je fis chez lui, eut la bonté de m'en donner deux individus, que j'ai rapportés vivans à Paris; mais ils n'y ont pas vécu long-temps.

J'en ai d'autres, toujours sans dorsale, à deux anales et à deux caudales distinctes.

Tous ces poissons monstrueux ont les viscères un peu déformés par suite du changement de proportions dans l'abdomen; et l'un des plus remarquables est celui que m'a offert la vessie aérienne, dans laquelle la poche antérieure est grande, et la postérieure excessivement petite, vermiforme, ne pouvant être aperçue qu'après l'avoir cherchée attentivement

Sur le squelette ce que ces poissons présentent de plus remarquable, et ce qui me semble confirmer l'opinion qui me fait regarder ces variations comme des cas de monstruosités doubles, c'est que les interépineux sont doubles comme les rayons de l'anale.

D'après de beaux et élégans dessins chinois, qui m'ont été donnés par M. Dussumier, je vois aussi que des dorades de couleur laiton verdâtre comme nos carpes, offrent les mêmes variations.

Le commerce a porté les poissons rouges aux Philippines, à Java et à l'Isle-de-France; dans ce dernier lieu ils sont recherchés comme un mets délicat. Il est assez curieux que ni Valentyn ni Renard n'en aient point fait mention dans leurs ouvrages.

Aujourd'hui toutes ces variétés, qui avaient d'abord été portées en Europe, ont donné lieu à de nombreuses successions de générations, sur lesquelles l'homme n'a pas exercé d'influence, en ayant soin de séparer les différentes races pour les voir se perpétuer. On est arrivé à ce fait curieux dans l'étude philosophique des espèces, que peu à peu la forme primitive que la nature a créée pour cette dorade a repris, par la force plastique de son développement, son type originaire; car nous ne voyons plus, dans les pièces d'eau où nous les laissons multiplier, que des poissons conformés comme tous les autres cyprins. Les variations dans les couleurs sont constantes et naturelles; quant à celles observées dans les formes, je ne doute pas que, si la curiosité était excitée en nous, comme la variété de structure et la beauté des couleurs l'ont fait naître chez les Chinois, de manière à suivre la déformation de nos divers cyprins, nous n'arriverions promptement à obtenir aussi des variations permanentes, comme les cultivateurs en obtiennent tous les jours dans les plantes, ou comme nos races de chiens nous en offrent des exemples. Cette réflexion se fonde sur les cas de déformations encore assez nombreux que l'on observe dans les étangs où l'on élève tous ensemble les poissons rouges. On en voit souvent sans dorsale, quelquefois des individus ont les yeux saillans, mais rarement la caudale se bifurque.

Nos cyprins d'Europe nous fourniraient également des exemples de ces altérations de leurs formes normales; car Klein a figuré un barbeau tout aussi remarquable par le développement de ses nageoires, qu'aucune dorade chinoise dont j'ai donné les proportions.

———

CHAPITRE II.

Des Barbeaux.

En prenant pour caractère des carpes l'ensemble de leur facies, la forme et la constance de leurs dents pharyngiennes, la longueur de leur dorsale précédée d'un rayon dentelé, nous avons vu varier autour de ces différens caractères ceux que l'on peut aussi tirer des barbillons.

Le genre des Barbeaux (*Barbus*), dont nous allons maintenant nous occuper, va également nous montrer la même puissance dans les combinaisons diverses avec lesquelles la nature a su travailler les êtres nombreux qu'elle a placés sur notre planète.

Les espèces à réunir dans ce genre sont les cyprinoïdes à corps plus ou moins fusiforme, dont la dorsale, courte, est précédée de trois petits rayons simples, et d'un quatrième, qui est, comme dans les carpes, une très-forte épine, souvent dentelée comme celle de ces poissons, mais aussi quelquefois lisse.

La bouche a quatre barbillons, une paire antérieure, naissant de la peau qui est au-devant de l'insertion médiane du maxillaire: c'est le barbillon que j'appelle maxillaire; et une seconde, formée de celui que je nomme le barbillon labial, c'est le prolongement de la lèvre à sa commissure. Les dents pharyngiennes sont coniques, alongées, un peu crochues, et ordinairement sur trois rangs, comme dans nos espèces d'Europe.

Il y en a plusieurs dans les eaux douces de l'Europe qui ont été confondues entre elles sous le nom de barbeaux, ou de barbillons quand ils sont jeunes, jusqu'en 1823, où j'ai commencé à reconnaître les différences des barbeaux d'Italie et de ceux de France.

Pallas en a observé d'autres assez semblables dans les contrées orientales voisines de la Caspienne; elles ont toutes une physionomie particulière, qui se reconnaît à la saillie de leur museau, à la petitesse de leurs écailles, et à leur corps assez rond.

La péninsule de l'Inde a de nombreuses espèces de barbeaux, qui aussi ont leurs caractères particuliers : le corps, comprimé et couvert de grandes écailles, ressemble plus à celui d'un gardon ou d'une vandoise qu'à notre barbillon; mais on y retrouve toujours une dorsale courte avec une épine dentelée plus ou moins forte et quatre tentacules.

Le Nil a aussi un grand barbeau, dont le rayon, très-fort, mais lisse et sans dentelure, le fait appartenir à une division distincte des précédens; il a d'ailleurs, comme eux, le corps comprimé, élevé et couvert de larges écailles.

Nous retrouvons, dans les eaux douces de l'Inde, des espèces de cette division; et j'ai aussi reçu du nord de l'Atlas, de nos provinces algériennes, deux espèces qui se rapportent à la première division des barbeaux des Indes.

On cite, dans des mémoires sur l'Ichthyologie, des barbeaux des eaux douces de l'Amérique, d'après une indication donnée par M. Cuvier dans la seconde édition du Règne animal; mais on verra dans ce chapitre, à l'article de la seule espèce du Cabinet du Roi sur laquelle M. Cuvier a cru devoir avancer ce fait, que l'origine en est fort douteuse. M. Agassiz n'a pas encore observé de barbeaux parmi les espèces fossiles qui lui ont été jusqu'à présent offertes.

On peut faire plusieurs divisions dans le genre des barbeaux, selon que les espèces ont le museau alongé ou raccourci, le rayon dentelé ou lisse.

Nous commencerons par les premiers, dont celui de nos rivières devient le point de comparaison.

A. DES BARBEAUX A RAYON DENTELÉ ET A MUSEAU PROÉMINENT.

Le Barbeau commun.

(*Barbus fluviatilis*, Flemm., Ag.; *Cyp. barbus*, Linn.)

Le poisson qui se plaît dans les endroits rocailleux de toutes les rivières de l'Europe, et que la longueur des quatre barbillons qu'il étend dans l'eau a fait désigner sous le nom de *barbeau* ou de *barbillon*, a été mentionné par Ausone[1] sous le nom de *barbus.* Ce poëte fait connaître ce poisson par la dénomination qui rappelle celle sous laquelle nous l'indiquons encore aujourd'hui, mais aussi par des épithètes qui ont trait aussi aux habitudes de l'espèce :

> *Tuque per obliqui fauces vexate Saravi*
> *Qua bis terna fremunt scopulosis ostia pilis,*
> *Quum defluxisti famœ majoris in amnem,*
> *Liberior laxos exerces* Barbe *natatus.*

Il est assez remarquable qu'un poisson aussi commun, et qui atteint à une taille aussi forte que la carpe, n'ait pas été signalé dans les auteurs anciens. Je crois qu'on peut

---

1. Aus. *Mos.*, vers 94.

l'expliquer, en remarquant que ce poisson n'est pas aussi abondant en Grèce que dans plusieurs autres lieux de l'Europe, et que par cette raison Aristote l'a négligé. Pline, qui a toujours pris son instruction positive dans les écrits du philosophe grec, n'a pas cité le *barbus*. Ausone, au contraire, écrivant d'après nature sur les poissons de la Moselle, ne pouvait négliger de nommer une espèce aussi répandue dans les eaux de la Gaule.

Rondelet[1] a laissé une bonne figure de notre barbeau, facile à reconnaître à la grosseur de l'épine de la dorsale, tandis que la planche de Salviani[2] est loin d'être aussi reconnaissable; je ne crois pas même que ce soit le barbeau ordinaire qui ait été représenté par cet ichthyologiste.

Belon[3] a connu le barbeau : il en parle sous le nom de *mystus fluviatilis;* mais il n'en a pas donné de figure.

Aldrovande[4] a copié la figure de Salviani, et ne nous apprend rien de plus sur cette espèce.

Willughby[5], comme le précédent, reproduit Salviani.

Gesner donne une figure originale, moins bonne que celle de Rondelet, un peu plus grande, et qui représente, je crois, notre barbeau commun, quoique l'épine ne soit pas assez nettement exprimée. La longueur de l'anale me fait pencher pour la certitude de ce rapprochement.

Nous arrivons, après Willughby, à l'époque d'Artedi et de Linné, qui introduisent l'espèce dans le *Systema naturæ* sous le nom de *cyprinus barbus*, et, depuis cette époque, tous les auteurs qui ont parlé des poissons de

---

1. *De pisc. fluv. lib.*, ch. XIX, p. 194. — 2. Salv., *De aquat.*, p. 86, pl. 19. — 3. Belon, *De aquat.*, p. 301. — 4. Aldrov., *De pisc.*, p. 598. — 5. Will., p. 259.

l'Europe centrale ou méridionale, ont cité le barbeau dans leurs écrits.

Ce poisson est plus long et moins comprimé que la carpe. Sa plus grande hauteur, qui est au droit des pectorales, est cinq fois et trois quarts, et souvent six fois et demie, dans sa longueur. La largeur transverse est des trois quarts de la hauteur. La queue est plus comprimée que le tronc et trois fois moins haute. La tête comprise quatre fois dans la longueur totale.

Sa nuque est un peu convexe. Puis, le crâne est légèrement concave, et le profil, faiblement convexe au chanfrein, descend vers le bout du museau, qui fait une saillie en avant de la bouche; le crâne et le chanfrein sont lisses, et ont de l'élargissement en travers, ce qui rend les yeux assez écartés. Ils sont petits; car leur diamètre n'est pas le dixième de la longueur de la tête, et à peine le quart de leur intervalle.

La narine est un peu plus près de l'œil que du bout du museau; ses deux ouvertures, arrondies et contiguës, sont séparées par une papille proéminente, épaisse et triangulaire.

Le premier sous-orbitaire, alongé, descend jusque sous le milieu de chaque côté de la bouche, et se termine dans le repli charnu qui double tout le pourtour de la mâchoire supérieure.

Le second sous-orbitaire est très-petit, de sorte que c'est le troisième qui, courbé en arc grêle, cerne presque tout l'œil en dessous. Le quatrième sous-orbitaire est petit et trapézoïdal..

Il faut chercher avec soin le second de ces os, sans quoi on pourrait facilement établir que la chaîne sous-orbitaire n'est composée que de trois pièces.

Le maxillaire est caché entre le repli de la peau de la joue et la lèvre supérieure.

Les lèvres sont épaisses, charnues, et entourent une bouche fendue en fer à cheval, tout-à-fait inférieure, et peu protractile.

Des barbillons bien plus grands que ceux de la carpe, naissent à la racine et à l'angle inférieur du maxillaire, ce qui rend ces barbillons plus écartés, les premiers étant vers l'extrémité du museau.

La joue est lisse et sans écailles. Le préopercule n'a pas de limbe distinct, son bord est droit et s'arrondit à son angle; il est tracé à peu près par le milieu de l'œil à l'ouïe.

Le bord operculaire est en courbe convexe, dont la branche supérieure serait plus courte que l'inférieure.

L'opercule s'y distingue du sous-opercule par une ligne droite oblique et dirigée en avant. L'interopercule, caché presque en entier sous le bord horizontal du préopercule, se voit à peine à l'extérieur.

L'isthme de la gorge, plus étroit que celui de la carpe, est plat. Les ouïes ne sont pas très-fendues. Il y a trois rayons à la membrane branchiostège.

La distance du museau au rayon antérieur de la dorsale est égale à celle qu'il y a de ce rayon à la racine de la caudale.

La nageoire du dos occupe un espace de moitié moindre que la longueur du tronc entre la dorsale et la caudale. De son premier rayon mou elle est aussi haute que longue, mais elle s'abaisse en arrière. Elle a quatre rayons épineux; le premier est excessivement court et caché presque entièrement sous la peau; le second est du tiers du troisième, lequel fait la moitié du quatrième. Celui-ci est gros, fort et dentelé en arrière d'un double rang de scie, mais il se termine par une sorte de prolongement mou et articulé, et les articulations répondant, pour le nombre et la forme, à celle de dents, qui font elles-mêmes la saillie des articulations devenues osseuses à la base des rayons, rien ne montre d'une manière plus évidente et plus claire la justesse de la différence saisie par Artedi, et adoptée par M. Cuvier, entre les rayons osseux des acanthoptérygiens et ceux des malacoptérygiens.

L'anale, insérée à peu près aux deux tiers de la longueur totale, bien plus bas en arrière que la fin de la dorsale, est de plus du double plus haute qu'elle n'est longue. Ses trois premiers rayons sont simples et articulés. Sa pointe est arrondie.

La caudale est fourchue, et le lobe supérieur est plus étroit, plus pointu et un peu plus court que l'inférieur.

La pectorale, en demi-cœur quand elle est étendue, est attachée derrière un huméral triangulaire et lisse, qui lui-même est porté par un scapulaire grêle et étroit.

Les ventrales, en demi-éventail, ont dans leur aisselle deux ou trois écailles qui s'alongent un peu.

B. 3; D. 4/8; A. 3/5; C. 4 — 19 — 4; P. 15; V. 10.

Les écailles sont, dans ce qu'on en voit, plutôt en ogive que rondes. Elles paraissent lisses, bien qu'à la loupe on aperçoive quelques fines stries rayonnantes de la portion radicale vers le bord. J'en compte soixante-six rangées entre l'ouïe et la caudale, et vingt-sept à trente dans la hauteur, dont treize sont au-dessus de la ligne latérale. La portion radicale d'une écaille est un carré tant soit peu oblong, à surface striée, en rayonnant du centre vers les bords, et toutes couvertes d'ailleurs de stries d'accroissement concentriques. Le bord postérieur est trilobé.

La ligne latérale se marque par un pore glanduleux, dont la série linéaire se creuse très-légèrement sur la région des pectorales aux ventrales, se redresse ou même devient un peu convexe sur le tronçon de la queue.

La couleur sur le dos est d'un gris olivâtre pâle, avec des reflets dorés peu brillants, ou de laiton poli; quelquefois prenant des tons bleu d'acier, et se changeant insensiblement en un blanc argenté jaunâtre, devenant, sous la poitrine et la gorge, blanc mat, avec des reflets un peu nacrés.

La tête est du gris olivâtre du dos sans reflets; il y en a quelque peu sur l'opercule, mais la joue reflète des tons dorés plus vifs. L'iris est jaune d'or pâle.

La dorsale, grise, plus ou moins olivâtre, porte quelques points bruns plus ou moins effacés entre ses rayons. Ils me paraissent plus évidens sur les jeunes que sur les adultes, dont le bord de la nageoire devient quelquefois noirâtre.

La caudale est aussi bordée de ces teintes rembrunies, mais sa base, et surtout celle du lobe inférieur, est rouge plus ou moins mêlé d'orangé. L'anale et la ventrale sont aussi d'une couleur orangée, qui se conserve très-bien dans l'alcool. La pectorale est pâle.

Il faut, d'ailleurs, remarquer que ces teintes varient beaucoup, selon la couleur des eaux de la rivière : il semble que la mucosité qui enduit le corps du poisson attache promptement les molécules suspendues dans le liquide; car, selon que l'eau est troublée par des boues jaunes ou grises, argileuses ou blanchâtres, le poisson, comme presque tous les autres cyprins, devient jaunâtre, grisâtre ou même blanchâtre.

Le barbeau vivant sur lequel j'ai fait cette description sur les bords de la Seine, avait deux pieds quatre pouces de longueur. On en voit rarement de plus grands dans ce fleuve : il pesait quatre livres et demie.

A l'ouverture de l'abdomen, on voit dans le haut deux anses d'intestins concentriques, et vers le bas une troisième; toutes se dirigent de gauche à droite derrière un diaphragme membraneux et très-mince.

Le foie règne au-devant des premières, puis, à droite et dans toute la seconde moitié des circonvolutions, pénètre entre elles et se maintient sur les côtés.

Il a deux lobes distincts : le droit descend directement en arrière à la face spinale, et s'étend jusqu'au bout de l'abdomen. A la face ventrale il donne trois lobes transverses. L'antérieur va sous le devant de l'estomac s'unir au côté gauche par une bande transversale. Le moyen traverse sous le milieu des intestins, puis revient obliquement en arrière, par une partie alongée, s'engager dans la troisième anse intestinale.

Le troisième lobe couvre transversalement tout le fond de l'abdomen sur la face ventrale. La couleur de ce viscère est un rouge très-pâle, et sa consistance est très-molle.

La vésicule du fiel est attachée, comme à l'ordinaire, au lobe droit, et adhère par du tissu cellulaire à l'œsophage, qu'elle éloigne du foie. La bile est d'un jaune pâle.

La rate, rouge très-foncé, est étroite, alongée, lobée, et ne se

13

montre à l'ouverture de l'abdomen que dans la première anse de l'intestin; sur le reste de sa longueur elle se cache entre l'intestin et le lobe gauche du foie.

Le long du côté droit et en dessus, l'œsophage se continue en un estomac, sans grande différence, jusqu'au fond de la cavité abdominale, où se forme le premier pli; alors l'intestin revient en dessous vers le milieu du côté gauche, où est le second pli; il se reporte en arrière, mais moitié moins loin qu'auparavant; il remonte alors en avant jusque près du diaphragme, d'où il se re-courbe pour former un troisième pli, parallèle aux précédens, et après être revenu vers la partie antérieure du lobe gauche du foie, il descend droit à l'anus. Les zigzags de la veloutée sont fins, mais peu serrés.

La vessie natatoire est semblable à celle des autres cyprins, le premier lobe est plus court et le second plus alongé que dans la carpe; son canal est gros et noueux; il va s'insérer à l'œsophage tout près du diaphragme.

Les ovaires sont à ses côtés, oblongs, non lobés et remplis d'œufs jaunes d'un à deux millimètres à peu près de diamètre. Les laitances ont la forme des ovaires.

Les reins, comme ceux de tous les cyprins, remplissent déjà, par un gros lobe, la fosse vertébrale sous l'osselet de Webber; puis ils se renflent entre les deux vessies, et deviennent fort étroits en arrière avant de se rendre à la vessie urinaire.

Quant à l'ostéologie, voici les observations que j'ai faites sur un squelette long de deux pieds cinq pouces, donné au Cabinet du Roi par M. de Jussieu.

Le crâne est proportionnellement plus élargi que celui de la carpe, surtout antérieurement, et cela dépend de la grande lar-geur de l'ethmoïde, qui forme sur l'extrémité une plaque d'un quart plus large en travers qu'elle n'est longue. La saillie du bord antérieur est courte et baisse de suite sur le vomer, qui lui-même est aussi très-large. Les frontaux principaux sont également d'un quart plus larges que ceux de la carpe; de sorte que le prolongement

du museau du barbeau dépend surtout de l'alongement des os
du nez et d'autres os de la face. Les pariétaux sont plus petits
que dans la carpe; les mastoïdiens sont au contraire plus élargis.
L'interpariétal a une crête plus tranchante; il n'y a pas, au-devant
de cette lame, ce trou qui perce le dessus du crâne; l'occipital
supérieur n'a que deux courtes tubérosités; les trous de l'occipital
latéral sont plus ronds, mais moins grands que ceux de la carpe.
La fosse mastoïdienne est beaucoup moins profonde, mais plus
large. Le basilaire a une fossette pour recevoir le tubercule très-
petit dans ce poisson, tout autrement faite. Elle n'est pas creuse
comme celle de la carpe, mais seulement il y a vers l'angle postérieur un très-petit enfoncement. Puis, sur les côtes et sur le devant,
elle reste plate, et son bord antérieur ne dépasse pas le trou de la
gouttière dont le basilaire est creusé. Les pédoncules de la facette
sont longs, ce qui détache beaucoup du corps des premières vertèbres la lame apophysaire, qui se porte jusqu'aux apophyses inférieures et verticales de la troisième vertèbre.

La première a le corps très-mince, et ses apophyses transverses
sont beaucoup plus longues et plus grosses que celles de la carpe.

Les apophyses transverses de la seconde vertèbre s'alongent et se
grossissent beaucoup, mais celles de la troisième restent au contraire plus petites, et les deux lames inférieures, plus étroites,
forment un triangle à sommet inférieur plus aigu.

L'apophyse épineuse, aplatie et élargie, de la seconde vertèbre,
ressemble assez à celle de notre carpe, et les dix vertèbres suivantes
ont un interépineux libre sans rayon, aplati en lame triangulaire,
vestige, encore plus marqué que dans la carpe, de ces interépineux
élargis en boucliers osseux, tels que nous les avons vus dans plusieurs siluroïdes.

Vingt vertèbres abdominales suivent les trois premières dont j'ai
parlé, et de celles-ci il n'y a que les vingt et une premières qui
portent des côtes. Je trouve ensuite dix-huit vertèbres caudales;
les sept premières de celles-là ont un interépineux.

J'ai des individus semblables au barbeau de la Seine,

pris dans l'Elbe : j'ai vu l'espèce sur les marchés de poissons de la Belgique, de la Hollande et de Berlin; mais il paraît qu'elle ne s'avance pas plus loin vers le Nord : elle n'est ni dans le Danemarck ni dans la Suède ou la Norwège; car les *Fauna Danica* ou *Suecica* n'en font pas mention. Linné dit déjà dans sa X.ᵉ édition que l'espèce habite l'Europe centrale, et il ne faut pas oublier cependant, d'après nos nouvelles déterminations, qu'aujourd'hui l'espèce abonde de ce côté des Alpes, jusqu'en Angleterre ou en Prusse; tandis que de l'autre côté des Alpes le genre *Barbus* y est représenté par des espèces voisines, mais distinctes.

Schonevelde, Wulf, Siemsen, Marsili, Bloch, qui ont décrit les poissons d'Allemagne, mentionnent ce barbeau. On le trouve aussi dans Pennant, dans Turton, Flemming, M.ᵐᵉ Lee (Formerly Bowdich), Yarell, et autres auteurs anglais. Ils s'accordent à dire que le poisson atteint jusqu'à trois pieds de long, qu'il pèse quelquefois quinze à dix-huit livres; il aime les eaux claires et rocailleuses; il est très-vorace, se nourrissant de plantes aquatiques, de vermisseaux et de chairs mortes, dont l'odeur l'attire beaucoup. Il vit long-temps, et déjà cette longévité est chantée par Ausone :

> *Tu melior pejore ævo; tibi contigit omni*
> *Spirantum ex numero non inlaudata senectus.*

Vers que Bloch attribue à Paul Jove, qui les citait d'après le poëte latin.

On le mange souvent, quand il est très-jeune, confondu avec le goujon; on le prend presque toujours mêlé dans les troupes de ces cyprinoïdes. Un peu plus grand, il passe pour un poisson peu agréable à cause de la quantité d'arêtes dont sa chair est hérissée; mais il redevient plus en estime quand sa taille acquiert une plus forte dimension. Presque tous les auteurs s'accordent à dire que les œufs sont, à l'époque du frai, dangereux à manger; qu'ils causent des maux de ventre, ou des vomissemens qui deviennent souvent accompagnés de symptômes alarmans. Des médecins de la capitale m'ont assuré avoir été appelés par suite d'accidens survenus à des personnes qui en avaient mangé; et déjà Gesner rapporte que lui-même a été fort malade pour en avoir pris pour ses alimens. Cependant Bloch affirme qu'ils sont tout-à-fait innocens, et que lui et sa famille en ont mangé plusieurs fois sans en souffrir. Il est possible que l'essai de l'ichthyologiste de Berlin ait eu le résultat indiqué par lui, et que cependant les autres auteurs aient raison. Il suffit de prendre ces alimens dans des saisons différentes; car ces œufs, comme ceux de la plupart des animaux aquatiques, peuvent n'être dangereux qu'à l'époque du frai.

Le barbeau se trouve en telle abondance dans quelques rivières de la Grande-Bretagne, que M. Yarell rapporte qu'à Schepperton on peut en prendre cent cinquante livres pesant en cinq heures; et qu'une fois on en prit en un jour deux cent quatre-vingts livres : les plus grands pesaient quinze livres et demie; et il cite qu'il y a des individus de cinq pieds de long. On les trouve aussi fort abondans dans les rivières de la Crimée et dans toutes les eaux qui se versent dans la mer Noire.

M. Nordmann en cite quelques variétés caractérisées par des différences dans le nombre des rangées d'écailles.

M. Heckel[1] en cite aussi une variété de la rivière Marizza en Romélie, qui a des écailles plus petites, la ligne latérale plus basse, la caudale plus courte, et la dorsale moins haute.

Le barbeau est aussi sujet à des maladies, dont une remarquable a été figurée par Klein[2], qui l'avait vue à Dresde sous le nom de *Kœnig-Barbel*.

Le Barbeau de Mayor.

(*Barbus Mayori*, nob.)

Je trouve dans les collections données au Muséum par M. Mayor, de Genève, un barbeau qui se distingue de notre espèce ordinaire,

parce que l'anale est plus large et moins haute. La base de cette nageoire fait les deux tiers de la hauteur; l'angle est arrondi. La caudale a le lobe supérieur moins aigu. La tête est aussi plus petite; l'œil moins grand; les écailles plus arrondies, sans être plus grandes; car il y en a soixante-dix rangées entre l'ouïe et la caudale.

D. 4/8; A. 3/5; C. 4—18—5; P. 15; V. 9.

La couleur paraît plus grise que celle de notre barbeau, parce que les écailles sont très-finement sablées de petits points noirs.

La dorsale, l'anale, sont mouchetées de points noirs, et il y en a quelques-uns sur la caudale.

L'individu est long de onze pouces : il vient du lac de Zug. M. Mayor a indiqué, pour dénomination vulgaire, le nom de *barbel*, comme pour l'espèce précédente, avec laquelle on ne doit pas, je crois, confondre celle-ci. Le

---

1. *Ann. Wienn.*, II, p. 155. — 2. Klein, *Miss.*, V, tab. XIV.

nom du célèbre médecin dont s'honore la Suisse, m'a servi pour dénommer spécifiquement ce poisson, comme un hommage de mon estime et de ma reconnaissance pour les soins qu'il a pris à nous faire connaître les poissons des différents lacs de sa patrie.

Le Barbeau plébéien.

(*Barbus plebeius*, nob.)

Un autre barbeau, des eaux douces de l'Italie, a été distingué depuis long-temps dans les collections du Muséum

par son corps plus large et plus trapu, de sorte que la hauteur n'est comprise que cinq fois dans la longueur totale.

Le tronc est aussi plus comprimé; car l'épaisseur n'est pas même moitié de la hauteur. La longueur de la tête mesure le cinquième de celle du corps; le museau est moins long; l'œil est petit; les barbillons paraissent un peu plus alongés.

Outre ces caractères, tirés de la forme générale, il en est un des plus apparens, qui se fonde sur la nature grêle et faible du rayon épineux et dentelé de la dorsale. Cette nageoire est d'ailleurs plus courte et plus basse. L'anale est aussi moins longue.

D. 4/8; A. 3/5; C. 4—19—4; P. 18; V. 89.

Je compte soixante-douze rangées d'écailles entre l'ouïe et la caudale, et vingt-huit dans la hauteur. La ligne latérale, un peu courbe par-dessous, est tracée par la rangée du milieu. Le corps, d'un vert grisâtre, est grivelé de points noirs sur le dos, sur la tête, sur la caudale, sur la dorsale, et même sur l'anale. Les pectorales sont grises et sans taches; les ventrales sont blanchâtres.

J'en ai sous les yeux plusieurs individus, dont le plus grand est long de neuf pouces : ils viennent, les uns de

Turin, les autres de Milan. C'est M. Savigny qui les a rapportés d'Italie et qui les a donnés au Cabinet du Roi.

M. Bonnelli avait cependant déjà observé ce poisson; car il en avait envoyé un exemplaire au Cabinet de Paris, mais comme une simple variété du barbeau commun.

Depuis les observations faites par M. Savigny, MM. Pentland et Ricketts trouvèrent notre espèce dans le lac de Côme sous le nom de *barbo.*

Le BARBEAU CHEVALIER.

(*Barbus eques,* nob.)

J'ai aussi distingué sous le nom de *barbus eques,* une seconde espèce des eaux douces d'Italie, remarquable

par sa tête grosse et courte et par son museau arrondi. Il a le corps encore plus trapu que le précédent; car la hauteur est quatre fois et trois quarts seulement dans la longueur totale.

La longueur de la tête égale la hauteur du tronc. Le dessus du crâne est très-convexe.

La dorsale a tous ses rayons flexibles, et cependant l'on aperçoit des traces de dentelures sur le quatrième.

D. 4/8; A. 3/5; C. 4 — 19 — 4; P. 18; V. 9.

Je ne compte guère que soixante à soixante-cinq rangées d'écailles sur la longueur; le dos, gris verdâtre, a encore quelques points rares et épars; mais les nageoires ne portent aucune sorte de taches, et elles sont transparentes.

Ce poisson atteint à huit pouces de long. C'est à Florence que M. Savigny s'est procuré cette espèce.

Le Barbeau canin.

(*Barbus caninus,* nob.)

Il y a encore en Italie un autre barbeau, que nous devons aussi à M. Savigny.

Sa hauteur est cinq fois et demie dans sa longueur totale. Le profil du dos est droit; celui du ventre est plus court; la tête est étroite; le museau conique; l'œil petit, haut sur la joue, touchant la ligne du profil.

La dorsale petite, sans rayon osseux; la caudale fourchue, mais courte; les ventrales et les pectorales ont aussi de cette brièveté, tandis que l'anale, plus alongée, touche à la naissance de la caudale.

D. 4/8; A. 3/5, etc.

Tout le corps est moucheté de gros points noirs plus ou moins serrés; la tête et les nageoires en ont aussi un grand nombre; sur les nageoires paires les taches sont plus rares.

Outre les individus que M. Savigny a rapportés de Turin, le Cabinet du Roi en possède un, long de six pouces et demi, qui a été envoyé du lac Majeur sous le nom de *barbo,* par M. Mayor, de Genève.

Nous avons aussi un exemplaire desséché, long de onze pouces, rapporté de Nice par M. Laurillard, qui me paraît appartenir à cette espèce à cause de la longueur de son anale; mais les taches ne se voient presque plus. Il est probable que cette différence tient à l'âge; car M. Laurillard en a rapporté de plus petits tout-à-fait semblables aux premiers individus décrits plus haut.

J'ai lieu de croire que cette espèce a été indiquée

plutôt que décrite par M. Risso[1] sous la dénomination de *barbus meridionalis*. La seule différence, que je ne puis vérifier sur les animaux conservés dans l'alcool, consisterait en ce que l'espèce de M. Risso aurait les barbillons rouges. D'ailleurs les taches paraissent distribuées de la même manière; et comme M. Risso ne parle pas du rayon de la dorsale, de sa force, de ses dentelures, etc., on voit que la description de cet ichthyologiste ne porte pas sur les points essentiels.

Le Barbeau de Canali.

(*Barbus Canalii*, nob.)

Je crois qu'il faut encore distinguer des précédentes une espèce

à corps fusiforme, semblable à notre barbeau commun, qui paraît avoir le museau plus aigu, les barbillons plus gros et plus courts; pas de rayon dur à la dorsale, et qui a le corps plus argenté que les autres. Le dos a des reflets bleuâtres ou d'acier; des points peu sensibles au-dessus de la ligne latérale, et quelques traces de mouchetures sur la caudale seulement. Je n'en vois pas sur les autres nageoires.

M. le professeur Canali, de Perugia, en a envoyé trois exemplaires de même taille, six pouces à six pouces et demi, dont un est nommé *barzo del topico*, et les deux autres *barzo del tever* : je ne vois aucune différence entre eux.

---

1 Risso, Icht. de Nice, p. 437.

Le Barbeau de Morée.

(*Barbus Peloponnesius*, nob.)

Les naturalistes de l'expédition de Morée ont rapporté un barbeau d'une physionomie assez particulière pour que je croie devoir le regarder comme une espèce distincte.

Il ressemble assez bien au *B. plebeius;* sa hauteur est du cinquième de la longueur totale; sa tête, busquée, est un peu plus courte que la hauteur du tronc; son dos est arqué, élevé sous la dorsale.

Ses écailles sont plus grandes qu'aux autres; car je n'en trouve que cinquante-cinq environ entre l'ouïe et la caudale. Il n'y a pas de rayon dur à la dorsale. Les nombres sont comme aux précédens.

D. 4/8; A. 3/5, etc.

L'anale est étroite et longue; la pectorale assez grande; la ligne latérale flexueuse.

La couleur est sans tache sur le corps, et on voit des points petits et rares sur la dorsale et la caudale.

L'individu est long de sept pouces.

Le Barbeau bulatmai.

(*Barbus chalybatus*, Pallas.)

C'est une espèce mentionnée d'abord par Gmelin (George-Samuel) dans le tome IV de ses Voyages, et reproduite ensuite par Pallas d'après les papiers de ce voyageur. Celui-ci l'indique comme étant intermédiaire entre la carpe et le barbeau, la longueur de trois empans, et la largeur de cinq à six pouces. Le museau, avancé en dessus, pourvu de quatre barbillons. Le rayon de la dorsale dentelé.

D. 8/10; A. 2/7; C. 19; P. 20; V. 9.

Les écailles grandes, dont, suivant M. Nordmann, il y a dix rangées au-dessus de la ligne latérale, et huit au-dessous. Il est tacheté; sur le dos ce sont de grandes maculatures, et sur la tête des points serrés.

Pallas le dit assez fréquent sur les côtes méridionales de la mer Caspienne; et M. Nordmann indique les courans d'eau entre la mer Noire et la mer Caspienne : il n'en a jamais vu que de sept pouces de longueur. Le nom de *bulatmai,* que les Perses lui donnent, doit se traduire, selon Pallas, par l'épithète latine que nous lui avons conservée.

Le Barbeau mursa.

(*Barbus mystaceus,* Pallas.)

Ce barbeau a été figuré sous le nom impropre, selon Pallas, de *cyprinus mursa* par Guldenstedt dans le *Novi commentarii* de Pétersbourg, tom. XVII, pl. VIII. Cette figure a été copiée et reproduite dans l'Encyclopédie, n.° 412.

Cette espèce a les écailles petites, la tête plus obtuse, les barbillons longs, les yeux plus grands que ceux de notre barbeau; la couleur est dorée, à reflets argentés, rembrunie au-dessus de la ligne latérale; les nageoires inférieures jaunes.

Cette espèce, des fleuves de la Géorgie, surtout abondante près de Tiflis, a pour dénomination vulgaire *tscha-*

nari. Le nom de *mursa* que Guldenstedt, et d'après lui Gmelin, Bonnaterre et Lacépède ont donné à tort à ce poisson, est celui du barbeau commun, suivant Pallas. M. Nordmann le cite dans son *Fauna pontica*, et le dit de la rivière de Kour; mais il n'a jamais vu ce poisson. Il devient plus grand que le précédent; car il atteint à un ·pied et même à seize pouces de long.

Le BARBEAU CAPSETA.

(*Cyprinus capito,* Pallas.)

Enfin, il paraît qu'il faut encore placer ici le *cyprinus capito* de Guldenstedt ou de Pallas,

qui a de grandes écailles, le ventre jaune, et dont le corps, à l'époque du frai, se couvre de tubercules blanchâtres autour des yeux, phénomène analogue à ce que nous avons observé souvent sur nos brèmes, nos gardons, et que Gesner, Rondelet et autres auteurs du même temps avaient déjà vu.

Ce poisson, long de seize pouces, abonde dans le *Cyrus* et dans le *Ksia* en Géorgie. Il se distingue aisément du barbeau commun par la grandeur de ses écailles et par la couleur jaune des parties inférieures. Il lui ressemble d'ailleurs par le reste de son corps.

Pallas se demande s'il ne doit pas être réuni au *barbus chalybatus;* mais comme les pêcheurs lui donnent un nom différent, *capseta,* je crois que l'espèce doit être conservée, le jugement de ces hommes expérimentés étant toujours un bon guide pour le naturaliste.

Le BARBEAU DE LA CALLE.

(*Barbus callensis*, nob.)

M. Agassiz désigne dans son Prodrome, sous le nom de *barbus leptopogon*, une espèce qu'il a reçue d'Alger. Je connais deux espèces de barbeau qui sont venues de ce royaume au Cabinet du Roi, et qui ont toutes deux des barbillons assez grêles pour mériter le nom que le célèbre ichthyologiste de Neufchâtel a donné à son espèce. Je crois cependant que celle dont je vais donner les caractères dans l'article suivant, mérite mieux que celle-ci le nom de barbeau à barbillons grêles; mais dans la crainte de faire un double emploi, je laisse à M. Agassiz à décider, dans le cas où l'une de ces deux espèces serait identique avec la sienne, celle qu'il faudra désigner par sa dénomination.

Le barbeau que j'ai reçu de la Calle

a le corps alongé comme le barbeau de la Seine; car la hauteur en est comprise cinq fois et deux tiers dans la longueur totale. La tête est plus courte que la hauteur du tronc; le chanfrein est peu convexe; le museau à peine saillant au-devant de la bouche, qui est plutôt terminale que fendue en dessous. Le cercle de l'orbite entame la ligne du profil; l'angle postérieur du premier sous-orbitaire fait saillie au-devant de l'œil, ce qui donne à ce poisson un peu de la physionomie d'un singe; et cette ressemblance augmente par la saillie et le nu des opercules, la petitesse de la bouche et la convexité du crâne. Les barbillons sont longs et grêles; celui de l'angle de la bouche n'est pas aussi reculé que dans notre barbillon; l'épaule forme une assez large plaque argentée triangulaire; la pectorale est pointue; la ventrale arrondie; la dorsale a un gros rayon dentelé; son bord est coupé carrément; la caudale est fourchue; l'anale est longue et grêle, sans atteindre cependant la base de la nageoire de la queue.

D. 4/8; A. 3/5, etc.

Les dents pharyngiennes de cette espèce sont courtes et grosses : leur pointe est peu saillante. Les écailles, à stries concentriques, sont au nombre de quarante sur la longueur, et de treize sur la hauteur.

La couleur est verdâtre argentée, avec du noirâtre sur la dorsale, et des teintes grises plus ou moins foncées sur les autres nageoires.

Nos individus viennent d'un lac près la Calle, d'où M. Bové les a tirés. Les plus grands que nous ayons ont neuf pouces et demi de long.

Le BARBEAU DU SÉTIF.

(*Barbus setivimensis*, nob.)

M. Le Guyon, chirurgien-major de l'armée d'Afrique, a envoyé au Cabinet du Roi un petit barbeau de la rivière du Sétif,

à corps plus trapu et plus court que le précédent. Son profil supérieur est presque rectiligne; celui du ventre est très-convexe; sous l'aplomb de la dorsale la hauteur est comprise quatre fois et un tiers dans la longueur totale; la tête est plus courte; car elle ne fait pas le cinquième de cette longueur; les barbillons sont grêles. Le quatrième rayon de la dorsale est très-grêle et dentelé. L'anale est coupée carrément; la caudale peu fourchue; la pectorale pointue.

D. 4/8; A. 3/5, etc.

Les écailles sont striées concentriquement et très-finement. Il y en a quarante dans la longueur. La couleur est verte, avec des teintes argentées; les nageoires sont pâles.

La longueur est de quatre pouces : c'est peut-être là le *barbus leptopogon* d'Agassiz.

B. DES BARBEAUX A MUSEAU NON PROLONGÉ, MAIS A RAYON DORSAL DENTELÉ.

Cette seconde division des barbeaux se lie à la précédente par les deux espèces que j'ai décrites des provinces de l'Algérie; mais les autres sont toutes originaires de l'Inde. Leur physionomie est d'ailleurs assez différente de celle de notre barbeau; parce que le corps, toujours comprimé, ressemble plus à un *cyprinus leuciscus* qu'au *cyprinus barbus.* Leurs écailles, grandes et fortes, sont aussi différentes de celles du barbeau, et plus semblables à celles de la carpe.

On pourrait dire de ces espèces, que ce sont des carpes à dorsale courte; car elles ont aussi, comme ce poisson, un rayon dentelé à la dorsale. Une autre particularité consiste dans le petit tubercule qui relève la symphyse de la mâchoire inférieure, un peu comme dans les muges : les lèvres sont peu charnues. Je nomme surtout, dans ces espèces, le barbillon antérieur ou médian, maxillaire, parce qu'il est attaché au-devant de cet os, et je donne le nom de labial à l'autre barbillon. Leur longueur respective peut fournir de bons caractères.

M. J. M'clelland a observé dans toutes ces espèces un canal intestinal court et peu replié, comme celui de notre barbeau.

Le BARBEAU SARANA.

(*Barbus sarana*, nob.)

M. Roux avait préparé à Bombay des barbeaux d'une espèce particulière, dont la hauteur n'est que le tiers de la longueur du corps, la caudale non comprise. La tête est petite, car elle n'a que les deux tiers de la hauteur du tronc. Le museau n'est pas saillant; la lèvre supérieure porte quatre barbillons grêles; l'œil est assez grand. La dorsale est courte; son gros rayon est très-finement dentelé; il est sillonné en avant, ainsi que les trois qui le précèdent; le premier est excessivement court. La caudale est peu fourchue.

D. 4/8; A. 3/5; C. 4 — 19 — 4; P. 14; V. 9.

Les écailles sont grandes; il n'y en a que vingt-sept le long du flanc; la ligne latérale est droite; la couleur est verdâtre sur le dos, argentée sous le ventre.

L'individu est long de neuf pouces : il vient de Bombay par M. P. Roux.

Le poisson que Patrick Russel a représenté dans son Histoire des Poissons de Coromandel, pl. 204, est un barbeau très-voisin du précédent, et je ne crois pas qu'il faille l'en distinguer.

Il a les mêmes formes; l'œil paraît un peu plus petit; les dentelures du troisième rayon sont aussi fines. Russel le donne blanc sur le dos, jaune sous le ventre et sur les nageoires : son nom indien est *kunnamoo*.

Le docteur Buchanan, en reconnaissant le poisson du docteur Russel, a nommé l'espèce *cyprinus sarana*, l'épithète étant la dénomination sous laquelle les Bengalis connaissent ce barbeau; mais ce n'est pas, comme il le pense, une espèce voisine du *cyprinus chalybatus* de Pallas.

Le sarana atteint quelquefois à deux pieds de longueur. Il est abondant dans les étangs et les rivières de l'Inde; il est brillant, mais il n'est pas estimé comme nourriture.

La description[1] du docteur Buchanan est très-détaillée; mais il n'en a pas laissé de figure.

Le docteur John M'clelland mentionne aussi ce barbeau sous le nom que lui a imposé Buchanan dans le mémoire sur les cyprinoïdes de l'Inde.

Le Barbeau kakou.

(*Barbus kakus,* nob.)

Le docteur Russel a distingué sous le nom de karoo ou de kakoo dans le même ouvrage, n.° 205, pag. 83, un petit barbeau long de six pouces,

à corps oblong; à rayon dorsal dentelé; qui diffère principalement de notre barbeau par le nombre des rayons des nageoires. L'auteur les indique comme il suit :

D. 2/8; A. 7; C. 20; P. 12; V. 9.

Si le corps ressemblait autant à notre barbeau que le dit Russel, ce serait le premier exemple d'une forme semblable à notre poisson d'Europe dans les eaux de l'Inde. Il a été pris dans une fontaine près de Tartoor.

Le Barbeau a petit museau.

(*Barbus subnasutus,* nob.)

Ce barbeau

a le corps épais, le profil du dos au-devant de la dorsale arqué, abaissé en arrière de la nageoire, régulièrement arqué le long du ventre. La hauteur est comprise trois fois et un tiers dans la longueur totale; l'épaisseur aux épaules fait la moitié de cette hauteur.

---

1. Buchan., *Gang. fish.*, p. 307, n.° 44.

La tête n'a en longueur que le cinquième de la longueur totale. Les yeux petits; leur diamètre est compris six fois au moins dans la distance du bout du museau au bord de l'opercule. Leur intervalle est bombé et lisse. Le museau avance un peu en tubercule obtus au-devant de la bouche, petite et fendue obliquement. Le barbillon supérieur du maxillaire dépasse à peine l'angle de la commissure, et le barbillon de l'angle de la bouche atteint presque au bord du limbe. La dorsale est petite, a le premier rayon médiocre et dentelé. Les autres nageoires sont aussi peu étendues; la caudale est fourchue.

D. 3/8; A. 3/5; C. 3 — 19 — 3; P. 16; V. 9.

Il y a vingt-neuf écailles entre l'ouïe et la caudale; douze dans la hauteur. La ligne latérale passe par la huitième; elle est concave et peu marquée.

La couleur paraît avoir été uniforme, mais l'individu est décoloré. Il est long de cinq pouces quatre lignes : il vient des eaux douces de Pondichéry, d'où il a été envoyé par M. Leschenault.

Le Barbeau bossu.

(*Barbus gibbosus*, nob.)

Ce poisson, remarquable par la petitesse de sa tête, la grosseur de son corps court, trapu, et soutenu sur le dos, a la hauteur contenue trois fois et demie dans la longueur totale. L'épaisseur est moitié de la hauteur. La tête, dont la longueur surpasse peu la hauteur à la nuque, n'est que du sixième de la longueur totale. Le diamètre de l'œil est du quart de la tête, et l'intervalle qui les sépare égale le double de ce diamètre.

A partir de la nuque, le profil monte par un arc très-soutenu jusqu'à la dorsale. Son premier rayon est poignant et dentelé. Le bord de la nageoire est concave; la caudale est fourchue.

D. 4/8; A. 3/5; C. 4 — 19 — 4; P. 16; V. 9.

Le barbillon maxillaire est fin et délié : il dépasse l'angle de la bouche. Le second barbillon est gros et n'atteint pas au bord du limbe. Les deux mâchoires sont presque égales.

Les écailles sont grandes et fortes. Il y en a vingt-neuf sur la longueur et douze sur la hauteur. La ligne latérale est au milieu du côté, peu concave, si ce n'est à son origine. Elle est marquée par une suite de gros traits.

Ce poisson, décoloré, conserve encore des teintes orangées sur le haut des rayons de l'anale et de la ventrale. La caudale est noirâtre.

Sur le frais, les écailles du dos sont bleuâtres, bordées d'argent; la ligne latérale est marquée par des traits noirs. Le reste du corps est argenté. Les nageoires dorsale et anale sont verdâtres, avec les rayons extérieurs noirs. Les pectorales blanc transparent; les opercules sont un peu dorés.

L'individu est long de neuf pouces. Il vit dans les eaux douces d'Alipey, d'où M. Dussumier nous l'a rapporté.

Le Barbeau gardonide.

(*Barbus gardonides,* nob.)

Un autre barbeau des étangs de Calcutta,

a le corps d'une forme régulière et semblable à notre gardon ou à notre rose (*cypr. erythrophthalmus*).

Le profil du dos est arqué et régulier; celui du ventre est un peu concave. La hauteur est trois fois et pas tout-à-fait une demie dans la longueur totale. L'épaisseur est ici trois fois et un tiers dans la hauteur du tronc. La tête est petite, contenue cinq fois et demie dans la longueur totale. Son profil se continue régulièrement avec celui du dos. Il est un peu soutenu au-devant des yeux. L'œil est contenu trois fois et demie dans la longueur du côté de la tête; le barbillon maxillaire est très-fin, il ne dépasse pas l'angle de la bouche. Celui de l'angle ne dépasse pas le bord postérieur de l'orbite. Les deux mâchoires sont égales. Le rayon de la dorsale est peu fort, dentelé; la caudale est fourchue; la pectorale est étroite et pointue.

D. 4/8; A. 3/5; C. 19; P. 16; V. 9.

Je compte trente et une écailles entre l'ouïe et la caudale, et douze dans la hauteur. La ligne latérale est tracée sur le milieu du côté par une série de points noirâtres. Elle est droite et peu courbée à l'origine.

L'individu est décoloré : il a six pouces et quelques lignes de longueur. Nous le devons à M. Dussumier, qui le dit, dans ses notes, verdâtre, à ventre argenté. Les habitans du pays le mangent.

Je considère comme de la même espèce, des individus argentés, à dos bleuâtre ou verdâtre, que M. Reynaud a pris près de Calcutta, et que les Bengalis lui ont donnés sous le nom de *raci*. Je crois aussi que M. Polydore Roux a rapporté l'espèce des environs de Bombay : ce poisson est donc répandu dans toute l'Inde.

Rayons épineux très-forts, dont le premier est très-court. Le second est très-finement dentelé en arrière.

L'os de l'épaule est très-petit, l'huméral est presque caché sous le bord membraneux de l'opercule; la pectorale est médiocre; la ventrale assez large; l'anale médiocre, ayant les deux premiers rayons simples, mais non osseux, presque mous.

La caudale, échancrée en croissant, à lobes égaux; la ligne latérale, presque droite, un peu au-dessous de la moitié du corps.

Les écailles grandes, minces, à bord non cilié, à surface couverte de stries longitudinales et ondulées comme de petites veinules; trente dans la longueur et neuf dans la hauteur.

Deux écailles alongées et canaliculées accompagnent l'aisselle de la ventrale; mais il n'y en a point dans celle de la pectorale.

La couleur paraît avoir été verdâtre argentée, à reflets irisés dorés sur le dos, plus clairs sur les flancs et encore plus sur le ventre; dorsale et pectorale grises, ventrale et anale rouges, bordées de jaunâtre? caudale bordée en haut et en bas de noir, et verdâtre avec une teinte de rouge vers les bords du croissant; une tache rouge dorée en anneau sur l'opercule.

D. 2/8; P. 16; V. 9; A. 8; C. 20.

La longueur totale est de six pouces : il faisait partie des collections rassemblées à Java par MM. Kuhl et Van Hasselt.

Le Barbeau balléroïde.

(*Barbus balleroides*, nob.)

A côté de ces espèces indiennes, je trouve dans les galeries un barbeau que M. Cuvier tenait des collections de Levaillant, et que ce voyageur disait originaire de Surinam. C'est sur ce témoignage que M. Cuvier a dit qu'il existe des barbeaux en Amérique.

Ce poisson ressemble à une petite brème ;

le museau est pointu; le profil monte par une légère courbe du trait du nez sur le pied du premier rayon de la dorsale, dont le dos est comme anguleux, parce que la ligne du profil descend vers la queue. La ligne du ventre est une courbe régulière, soutenue à l'endroit des ventrales. La hauteur fait la moitié de la longueur, sans y comprendre la caudale. La tête est petite, du cinquième de la longueur totale. L'œil paraît grand, son diamètre étant le tiers de la longueur de la tête. Le barbillon maxillaire dépasse l'angle de la bouche, et celui de la commissure atteint au bord du préopercule. Le rayon de la dorsale est dentelé et assez fort; la caudale est fourchue.

D. 4/8; A. 3/5, etc.

On compte trente écailles dans la longueur, et treize dans la hauteur. La ligne latérale est peu marquée; les couleurs semblent avoir été disposées par des raies longitudinales sur le dos, et qui paraissent, sur cet individu décoloré, rembrunies sur un fond clair ou argenté. Je compte sept à huit de ces raies. Le ventre est argenté.

L'individu est long de quatre pouces.

Je doute de l'authenticité de l'origine de ce poisson : Levaillant a demeuré assez long-temps à Amsterdam pour avoir eu ce poisson d'une provenance des colonies hollandaises des Indes orientales; mais comme Levaillant est venu de Surinam en Europe, on a donné cette origine à tout ce qui faisait partie de ses collections autres que celles réunies au cap.

Le BARBEAU BRÉMOÏDE.

(Barbus bramoides, nob.)

Cette espèce a l'aspect d'une brème, à laquelle elle ressemble par la largeur de son corps, sa minceur et la petitesse de sa tête; mais la brièveté de son anale, le rayon épineux et dentelé de sa dorsale et les barbillons, s'éloignent de ce genre.

La hauteur n'est pas trois fois dans la longueur totale, et son épaisseur n'est pas le quart de la hauteur.

Le profil du dos est arqué et élevé; celui du ventre est peu courbé. La tête est très-petite; elle est contenue six fois dans la longueur. Le front est mi-plat; les yeux sont grands, éloignés d'une fois et deux tiers leur diamètre. La mâchoire supérieure ne dépasse pas l'inférieure; la bouche est peu fendue; il y a de chaque côté deux barbillons comme à l'ordinaire. La dorsale, située comme à l'ordinaire, est haute en avant et un peu échancrée, basse en arrière, avec un rayon très-fortement dentelé en arrière. L'os de l'épaule assez grand, arrondi en arrière. La pectorale médiocre, pointue. La ventrale comme à l'ordinaire. L'anale, échancrée, a le premier rayon alongé. La caudale grande, fourchue, à lobes égaux.

D. 1/8; A. 8; C. 20; P. 14; V. 9.

La ligne latérale, par en bas un peu courbe, se relevant au-dessus de l'anale, et allant droit à la caudale par le milieu de la queue.

Les écailles grandes, minces, très-finement striées longitudinalement. J'en compte vingt-neuf dans la longueur et neuf dans la hauteur.

La couleur du dos gris argenté; les flancs et le ventre, blancs, sont argentés; les joues de ce brillant poisson ont les reflets irisés; la dorsale et la pectorale sont grises, et sur les ventrales il y a une tache en arrière; l'anale est rougeâtre, plus foncée en avant; la caudale, grise, a les fourches teintes de rose.

La longueur totale est de huit pouces.

Cette espèce a été aussi envoyée de Java à Leyde par MM. Kuhl et Van Hasselt.

Le Barbeau au trait latéral.

(*Barbus lateristriga*, nob.)

MM. Kuhl et Van Hasselt ont pris dans les eaux douces de Java un petit barbeau

à corps en ovale alongé; à dos plus régulièrement arqué que le précédent, dont la hauteur est tout près d'être le tiers de la longueur totale; l'épaisseur aux épaules est le tiers de cette hauteur; au dos elle est si faible, que le corps est comme tranchant en dessus.

La tête est petite, comprise cinq fois et demie dans la longueur; le barbillon maxillaire n'atteint pas à l'angle de la bouche; le barbillon labial est plus long, et va jusqu'au bord du préopercule; le diamètre de l'œil n'est que deux fois et demie dans la longueur de la tête; l'épine de la dorsale est faible et dentelée; l'anale petite; la caudale fourchue.

D. 4/8; A. 3/5, etc.

La ligne latérale fait une sorte d'S très-ouvert, ayant d'abord une concavité opposée au dos en avant de la dorsale, et devenant ensuite convexe sur le tronçon de la queue. Les écailles sont assez grandes : je n'en trouve que vingt-quatre le long des flancs et neuf dans la hauteur, et la ligne latérale passe à cet endroit sur la sixième rangée.

Le dos est rembruni; le ventre argenté; une large bande brune descend de la base de la dorsale pour finir en pointe à l'insertion de la ventrale; une autre passe par le travers de la poitrine pour mourir sous l'aisselle de la pectorale. Sur le tronçon de la queue règne, par le milieu, une bandelette longitudinale brune; elle va s'évanouir au-dessus des rayons mitoyens de la caudale. La dorsale, l'anale et la caudale ont le bord violet; les ventrales sont rosées. Il y a du doré sur les côtes et même sous le ventre, et sur le frais ces teintes sont d'un beau jaune.

Ce poisson n'a que trois pouces de longueur. Il vient des marais; et sur le dessin qui a été envoyé par MM. Kuhl et Van Hasselt, ils y sont nommés *sading-vitang*.

Le Barbeau armé.

(*Barbus armatus*, nob.)

J'ai aussi décrit au Musée de Leyde un barbeau très-voisin du *B. bramoides*, qui a

le museau plus pointu que le précédent, et surtout l'épine dorsale plus forte qu'à aucun autre.

La hauteur est comprise trois fois et demie dans la longueur, et l'épaisseur est le tiers de la hauteur. Le dos est arqué, peu élevé; le profil du front très-déclive; celui du ventre en ligne droite, mais brisé et relevé aux ventrales. La tête est cinq fois dans la longueur, a des yeux grands et plus éloignés du bout du museau que dans les espèces précédentes. La bouche est un peu protractile, très-petite; les deux barbillons maxillaires sont encore plus petits que dans les précédens.

Le rayon épineux de la dorsale très-long, gros et très-fortement dentelé; la dorsale un peu échancrée et basse en arrière. L'os de l'épaule, triangulaire, a l'angle plus aigu que le précédent; la pectorale est pointue; la ventrale grande et arrondie; l'anale haute, mais non échancrée; la caudale fourchue, à lobes égaux; la ligne latérale, droite, est tracée à peu près par le milieu du corps.

D. 3/8; A. 3/5; C. 18; P. 16; V. 10.

Les écailles, médiocres, sont striées longitudinalement. On en trouve une grande et pointue à l'aisselle de la ventrale.

La couleur, grise ou verdâtre sur le dos, est argentée sur le ventre; la dorsale gris noirâtre; la pectorale plus pâle; la ventrale blanche, tachetée de rosé; l'anale a une teinte rosée sur un fond gris; la caudale est grise.

J'ai vu de ces poissons, longs de sept pouces et démi, parmi les collections faites à Java par MM. Kuhl et Van Hasselt.

Le Barbeau bordé.

(*Barbus marginatus*, nob.)

Un autre barbeau envoyé de Java par MM. Kuhl et Van Hasselt, a

le corps moins large que le précédent; le profil du dos courbe, mais moins élevé; celui du ventre plus courbé; la hauteur, trois fois et un quart dans la longueur, contient trois fois et demie l'épaisseur.

La tête, petite, est six fois et demie dans la longueur totale. Le front est aplati; les deux yeux sont éloignés d'une fois et demie leur diamètre. Le museau très-obtus; à l'extrémité une petite bouche dont la lèvre supérieure, un peu plus longue que l'inférieure, porte deux barbillons de chaque côté, très-petits, surtout le maxillaire.

La dorsale, coupée carrément, a un rayon fortement dentelé; l'os de l'épaule triangulaire; l'angle postérieur, arrondi, porte une pectorale petite et pointue. La ventrale comme à l'ordinaire; l'anale est coupée carrément, et la caudale, fourchue, a ses lobes égaux. La ligne latérale, très-faiblement courbée par en bas, est un peu au-dessous de la moitié du corps.

D. 4/8; A. 2/10; C. 20; P. 14; V. 9.

Les écailles, grandes, minces, sont au nombre de vingt-six dans la longueur, et de huit dans la hauteur; on en voit une grande et pointue dans l'aisselle de la ventrale.

La couleur, grise ou bleuâtre sur le dos, passe à l'argenté sur les flancs, avec des teintes jaunâtres, et au blanc sous le ventre; la poitrine et les opercules ont aussi du jaune. Cette couleur teint les nageoires; la dorsale et surtout la caudale sont bordées de noir. Un gros point est dans l'angle de chaque écaille.

Ce poisson, long de neuf pouces, a été pris à Java dans la rivière Tjicanigui, et on le trouve aussi à Sijira.

Le BARBEAU AUX OPERCULES DORÉS.

(*Barbus chrysopoma*, nob.)

Dans cette espèce le corps s'alonge encore.

La hauteur est trois fois et demie dans la longueur totale, et l'épaisseur deux fois et deux tiers dans la hauteur. La ligne du profil est légèrement convexe jusqu'à la dorsale, et devient peu concave après cette nageoire. La courbe du ventre est régulière jusqu'à l'anale. La tête est grosse, peu longue; elle est comprise quatre fois et demie dans la longueur totale. L'œil est grand; son diamètre est deux fois et un tiers dans la longueur de la tête. Le cercle de l'orbite entame la ligne du profil. La mâchoire inférieure dépasse un peu la supérieure. Le barbillon maxillaire égale la longueur de la fente de la bouche; le labial n'atteint pas le limbe du préopercule. Le premier rayon de la dorsale est faible, mais ses dentelures sont très-prononcées et saillantes même sur les côtés du rayon. La caudale est fourchue. Les rayons de l'anale sont aussi très-faibles.

D. 4/8; A. 3/5, etc.

Il y a vingt-sept rangées d'écailles sur le côté et onze sur la hauteur. La ligne latérale est fine et un peu ondulée sur le tronc de la queue.

Le dos est vert, et cette teinte se perd par degrés sur l'argenté du ventre. Dans l'angle des écailles supérieures est un point noir qui forme sept bandelettes interrompues le long des côtés. Il y a une tache ronde et noire de chaque côté de la queue. Sur les opercules brille, d'un éclat très-vif, une belle tache dorée à reflets rouges. Le bord de l'ouïe a du noirâtre. La caudale est rembrunie; la dorsale est moins foncée; la teinte est plus pâle sur la pectorale; les autres nageoires sont blanches.

Ce petit poisson vient de la côte Malabar : il en a été rapporté par M. Belanger.

Le BARBEAU DE DUVAUCEL

(*Barbus Duvaucelii*, nob.)

est une espèce des eaux douces du Bengale, très-voisine des précédentes.

La plus grande hauteur au pied de la dorsale est contenue trois fois et demie dans la longueur totale; l'épaisseur n'est que le tiers

de cette hauteur. Le barbillon maxillaire n'atteint pas à l'angle de
la bouche, et le labial ne va guère qu'à la moitié du préopercule.
La tête est d'ailleurs petite; elle n'a pas le cinquième de la longueur
totale. Le dessus du front est convexe. L'œil n'entame pas la ligne
du profil; son diamètre est trois fois et demie dans la tête. Le rayon
de la dorsale est fort et finement dentelé. L'anale est petite; la caudale est fourchue.

D. 4/8; A. 3/5, etc.

Il y a trente-trois écailles le long des flancs : onze dans la hauteur.
La ligne latérale est une suite de tubulures fines, très-peu infléchie
en dessous.

L'individu, décoloré par l'action de l'alcool, est long de
sept pouces.

Le BARBEAU A MUSEAU OBTUS.

(Barbus obtusirostris, nob.)

Les mêmes voyageurs ont envoyé de Buitenzorg un
petit barbeau

à dos légèrement arqué, dont la hauteur est comprise quatre fois
dans la longueur totale; la caudale est fourchue; l'épine du dos est
fortement dentelée.

D. 3/8; A. 2/7, etc.

Il est remarquable par la grosseur de son museau tronqué. La
couleur est rousse sur le dos, argentée, à reflets irisés, sur le
ventre. Toutes les nageoires sont jaunes. Les écailles du dos sont
bordées de violet.

L'individu est long de quatre pouces.

Le Barbeau hypsylonote.

(*Barbus hypsylonotus*, K. V. H.)

Ces mêmes naturalistes ont envoyé de Java un autre petit barbeau sous le nom que nous lui conservons, et qui a

le corps ovalaire; le dos élevé, de couleur verte; le ventre argenté, sans taches; les nageoires rosées; la dorsale tire à l'orangé pâle.

Le rayon de la dorsale est fortement dentelé; la caudale est fourchué; les nombres sont les mêmes.

L'individu n'a pas trois pouces.

Le Barbeau aux deux marques.

(*Barbus binotatus*, Kuhl.)

Ce petit barbeau de Java est dû aux recherches des mêmes savans.

Il a le corps alongé et le dos en carène arrondie, mais peu élevé. La hauteur fait le quart de la longueur. L'épaisseur est la moitié de la hauteur. Le front est plat, large; les yeux sont distans de deux fois et demie leur diamètre; la bouche petite; la lèvre supérieure un peu plus avancée; quatre barbillons grêles et longs. La dorsale porte un rayon épineux très-fortement dentelé pour sa grosseur; l'os de l'épaule, en triangle arrondi, ne fait presque pas de saillie, et a son bord comme une écaille à peine distincte; il soutient une pectorale petite et pointue; la caudale est fourchue peu profondément; la ligne latérale se courbe légèrement par en bas jusqu'auprès de la queue, puis elle est droite. Les écailles, assez grandes et striées, sont au nombre de vingt-trois dans la longueur et de neuf dans la hauteur. La couleur du dos, vert brunâtre, devient argentée sur les flancs; le ventre blanc; une tache noire à la base du rayon épineux de la dorsale, et une autre près de la queue; la dorsale, la pectorale et la caudale sont grises; la ventrale et l'anale blanches.

D. 2/8; P. 14; V. 9; A. 6; C. 20.

Ce poisson, long de trois pouces, ressemble beaucoup au *Cyprinus Ticto* de Hamilton Buchanan; mais cet auteur dit positivement de cette espèce, qu'elle manque de barbillons.

Le Barbeau aux nageoires roses.

(Barbus roseipinnis, nob.)

Un autre barbeau des Indes
a les barbes grêles et assez longues; le dos un peu arqué; le rayon dentelé courbe et de force moyenne; l'œil grand; la caudale fourchue; l'anale coupée carrément.

D. 3/8; A. 2/5; C. 20, etc.

Les écailles assez grandes; vingt-deux rangées entre l'ouïe et la caudale; elles ont le bord festonné; le corps paraît avoir été argenté, sans tache ni autre caractère particulier. La caudale, l'anale et les ventrales ont conservé des teintes rouges remarquables. Le bord inférieur de la caudale est noirâtre.

Les individus, longs de quatre pouces et demi, viennent de Pondichéry, d'où M. Belanger les a rapportés.

Le Barbeau de Polydore.

(Barbus Polydori, nob.)

M. Polydore Roux a laissé dans ses collections faites à Bombay, un barbeau d'une espèce particulière :

Le profil est convexe de la dorsale au bout du museau; il est creux en arrière de la nageoire. La dorsale a le rayon grêle, mais dentelé, quoique si finement, que les aspérités sont plus sensibles au toucher qu'à la vue.

D. 8/9; A. 2/5, etc.

Les écailles sont de moyenne grandeur : il y en a vingt-sept rangées; la ligne latérale est concave. La couleur est bleu à reflets d'acier sur le dos; le reste du corps est argenté; les nageoires sont grises ou blanchâtres.

Le poisson est long de quatre pouces et demi.

Le Barbeau a écailles tachetées.

(*Barbus spilopholus*, J. M., tab. 39, fig. 4.)

M. J. M'clelland indique encore quatre autres barbeaux à rayons épineux dentelés : d'abord le *barbus spilopholus,* qui a

la tête très-comprimée, le museau et la nuque percés de pores muqueux. Les écailles sont petites, car il y en a quarante-huit dans la longueur et dix-sept dans la hauteur; une tache noire colore la base de chaque écaille.

D. 11; A. 7; C. 19; P. 15; V. 9.

On trouve cette espèce dans le nord du Bengale.

Le même auteur donne comme une variété le *barbus chagunio* de Buchanan,

qui a de larges écailles tachetées à la base; la tête très-comprimée, et de nombreux pores muqueux saillans sur le devant.

D. 12; A. 8; C. 19; P. 17; V. 10.

Il habite aussi le nord du Bengale, où il vit dans le Jumna et autres rivières du nord du Béhar, il y passe pour un excellent poisson.

Le Barbeau très-délicat.

(*Barbus deliciosus*, J. M.)

Une autre espèce, décrite pag. 272 et 342, et figurée tab. 39, fig. 3, a

les formes plus ramassées; la tête courte et obtuse; la bouche dirigée obliquement vers le haut du sous-orbitaire étroit; le rayon de la dorsale finement dentelé.

D. 12; A. 7; C. 19; P. 16; V. 9.

On compte trente-quatre écailles dans la longueur et onze sur la hauteur; le dessus est gris bleuâtre, qui passe au blanc en dessous. Une large tache dorée colore l'opercule.

La longueur ordinaire de ce poisson est d'environ dix pouces : on le trouve dans les ruisseaux tranquilles et sur les fonds de sables de l'Assam supérieur, et il passe pour un mets de luxe, à cause de sa saveur exquise et des bonnes qualités de sa chair; probablement aussi à cause de sa rareté. M. M'clelland fait remarquer que c'est un poisson qui pourrait être introduit avec avantage dans les étangs des plaines basses de l'Inde. L'ensemble de sa physionomie fait indiquer par l'auteur anglais quelques affinités avec les espèces de son genre *Perilampus*.

Le Barbeau aux pectorales roses.

(*Barbus rododactylus*, J. M.)

Le même auteur termine la série des espèces de barbeaux à rayon dentelé de la dorsale par la mention de cette espèce à la page 273.

16.

17

C'est un poisson

à nageoires rouges et orangées, à l'exception du lobe supérieur de la caudale et de la dorsale, à laquelle on compte dix rayons.

M. J. M'clelland ne donne pas d'autres détails sur ce poisson, qui atteint à environ cinq pouces, et qui reste dans les eaux de l'Assam inférieur.

C. DES BARBEAUX A RAYON DORSAL NON DENTELÉ.

Une troisième division du genre *Barbus* comprend les espèces dont le rayon de la dorsale osseux et poignant, souvent très-long, n'a aucunes dentelures le long de son bord postérieur : toutes sont étrangères. On en connaît une depuis long-temps : c'est le bynni du Nil. M. Ruppell a fait la description de plusieurs autres de ce fleuve ; mais le plus grand nombre des espèces vient des Indes, soit sur le continent, soit dans les eaux douces de Java.

Du Bynni *ou* Béni.

(*Barbus Bynni*, nob.; *Cyprinus Bynni*, Forsk.)

C'est à M. Forskal que l'on doit la première description du bynni, sous le nom de cyprinus bynni, qui a servi à marquer le rang de cette espèce de cyprinoïdes dans la treizième édition du *Systema naturæ*.

Sonnini, pl. 27, fig. 3, donna en 1798 une petite figure de ce poisson sous le nom de *béni*, et ce savant crut déjà reconnaître en ce *béni* le *lepidotus* des anciens. M. Geoffroy Saint-Hilaire eut de son côté la même idée dans le travail qu'il a fait sur les animaux connus des anciens. C'était, en effet, à en juger par un passage d'Archestrate, conservé et cité par Athénée[1], une carpe remarquable par la beauté de ses écailles. Ce seul trait ne conduirait pas à une détermination tant soit peu positive; car l'épithète conviendrait tout aussi bien, et même mieux, à un Polyptère ou à un Hétérotis; il y a même lieu de croire que les Grecs l'auraient donné à ces espèces, si elles étaient aussi communes dans le Nil que les Bynni. Mais comme M. Geoffroy rapproche des passages d'Athénée celui de Strabon, qui dit que le Lepidotus était, avec l'Oxyrhynchus, le seul poisson qui reçût les honneurs d'un culte universel, et qu'on peut trouver une confirmation de cette assertion dans un grand nombre de Bynnis embaumés avec beaucoup de soins, et qui font partie aujourd'hui du Musée de Passalacqua, il y a lieu de croire à la vraisemblance de ce rapprochement. Je me sers de cette expression douteuse, non pas pour faire la moindre critique du travail de M. Geoffroy, mais parce que je ne vois dans le peu de mots laissés sur ce sujet par les anciens, que des inductions et non des vérités à en tirer.

Les documens de Sonnini furent employés par Bloch, qui, ne consultant que la figure donnée par Bruce sous le nom de Benni, fait observer que le poisson du voyageur anglais est différent de celui de Sonnini. M. Cuvier a reconnu que cette erreur tient à ce que l'on a rapporté mal à propos au texte de Bruce la figure d'une tout autre espèce de poissons. Ce voyageur a décrit le Bynni; mais on a donné sous le faux nom de Bynni un polynème.

Bruce et Sonnini avaient déjà commencé à étendre la

---

1. Ath., liv. VII, ch. 17, p. 312.

connaissance du Bynni que Forskal avait décrit dans son petit livre bien moins répandu, lorsque M. Geoffroy Saint-Hilaire, rapportant les poissons décrits par lui en Égypte, ou dessinés sous ses yeux et sur le vivant par Redouté, publia dans le grand ouvrage d'Égypte[1] une très-belle figure de ce grand et beau poisson. Cette peinture est d'une exactitude qui ne laisse presque rien à désirer. Le texte de cet ouvrage fut publié par les soins de M. Isidore Geoffroy Saint-Hilaire et parut dans ces dernières années, en 1827. Suivant ses idées sur le lepidotus des anciens, M. Geoffroy Saint-Hilaire a changé le nom de Linné en celui de *cyprinus lepidotus.* Dès 1798, en Égypte, il a fait connaître des particularités intéressantes sur les mœurs de ce poisson, et sur l'activité que les pêcheurs mettent à le poursuivre.

Ce barbeau du Nil s'éloigne par sa forme de l'espèce européenne,

parce que le quatrième rayon de son anale est surtout remarquable par sa force. Il appartient à la division des barbeaux à rayons non dentelés; car le rayon dorsal est lisse tout le long de son bord postérieur, ce qui n'empêche cependant pas qu'il ne soit articulé sur toute sa longueur.

Ce poisson a le corps élevé; sa hauteur, prise du pied du grand rayon de la dorsale à l'insertion des ventrales, est contenue trois fois et presque une demie dans la longueur totale. La hauteur du tronçon de la queue, prise au dernier rayon de l'anale, et celle du corps à la fin de la nuque, sont égales chacune à la moitié de la hauteur du tronc. L'épaisseur n'est que du quart de cette hauteur. La tête est petite, sa largeur est cinq fois et deux tiers dans la longueur totale. Sa lèvre supérieure et le museau dépassent un peu la

---

1. Geoff., Égypte, poiss. du Nil, pl. 10, fig. 2.

lèvre inférieure; et la bouche, fendue aussi en ogive, comme celle
de notre barbeau, est tout-à-fait en dessous de la tête. L'œil est
assez grand, son diamètre est au moins du quart de la tête : l'orbite
touche au profil du front. Les deux ouvertures de la narine sont
tout près de son bord. Le premier sous-orbitaire n'est pas si long
que l'œil est large. Le second sous-orbitaire est grêle, alongé,
quoique plus court que le troisième. Le bord du préopercule
descend à peu près par le deuxième tiers de la tête; son angle est
tout-à-fait arrondi. L'opercule est grand et large, et le sous-opercule
est en croissant très-distinct. L'interopercule est petit.

Les quatre barbillons sont, comme ceux des barbeaux, attachés
deux à l'extrémité postérieure du maxillaire, et deux autres plus
petits vers le bout antérieur. L'épaule fait une toute petite plaque
en arrière de l'opercule; elle est dépendante de l'huméral, os assez
large, lisse et caché en partie sous le battant de l'opercule. Le
scapulaire et le surscapulaire sont très-grêles.

La distance du premier rayon de la dorsale au bout du museau
est moindre que celle de ce même point à la naissance de la caudale.
La dorsale est haute de l'avant; car son rayon le plus long égale les
cinq sixièmes de la hauteur sous lui. Le bord de la nageoire est
coupé en faux. La caudale, fourchue, a ses côtés arrondis; l'anale
n'est pas très-longue; les pectorales et les ventrales sont en large
éventail.

Voici les nombres :

B. 3; D. 4/9; A. 3/5; C. 3 — 18 — 3; P. 17; V. 9.

Les écailles sont grandes et fortes; vues à la loupe, elles paraissent
très-finement striées en rayon; la portion radicale n'est pas plus
grande que celle non recouverte : elle n'a pas de stries. La ligne
latérale est faiblement marquée, droite et par le milieu du tronc.

La couleur est un verdâtre plus ou moins argenté.

L'individu que je décris a été rapporté du Nil par
M. Geoffroy Saint-Hilaire : il est long de quatorze pouces;

mais l'espèce devient beaucoup plus grande; car on trouve de ces Bynnis qui ont plus de trois pieds.

Tous les auteurs s'accordent à donner le Bynni comme un poisson de bon goût et très-abondant dans le Nil; malgré cette abondance il se tient toujours à un prix assez élevé, parce que, suivant M. Geoffroy, sa chair est très-recherchée des Arabes. Son exquise délicatesse est même passée en proverbe :

« Si tu connais meilleur que moi, ne me mange pas. »

et l'auteur ajoute que, ce qui prouve mieux que ce dicton, combien ce poisson est recherché, c'est qu'il y a des pêcheurs livrés exclusivement à la recherche du Bynni, principalement à Syout et à Qéné. Les Arabes établissent dans des anses, resserrées entre des berges hautes et escarpées, la pêche avec des lignes de fond portant trois hameçons, amorcés avec des dattes; et surmontés d'une grosse boule formée de bourbe et d'orge germée. La corde est fixée à un pieu solide; mais elle communique par une ficelle à un bâton flexible élastique, qui soutient une sonnette. On conçoit que l'animal pris à cet appareil, met la sonnette en mouvement, et avertit lui-même le pêcheur de sa capture. La boule ne sert pas seulement de plongeur pour la ligne, mais l'orge attire le poisson par son odeur et lui fait remarquer l'appât.

J'ai trouvé aussi parmi les dessins de M. Riffaut une assez bonne figure du *cyprinus lepidotus,* dont le nom est écrit *béni :* ce mot se rapproche tout-à-fait de celui de Sonnini.

Le Barbeau a longue tête.

(*Barbus longiceps,* nob.)

Une autre espèce de barbeau à rayon osseux, lisse, et originaire de l'Afrique septentrionale, se distingue du Bynni par un grand nombre de caractères.

Ce poisson a le corps très-alongé; la hauteur est comprise six fois et demie dans la longueur totale. Le tronc aux pectorales est presque rond; car il ne s'en manque que d'un sixième que l'épaisseur ne soit égale à la hauteur. La tête, dont les pièces osseuses externes sont presque nues, est très-longue : elle mesure le quart de la longueur totale. L'œil, placé au milieu de la joue et sur le haut sans que le cercle de l'orbite entame la ligne du profil, a un diamètre compris six fois dans la longueur de la tête; la distance entre les deux yeux n'est pas double de ce diamètre. Le museau, qui est très-conique, est charnu; les lèvres sont épaisses; les quatre barbillons sont aussi longs que l'œil est large. Il y a trois fois la largeur de cet organe entre lui et l'extrémité du museau, et une fois et demie en arrière jusqu'au bord du préopercule. La dorsale est un peu au-delà de la moitié du corps : elle est courte; son troisième rayon est faible; les deux premiers sont très-petits; l'anale est longue et pointue; la caudale est fourchue et à lobes arrondis; la ventrale répond à la dorsale; les pectorales sont alongées.

D. 3/8; A. 2/5; C. 5—19—6; P. 18; V. 9.

Les écailles sont minces, en lozange, lisses, sans stries ni cils; il y en a cinquante-huit entre l'ouïe et la caudale; la couleur est un verdâtre plus ou moins doré, avec un réseau brun formé par des lignes qui bordent toutes les écailles.

La longueur du plus grand individu de la collection est d'un pied neuf pouces. Il a été rapporté du Jourdain par M. Bové, qui l'a entendu nommer par les pêcheurs arabes *aboubousih*. Je ne vois que le *barbus gorguari* de M. Ruppell qui s'en rapproche un peu; mais celui-ci n'a que trente-deux écailles le long des flancs.

Le Barbeau surkis.

(*Barbus surkis*, Rupp.)

M. Ruppell, dans un mémoire publié en 1835 sur les poissons nouveaux découverts par lui dans le Nil, a décrit et figuré plusieurs espèces de barbeaux.

Une première, représentée tab. I, fig. 1, a

le corps elliptique; la tête, un peu aplatie, mesure les deux neuvièmes de la longueur totale, qui est à la hauteur du tronc :: 2 : 5 ½.

La dorsale commence avant l'insertion des ventrales; la caudale est fourchue.

D. 2/8; A. 3/5, etc.

Il y a trente-six écailles dans la longueur. La ligne latérale, presque effacée à son origine, devient visible sur le milieu du corps, et est très-fortement marquée sur la queue. La couleur est verdâtre, passant au blanc argenté sur les flancs, et au jaune doré sur le ventre. Les nageoires sont transparentes et verdâtres.

M. Ruppell a observé de ces poissons à Goraza qui avaient un pied et demi de longueur : les pêcheurs les nommaient *surkis*.

Le Barbeau intermédiaire.

(*Barbus intermedius*, Rupp.)

Une seconde espèce, observée aux mêmes lieux et représentée, *loc. cit.*, pl. I, fig. 2, a le corps plus alongé, moins haut à proportion; la ligne du dos est encore élevée, mais celle du ventre est presque droite.

La hauteur est à la longueur : 1 à 3¼. La tête fait les deux neuvièmes de cette dernière mesure. La dorsale et l'anale sont plus petites; les deux rayons de la dorsale sont plus faibles; la caudale est fourchue.

D. 4/8; A. 3/5, etc.

Il n'y a que trente-deux rangées d'écailles le long du côté. La ligne latérale est un peu courbée par le bas. Le corps et les nageoires sont d'un jaune verdâtre assez brillant.

Ce poisson vient de la mer de Zana au marché de Gazzora : M. Ruppell ne lui a pas entendu donner de nom vulgaire. Il atteint à un pied et un quart de longueur.

Le BARBEAU APPARENTÉ.

(*Barbus affinis*, Rupp.)

Une troisième espèce, figurée, *l. cit.*, pl. I, fig. 3,

a le corps oblong; le dos convexe en avant; la tête conique; les lèvres rugueuses; le barbillon maxillaire plus petit que le labial; la dorsale armée d'un rayon assez fort; l'anale petite; la caudale fourchue.

D. 3/8; A. 3/5, etc.

Il y a trente-six rangées d'écailles le long du côté, et dix dans la plus grande hauteur du corps. La ligne latérale est un peu concave.

La couleur de la tête et du dessus du corps est un vert doré passant au blanc sous le ventre. Les nageoires sont incolores.

L'individu, observé à Goraza, avait dix-huit pouces de long.

Le Barbeau Gorguari.

(*Barbus Gorguari*, Rupp.)

Une quatrième espèce, représentée, *l. cit.*, pl. I, fig. 3, se distingue des autres

par son corps alongé; son dos relevé en bosse en avant; sa tête alongée et déprimée; sa bouche bien fendue. La tête fait les trois dixièmes de la longueur totale, et la hauteur les deux neuvièmes de cette même longueur. La dorsale a les trois quarts de la hauteur du corps sous elle.

D. 4/9; A. 3/5, etc.

Le dessus du corps est d'un vert pré à reflets dorés; le ventre est jaunâtre; les nageoires sont vertes et dorées.

Les pêcheurs indigènes de Goraza donnent à ce barbeau le nom de *gorguari*.

Le Barbeau alongé.

(*Barbus elongatus*, Rupp.)

Un cinquième barbeau, représenté dans le même mémoire du célèbre voyageur de Frankfort à la pl. II, fig. 1, se reconnaît

à son corps alongé, fusiforme, dont la hauteur est quatre fois et demie dans la longueur totale; la bouche est petite; la dorsale est plus près de la tête que de la caudale.

D. 4/8; A. 3/5, etc.

M. Ruppell compte trente-six rangées d'écailles le long des flancs; la ligne latérale est un peu courbée vers le bas; le dos est vert brillant; le ventre jaune pâle; les nageoires grises et transparentes.

L'individu était long de quinze pouces: les pêcheurs ne lui donnent pas de nom particulier.

Le Barbeau perince.

(*Barbus perince*, Rupp.)

Enfin, je trouve dans le même ouvrage un sixième barbeau,

à corps ovale, plus large et plus court que celui des précédentes espèces. La hauteur fait le tiers de la longueur totale; la tête est petite; la dorsale est haute; la caudale peu fourchue.

D. 3/8; A. 3/5, etc.

Il y a trente et une écailles dans la longueur; la ligne latérale est un peu infléchie. La couleur du dos est verte; celle de la tête et du ventre blanche, à reflets argentés, et le long du côté de l'opercule, au milieu de la queue, on voyait une bandelette longitudinale bleuâtre sur l'individu observé pendant le mois de décembre; les nageoires, gris-verdâtres, sont transparentes.

Ce poisson vient sur le marché du Caire, et les pêcheurs du Nil affirment qu'il ne dépasse pas quatre pouces : il y est connu sous le nom de *perince*. Il est représenté, *loc. cit.*, tab. II, fig. 2.

Ce petit poisson a beaucoup d'affinités avec le suivant; mais je ne le crois pas tout-à-fait identique.

Le Barbeau a petites taches.

(*Barbus labecula*, nob.)

Une autre espèce de l'Afrique septentrionale, à rayon lisse, a encore assez d'affinité avec le Bynni.

Mais son dos est plus soutenu sous la dorsale; le profil du ventre plus arqué; la hauteur trois fois et un tiers dans la longueur totale. La tête, petite, y est cinq fois et demie; sa hauteur à la nuque est d'un quart moindre; les quatre barbillons sont grêles et courts, assez semblables à ceux du bynni. Le troisième rayon de la dorsale est très-grêle et lisse. Le bord de la nageoire est concave. La caudale fourchue; l'anale petite.

D. 3/8; A. 2/5; C. 20; P. 14; V. 9.

Une bandelette argentée règne le long des flancs, et sur cette bandelette, à la hauteur de la sixième rangée d'écailles, est une petite tache noire. Le bord de la dorsale et de la caudale est noirâtre : le reste est argenté. Les écailles sont médiocres : j'en compte vingt-six sur le côté et dix dans la hauteur. La ligne latérale est droite, en commençant par être légèrement concave.

J'en ai vu plusieurs individus, tous longs de quatre pouces. Ils viennent des collections de M. Bové, qui nous a assuré les avoir pris dans le Jourdain. La faiblesse du rayon épineux semblerait les éloigner de ce genre.

Le BARBEAU KAELB.

(*Barbus canis*, nob.)

Nous avons trouvé parmi les poissons pêchés dans le Jourdain par M. Bové un barbeau

à corps alongé, à tête longue, du cinquième de la longueur du corps, égale à la hauteur du tronc, dont la dorsale, courte, est insérée sur le milieu du corps, au-dessus des ventrales; à caudale fourchue; le rayon épineux de la dorsale est lisse et assez fort.

D. 3/8; A. 2/5; C. 5 — 19 — 6; P. 16; V. 9.

Les écailles sont assez grandes et minces : j'en compte vingt-six à vingt-huit entre l'ouïe et la caudale; la ligne latérale est droite; le dos est verdâtre; le ventre argenté.

Ce poisson, long de neuf pouces, ressemble assez au *barbus elongatus* de M. Ruppell ; mais celui-ci a les écailles plus petites. M. Bové l'a entendu nommer *Kaelb*, qui signifie chien.

Le Barbeau douro.

(*Barbus douronensis*, nob.)

J'ai reçu du Musée royal de Leyde un barbeau

à rayon non dentelé ; à quatre barbillons ; dont le corps est alongé ; la hauteur est quatre fois et demie dans la longueur totale ; la tête est courte du cinquième de la longueur du corps ; le museau étroit ; l'œil assez grand. La caudale est fourchue ; l'anale pointue.

D. 4/8 ; A. 3/5, etc.

La couleur est argentée, à teintes vertes sur le dos ; les écailles grandes et lisses, au nombre de vingt et une dans la longueur ; la ligne latérale marquée d'une série de gros points.

Ce poisson, long de quatre pouces et demi, a fait partie des collections faites à Java par MM. Kuhl et Van Hasselt : ils l'ont entendu nommer *Dourr*.

Le Barbeau aux petites barbes.

(*Barbus micropogon*, nob.)

M. Dussumier a rapporté des eaux douces du Mysore un très petit barbeau, remarquable

par la petitesse de ses quatre barbillons : il a le corps alongé ; la tête égale aussi la hauteur du corps ; les yeux sont gros et sur le haut de la joue ; le rayon de la dorsale est long, assez fort, lisse et sans dentelures ; la caudale est fourchue et à longues pointes.

D. 3/9 ; A. 2/6 ; C. 20, etc.

La couleur est uniforme sur le dos et le ventre, et il y a le long des flancs une petite bande verte. Il y a trente-sept rangées d'écailles entre l'ouïe et la caudale.

La longueur de l'individu est de trois pouces.

Le Barbeau doré.

(*Barbus deauratus,* nob.)

Nous avons reçu de la Cochinchine un petit barbeau à quatre barbillons, dont le museau est obtus; la tête lisse et charnue, et qui ressemble à quelques égards à une carpe; le rayon de la dorsale est grêle, lisse; la dorsale est pointue. Il en est de même de l'anale et des lobes de la caudale.

D. 3/8; A. 2/5, etc.

Les écailles sont de moyenne grandeur : il y en a vingt-neuf le long du côté. La couleur est tout-à-fait celle de nos carpes. Un vert rembruni sur le dos; les écailles bordées de plus foncé, ce qui rend le corps réticulé. Le ventre a des teintes orangées, et le tout a des reflets dorés, qui doivent rendre ce poisson très-brillant pendant sa vie. La caudale, la dorsale et l'anale ont du noirâtre; les autres nageoires sont blanches.

Ce barbeau vient de Cochinchine : il est long de quatre pouces et demi.

Le Barbeau goujonnier.

(*Barbus gobionides,* nob.)

M. Jules Verreaux a rapporté du cap de Bonne-Espérance un petit poisson, ayant quatre barbillons; le corps arrondi; le profil supérieur rectiligne; l'inférieur assez soutenu; la tête courte; le museau obtus; l'œil petit;

les écailles granulées, de médiocre grandeur : vingt-six à trente le long du côté. Les lobes de la caudale arrondis, peu fourchus ; les autres nageoires petites et rondes ; le rayon de la dorsale lisse, si grêle que le poisson serait un vrai goujon s'il n'avait que deux barbillons.

D. 2/8 ; A. 2/5 ; C. 20 ; P. 12 ; V. 7.

La couleur est un vert rembruni pointillé de noir. Le dessous du ventre est blanchâtre.

La longueur de ce petit poisson, que je ne reconnais que par ce seul exemplaire desséché, est de quatre pouces. Ce n'est peut-être pas un barbeau, malgré ses quatre barbillons.

Le Barbeau tambra.

(*Barbus tambra*, nob.)

J'ai dessiné à Leyde, en 1824, un grand cyprin desséché à corps alongé, couvert de grandes écailles, dont le profil peu relevé monte jusqu'à la dorsale. La hauteur fait le quart de la longueur totale ; les quatre barbillons sont longs : ils vont toucher à l'œil ; le rayon épineux de la dorsale, fort et lisse, n'a pas de dentelures ; la dorsale, pointue de l'avant, a le bord échancré ; l'os de l'épaule, arrondi, soutient une pectorale pointue. La ventrale est médiocre ; l'anale est arrondie ; la caudale est fourchue, ses deux lobes sont ordinairement pointus. Cependant sur le grand individu de Leyde le lobe inférieur de la caudale est tronqué et arrondi, et ce n'est pas l'effet d'une cassure accidentelle.

D. 3/8 ; A. 2/5 ; C. 20 ; P. 16 ; V. 9.

La ligne latérale, presque droite, passe par le milieu du corps. Les écailles, très-grandes et minces, ont les bords membraneux et le disque couverts de stries fines ondulées et anastomosées. J'en compte vingt-deux dans la longueur et sept dans la hauteur.

La couleur est un violet vif et brillant sur les côtés, et devenant presque noir sur le dessus de la tête. Ces teintes sont disposées par grandes taches à la base de l'écaille, et bordées d'un premier arc jaune, qui est suivi d'un second, tout-à-fait marginal, bleu pâle. Les joues ont des taches jaunes et violettes; le thorax est violacé; le ventre est bleuâtre. La dorsale, jaune grisâtre, a du violet sur le bord. La caudale a les mêmes teintes, mais plus claires; l'anale et la ventrale sont brunes.

Le poisson que j'ai décrit a deux pieds de long. Il vient des eaux douces des environs de Buitenzorg; et MM. Kuhl et Van Hasselt lui donnent, pour dénomination vulgaire, le nom de *tambra*.

Le BARBEAU SORO.

(*Barbus soro*, nob.)

Une autre espèce, aussi caractérisée sur un individu desséché et conservé dans le même Musée, m'a montré un corps alongé, à profil du dos un peu plus courbé; la hauteur est comprise quatre fois et deux tiers dans la longueur; la tête est médiocre; bouche peu fendue, à quatre barbillons: deux à la commissure, ils sont grêles, et deux au sommet de l'os maxillaire; la dorsale à rayon épineux lisse; son bord est un peu échancré; l'os de l'épaule a le bord arrondi, et la pectorale est médiocre; les ventrales sont grandes; l'anale est pointue; la caudale, échancrée, se compose de deux lobes égaux.

D. 3/8; P. 14; V. 9; A. 8; C. 19.

La ligne latérale, courbée d'abord, se relève au-dessus de l'anale pour aller droit à la queue.

Les écailles, grandes, lisses et minces, sont au nombre de vingt-cinq dans la longueur, sur six rangées dans la hauteur.

La couleur du dos est vert foncé : elle s'éclaircit sur le flanc en prenant une teinte dorée; le ventre est blanchâtre; la dorsale et la caudale sont colorées comme le dos; la pectorale est plus claire; l'anale et les ventrales sont grises.

Sa longueur est de dix pouces.

Ce poisson, originaire des eaux douces de Bantam, dans la rivière nommée en malais *Sading-Vetang,* s'appelle *soro* : on le doit aux recherches des mêmes naturalistes.

Le Barbeau lisse.

(*Barbus lævis ,* nob.)

Par opposition au travail de ciselures que l'on observe sur le *barbus tambra,* j'ai nommé l'espèce dont je parle ici, *barbus lævis.*

Le corps paraît médiocrement large; la hauteur fait cependant le quart de la longueur totale; le dos est comprimé; l'épaisseur est plus de trois fois dans la hauteur. Les quatre barbillons sont grêles, petits et à peu près d'égale longueur. Le rayon de la dorsale est lisse et sans dentelure; l'os de l'épaule, en triangle isocèle, donne insertion à une pectorale pointue; l'anale est également pointue; la caudale est fourchue.

D. 3/8; A. 7; C. 20; P. 16; V. 9.

Le dos est d'un vert rembruni, qui prend des teintes dorées sur les flancs, et passe au bleuâtre sous le ventre. Une tache bleue assez grosse colore l'angle de chaque écaille. La dorsale est brune; la caudale grise; les autres nageoires ont de l'orangé.

Cette description des couleurs est faite d'après un dessin envoyé de Java, et qui portait pour suscription *barbus nudicephalus.* Il indique que le poisson vient de Buitenzorg et de Sarayevi.

16.   19

Il est long de dix pouces.

Les formes sont décrites d'après les individus observés à Leyde.

Le Barbeau orphoïde.

(*Barbus orphoides*, nob.)

Une autre espèce de barbeau que j'ai décrite et dessinée à Leyde, m'a paru avoir assez de ressemblance avec le *cyprinus orphus* pour lui donner le nom sous lequel je vais la décrire.

Les écailles du dos et celles du ventre sont assez bien soutenues avant la dorsale, de sorte que le corps est plus gros et plus trapu en avant de cette nageoire que du côté de la queue. La hauteur au-devant de la dorsale est contenue trois fois et demie dans la longueur totale. Le rayon lisse de la dorsale est fort et court; l'anale est petite; la caudale est aussi peu développée.

D. 3/8; A. 2/5, etc.

Les écailles sont grandes et striées : il y en a vingt-sept rangées entre l'ouïe et la caudale; la ligne latérale est presque droite. La couleur paraît avoir été uniforme et sans taches sur le corps; la caudale a les bords supérieur et inférieur noirs,

La longueur de ce poisson est de dix pouces. Comme les précédentes espèces, elle faisait partie des collections envoyées de Java par MM. Kuhl et Van Hasselt.

Le Barbeau aux nageoires rouges.

(*Barbus rubripinnis*, K. V. H.)

Un autre petit barbeau, que l'on doit aux mêmes voyageurs, a, comme les précédens,

le rayon de la dorsale lisse, mais grêle et alongé. Le corps elliptique, à cause de la régularité de la courbure du profil du dos et
du ventre. La hauteur fait le tiers du tronc, la caudale non comprise. Cette nageoire est fourchue; l'anale est petite.

D. 3/8; A. 2/5, etc.

Le dos est bleu d'acier foncé passant au vert, et s'éclaircissant
sur le ventre, qui a des reflets argentés. Les nageoires sont d'un
rose léger peu vif; la caudale est bordée de noir.

Sans la faiblesse du rayon de la dorsale et la différence
de sa forme, j'aurais pris ce poisson pour un jeune du
précédent.

Les individus n'ont pas quatre pouces.

Le BARBEAU TACHETÉ.

(Barbus maculatus, K. V. H.)

Voici encore une plus petite espèce de barbeau, originaire des mêmes lieux,

qui a le corps alongé, assez semblable au goujon par ses formes.
Le corps est cependant plus elliptique; la hauteur est quatre fois
et deux tiers dans la longueur totale. La dorsale est pointue de
l'avant; la caudale est peu fourchue; les ventrales sont assez longues.

D. 3/8; A. 2/5, etc.

Le fond de la couleur est un vert olivâtre et rembruni sur
le dos, clair sur les côtés, et passant au blanc sous le ventre. Les
écailles sont bordées de bleu de cobalt; une tache noire paraît de
chaque côté de la queue; la dorsale, les pectorales et les ventrales
sont rouges; la caudale a le lobe supérieur orangé; l'anale est verte.

Ce petit poisson, de Buitenzorg, long de deux pouces
et demi, est dû à MM. Kuhl et Van Hasselt.

Le BARBEAU SHAGRA.

(*Barbus schagra*, Ham. Buch.)

M. Buchanan, parmi ses nombreuses espèces de cyprins, en a deux qui me paraissent des barbeaux à rayons sans dentelures.

Son *cyprinus schagra*[1] ressemble, suivant lui, à son *cyprinus bendilisis*, cyprinoïde à deux barbillons, tandis que celui de cet article en a quatre.

La tête est petite et obtuse; la bouche peu fendue, horizontale; l'anale a un rayon épineux.

D. 9; A. 10; C. 20; P. 13; V. 9.

Les écailles sont de moyenne grandeur et se détachent facilement; de nombreux traits descendent de la ligne latérale. La caudale est jaune et le lobe inférieur est lavé de noirâtre.

Ce poisson vient de la rivière Rosi, où il croît jusqu'à quatre ou cinq pouces de longueur.

Le BARBEAU COCSA.

(*Barbus cocsa*, nob.)

Le *cyprinus cocsa*, figuré par Hamilton Buchanan, pl. III, fig. 77, et décrit pag. 272, me paraît un barbeau à rayon lisse, et remarquable par la brièveté de ses barbillons.

La tête est petite, un peu pointue; les lèvres sont très-minces, presque nulles.

D. 9; A. 11; C. 19; P. 13? V. 9.

----

1. *Gang. fish.*, p. 271 et 385, n.° 12.

Le dos est traversé par des barres petites et courtes, qui disparaissent après la mort; un point noir est sur le milieu de chaque écaille; les nageoires, jaunâtres, deviennent blanches après la mort.

Le cocsa ou koksa vit dans les rivières du nord du Bengale et du Behar, et plus spécialement à Mahananda : il croît à un empan de longueur.

Le Barbeau putitora.

(*Barbus putitora*, nob.)

Un de ces poissons remarquable par la grandeur des écailles, est le *cyprinus putitora*.[1]

La tête est obtuse, ovale, petite, lisse, à quatre barbillons; les lèvres sont épaisses.

D .11; A. 7; C. 19; P. 15; V. 9.

Les écailles sont assez grandes sur les vieux individus pour que l'on s'en serve à Damka comme de cartes à jouer. Le dos est de couleur brune, glacée d'acier; le bord des écailles change du ton doré à l'argenté.

Les nageoires sont sans taches et bordées de jaune.

Le Putitora vit dans l'Est du Bengale, et devient quelquefois long de neuf pieds. Ce poisson, grand, bien fait, agréable, fournit une nourriture abondante, saine, sans arêtes, mais il est moins bon que le *cyprinus rohita*.

M. John M'clelland regarde ce *cyprinus putitora* comme une variété de son *barbus hexagonilepis*. Il en donne une figure, tab. 41, fig. 3, et le caractérise

par la longueur de sa tête, qui mesure le quart de celle du corps, qui est d'ailleurs peu comprimée; le museau est lisse et arrondi.

D. 12; A. 7; C. 19; P. 16; V. 9.

---

1. Ham. Buch., p. 3o3 — 388.

La portion visible des écailles est hexagonale : on en compte vingt-sept le long de la ligne latérale, et sept dans la hauteur.

Dans le haut Assam ils atteignent à deux pieds et demi, et on les nomme *Bokar*. C'est dans les plaines basses de l'Inde qu'ils deviendraient aussi grands que le dit Buchanan.

Le BARBEAU TOR.

(*Barbus tor,* nob.)

Le *cyprinus tor* de Buchanan, figuré par M. J. M'clelland, pl. 39, fig. 2, est un barbeau à rayon lisse, voisin du précédent.

Il est comprimé et alongé; la tête, un peu pointue, est demi ovalaire lisse, avec une saillie entre les narines.

D. 11; A. 8; C. 19; P. 18; V. 9.

Les écailles sont fortement adhérentes et très-grandes, et ont le bord pointillé; le dessus brille d'un beau vert doré, et le dessous de blanc argenté; les nageoires sont sans taches; la dorsale seule est pointillée.

M. Buchanan a trouvé ce poisson dans la rivière de Mahananda, où il atteint de trois à quatre pieds. M. M'clelland a aussi observé cette espèce dans le pays d'Assam, où on le nomme *Lobura*. Il se plaît dans les eaux les plus claires des grands fleuves, et il entre pendant la saison chaude et sèche dans les affluens peu profonds pour y frayer. Dans le pays il ne croît pas au-delà de deux pieds et demi. Comme le précédent, il pourrait être propagé avec succès et devenir un aliment délicat plus répandu. L'auteur a cru devoir changer le nom de Buchanan en celui de *barbus hexastichus*.

Le Barbeau mosal

(*Barbus mosal*, nob.)

est aussi un des cyprins de M. Hamilton Buchanan, que nous trouvons figuré dans l'ouvrage du major-général Hardwich, tab. 93, fig. 1, et décrit dans les *Indians cyprinidæ*.

Celui-ci a la tête pointue, ovale, plus étroite que le corps, lisse, et ayant, comme l'espèce précédente, un tubercule entre les yeux : il est seulement plus faible.

D. 13; A. 8; C. 19; P. 17? V. 9.

La couleur est verte et dorée en dessus, argentée en dessous; les nageoires sont orangées.

Ce mosal vient de la rivière Kosi, et y atteint quatre ou cinq pieds.

M. M'clelland n'a qu'un seul individu de cette espèce, présenté à la société par M. Hodgson. Il a préféré lui donner dans son ouvrage le nouveau nom de *barbus megalepis*. La dénomination vulgaire varie entre *maha-saula* et *mahaseer,* et se rapporte, comme celle de mosal, à la grandeur des écailles dont le corps est couvert.

Le Barbeau grosse tête.

(*Barbus macrocephalus*, J. M., tab. 55, fig. 2.)

A ces espèces, qui existaient déjà dans Buchanan, M. M'clelland en ajoute plusieurs qui n'étaient pas connues avant lui.

L'une d'elles est remarquable par la grandeur de sa tête.

Elle fait, dans cette espèce, les deux cinquièmes de la longueur du corps.

D. 11; A. 7; C. 19; P. 16; V. 10.

Les yeux sont au tiers antérieur de la tête; les lèvres sont lisses; le nombre des écailles de la ligne latérale est de vingt-sept : il y en a six dans la hauteur.

La longueur ordinaire est de deux à trois pieds. On le trouve dans les torrens de l'Assam. M. Griffith en a vu du poids de vingt livres et même de trente : on l'y nomme *bura petea*. Quand ils sont plus petits, ils sont confondus avec les autres sous le nom de *mahaseer*. Le seul individu observé par M. M'clelland avait trois pieds et demi de long, et avait été pris dans un courant très-vif.

Le Barbeau chélynoïde.

(*Barbus chelynoides*, J. M., tab. 57, fig. 5.)

Cette autre espèce a été aussi figurée dans le Journal de la société asiatique, pl. 56, fig. 2.

La tête est large; le rapport de sa longueur à celle du corps est de 1 à 2¼; les lèvres épaisses et lisses. On compte trente-trois écailles sur la longueur, et neuf dans la hauteur.

D. 10; A. 7; C. 18; P. 16; V. 9.

Elle habite les ruisseaux des montagnes de Simla, où elle a été prise par M. Macleod. A juger de la taille de cette espèce par les individus présentés à la société, on la fixerait entre cinq et six pouces. L'épaisseur des lèvres lui donne quelque ressemblance avec le *cyprinus chedra* de Buchanan.

Le Barbeau d'Arabie.

(*Cyprinus arabicus*, Ehr.)

J'ai vu parmi les dessins de M. Ehrenberg la figure d'un petit poisson, qui a

le corps renflé vers l'abdomen; le museau petit; la tête courte; quatre barbillons aussi très-courts; des écailles assez grandes; les nageoires petites,

D. 3/8; A. 2/5, etc.,

d'un brun jaunâtre, avec une tache d'un beau jaune à l'angle de l'opercule.

Le dessin est long de trois pouces et demi : est-ce bien un barbeau?

Le Barbeau sétigère.

(*Barbus setigerus*, nob.)

MM. Kuhl et Van Hasselt ont envoyé de Java au Musée royal de Leyde un barbeau très-remarquable par la position de sa dorsale reculée sur le dos de la queue jusqu'au-dessus de l'anale, de sorte que l'extrémité du corps le fait ressembler à un brochet. Je crois que c'est à cause de cette position de la dorsale que les jeunes naturalistes crurent devoir distinguer génériquement ce poisson des autres barbeaux, et ils pensaient sans doute aussi trouver un autre caractère dans la faiblesse du rayon épineux de la dorsale. Ils donnaient à ce genre, ainsi présenté, le nom de *labeobarbus*; mais cette dénomination a passé depuis à d'autres espèces fort différentes, et comme, d'ailleurs, ce caractère de la dorsale n'est pas assez précis ; que la conformation de la bouche, des lèvres, du museau, des barbillons, en font un vrai barbeau, je crois qu'il vaut mieux laisser cette espèce curieuse dans ce genre.

Elle a le corps alongé; la hauteur, égale à la longueur de la tête, est cinq fois et un tiers dans celle de tout le corps. L'œil est grand, ayant plus que le quart, mais moins que le tiers de la longueur de la tête. La mâchoire inférieure dépasse un peu la supérieure; les barbillons sont alongés; la dorsale est au troisième tiers du corps, la caudale non comprise; nageoire dont le lobe a plus du quart de la longueur totale; le premier rayon de la dorsale est haut comme le corps; le dernier n'a pas moitié de cette hauteur; le bord est coupé en faux; l'anale est plus large et moins haute; la caudale est profondément fourchue; le premier rayon de la pectorale est alongé en fil, et cette nageoire égale la longueur de la tête, c'est-à-dire, qu'elle est comprise cinq fois et un tiers dans la longueur totale; mais la ventrale a le premier rayon encore beaucoup plus long; car elle n'est comprise que quatre fois et deux tiers dans cette même longueur totale.

D. 3/8; A. 3/6; C. 21; P. 16; V. 9.

Je compte quarante-sept rangées d'écailles dans la longueur; la couleur est un bleu d'acier argenté; les nageoires sont transparentes.

La longueur est de sept pouces et demi.
Ce poisson a été pêché dans la rivière l'ébak à Java.

Le BARBEAU A DOUBLE LÈVRE.

(Barbus diplochilus, Heckel.)

M. Heckel a fait connaître dans son intéressante Histoire des poissons de Cachemir, par une description aussi excellente qu'elle est détaillée, un poisson qu'il a cru devoir ranger parmi les barbeaux sous le nom de *barbus diplochilus.*

C'est un petit poisson de la forme du goujon; à museau avancé et dans l'axe du corps, portant quatre petits barbillons, une sorte de lèvre double, la supérieure frangée, la seconde étant un repli avancé de la lèvre inférieure. La dorsale répond aux ventrales.

Voici les nombres comptés par le savant zoologiste du musée impérial de Vienne.

$$\text{D. } 3/8; \text{ A. } 2/5; \text{ C. } 6 - 17 - 6; \text{ P. } 14; \text{ V. } 10.$$

La ligne latérale est tracée sur le milieu du corps, ayant quatre rangées d'écailles en dessus, et quatre en dessous, dont il y a trente-huit à trente-neuf séries dans la longueur.

La couleur, indiquée d'après le poisson conservé dans l'eau-de-vie, est un blanc glacé d'argent; le dessus de la tête et du dos ayant des teintes bleu d'acier. Tout le corps paraît à la loupe finement pointillé de noir.

L'individu qui a servi à cette description est long de trois pouces et trois quarts, et l'espèce reste dans ces dimensions, ne dépassant pas quatre pouces. Les habitans de Kashmir le nomment *tattughod*. Il est représenté pl. X, fig. 1.

CHAPITRE III.

Des Labéobarbes (Labeobarbus, Rupp.)

M. Ruppell, ayant observé dans le Nil un cyprinoïde voisin des barbeaux, mais remarquable, parce que la lèvre inférieure se prolonge sous la mâchoire en un barbillon impair et charnu, d'où il résulte que la bouche du poisson est entourée de cinq barbillons, a fait une coupe générique pour placer ce nouveau cyprin. Depuis, M. John M'clelland a trouvé dans les eaux de l'Assam une espèce qui rentre dans cette division, et M. Heckel en a décrit une troisième, des eaux douces de Kashmir.

Les labéobarbes sont des poissons à corps alongé, à lèvres épaisses, dont l'inférieure, dilatée, porte un appendice charnu prolongé en barbillon; deux autres barbillons, l'un maxillaire, l'autre labial, comme dans les barbeaux, un rayon épineux non dentelé à la dorsale, l'anale courte.

Le Muséum ne possède aucun exemplaire d'une des espèces de ce genre. C'est donc d'après les ouvrages des auteurs nommés plus haut, que je vais mentionner ces poissons.

Le LABÉOBARBE NADGIA.

(*Labeobarbus nadgia*, Rupp.)

L'espèce découverte par M. Ruppell a

le corps alongé, elliptique; sa hauteur est des trois dixièmes de la longueur totale; le profil du dos est un peu plus soutenu que celui du ventre; les lèvres sont charnues et d'une épaisseur considérable. A en juger par la figure, le barbillon inférieur est très-conique, large à sa base et presque deux fois aussi long que celui de la lèvre supérieure. L'œil est petit; le museau est relevé en bosse au-dessus des yeux; la dorsale est basse et coupée carrément. L'anale est plus haute et arrondie; la caudale a le bord échancré plutôt qu'elle n'est fourchue; les ventrales et les pectorales sont petites.

Voici les nombres d'après M. Ruppell : ce sont ceux des barbeaux.

D. 4/8; A. 3/6; C. 3 — 19 — 3; P. 16; V. 9.

On compte trente-deux rangées d'écailles le long de la ligne latérale; le dessus de la tête et du dos est d'un beau vert citron, et le ventre jaune soufre clair; les nageoires sont vertes, mais rembrunies; la lèvre supérieure est de cette teinte, mais l'inférieure est couleur de chair.

M. Ruppell a observé ce poisson à Gorazza et sur le marché de cette place; il l'a entendu appeler du nom trivial de *nadgia*. Il atteint près de deux pieds, et sa chair est de bon goût comme aliment.

Le Labéobarbe jungha.

(*Labeobarbus progeneius*, nob.)

M. J. M'clelland a décrit, sous le nom de *barbus progeneius*, un labéobarbe : sa figure, pl. 56, fig. 3, ne laisse aucun doute à cet égard. L'espèce ressemble assez bien à celle de l'Égypte; mais elle paraît avoir

la tête plus courte, quoiqu'elle fasse le tiers de la longueur du corps; le dos moins convexe; les barbillons maxillaires plus courts; celui de la lèvre inférieure moins épais à la base et moins alongé. Les lèvres n'ont pas autant d'épaisseur; les nageoires sont courtes, mais les lobes de la caudale sont plus aigus.

D. 12; A. 7; C. 19; P. 16; V. 9.

Il n'y a que vingt-six rangées d'écailles le long de la ligne latérale. Le dessus du corps est bleuâtre et le ventre jaunâtre. La dorsale et la caudale sont de la couleur du dos, avec une large bordure grise, mêlée de jaunâtre; la pectorale et la ventrale sont plus grêles; l'anale est jaunâtre.

Ce poisson vient des grands cours d'eau claire et rapide du pays d'Assam : on l'y nomme *jungha*. M. M'clelland en faisait un barbeau, et alors il imagina de l'appeler un barbeau plus barbu que les autres espèces de ce genre, ce qu'il exprime par l'épithète de προγένειος (qui a le menton barbu).

J'ai conservé cette épithète pour rappeler la première description de l'infatigable ichthyologiste de Calcutta. Il paraît, d'après ses recherches, que ce poisson avait été figuré dans les manuscrits de Buchanan sous le nom de *cyprinus tor;* mais la description de son ouvrage ne se rapporte plus à notre espèce.

Le Labéobarbe a grandes écailles.

(*Labeobarbus macrolepis,* Heckel.)

Cette espèce diffère des deux précédentes par la forme de son museau plus pointu, par ses lèvres plus minces, par son barbillon inférieur plus grêle et arrondi. M. Heckel a accompagné l'excellente description qu'il a donnée, d'une très-bonne figure, pl. X, fig. 2.

La forme du corps est celle du *Cyprinus rutilus.* La tête èst comprimée, pointue; les barbillons grêles, sont plus longs cependant que le barbillon inférieur; l'œil n'a pas le quart de la longueur de la tête, qui égale la hauteur du tronc, et qui est, à peu de choses près, du quart de la longueur totale. Le rayon de la dorsale est presque aussi haut que le corps sous lui. La caudale est fourchue.

B. 3; D. 4/9; A. 3/5; C. 6 — 17 — 6; P. 19; V. 9.

Les écailles sont en losange, assez grandes, mais pas assez cependant pour mériter, comparativement aux deux autres espèces, le nom spécifique imposé par M. Heckel, et que nonobstant cette observation nous avons cru devoir conserver. Il y en a vingt-sept le long de la ligne latérale.

La couleur, d'après les animaux conservés dans l'eau-de-vie, paraît un argenté clair et brillant; le dos et le dessus de la tête sont d'un bleu noirâtre; une petite tache grisâtre est dans l'angle de chaque écaille; les lèvres sont rougeâtres; la dorsale et la caudale sont grises; les autres nageoires sont pâles.

Cette espèce ne devient pas grande. L'individu décrit et figuré avait cinq pouces de longueur. Les pêcheurs de Kashmir le nomment *tattur*.

CHAPITRE IV.

Des Schizothorax, Heckel.

Les poissons que M. de Hugel a rapportés de son cou-
rageux et célèbre voyage à Kashmir, présentent une particularité remarquable, qui n'a pas échappé à la sagacité
de M. Heckel; ce savant l'a fait connaître dans un ouvrage
consacré à la description de ces espèces, c'est une des
plus intéressantes publications faites sur les poissons. Les
caractères, soit du genre, soit des espèces qui y sont décrites, sont rapportés avec tant de clarté et de détails, que
je me contente de présenter ici une simple analyse de
ce travail; ne pouvant en donner une traduction littérale,
parce que je n'en ai aucune sous les yeux. Nous avons malheureusement perdu le travail des poissons collectés à
Kashmir par notre infortuné compatriote V. Jacquemont,
et nous n'avons retrouvé dans aucune autre collection
venue de l'Inde une seule espèce de ce groupe remarquable.

Les schizothorax sont des cyprinoïdes assez semblables
aux barbeaux, par leur museau avancé, arrondi, pourvu
de quatre barbillons; par leur dorsale à rayon osseux et
dentelé. Leurs dents pharyngiennes sont aussi celles des
barbeaux; car elles sont disposées sur trois rangs : l'un
composé de deux, le second de trois, et le dernier de
cinq; ces dents sont pointues. Mais ces poissons diffèrent
par un corps plus arrondi de l'avant, plus comprimé de
l'arrière, surtout vers le tronçon de la queue; par les
écailles beaucoup plus petites, assez semblables à celles

de nos truites, et par un caractère essentiel, qui a déterminé avec raison leur séparation.

Ce caractère consiste dans un repli de la peau de l'abdomen, un peu en avant de l'anus, mais en arrière des ventrales, formant, avec celui du côté opposé, une rainure longitudinale qui cache l'ouverture du cloaque, et qui embrasse les premiers rayons de l'anale; les lèvres de cette sorte de vulve longitudinale sont garnies d'écailles plus grandes que celles du corps.

C'est ce caractère qui a été exprimé par la dénomination de schizothorax ($\sigma\chi\acute{\iota}\zeta\omega$, fendre). On ne connaît encore que les dix espèces décrites dans l'ouvrage dont nous extrayons les citations suivantes.

M. Heckel a formulé de la manière suivante la diagnose de ce genre :

Cyprinoïdes *à quatre barbillons; un maxillaire, l'autre labial; à dorsale et anale courtes; la première ayant le troisième rayon osseux et dentelé en arrière; les écailles petites; un repli cutané sous l'arrière de l'abdomen, couvert d'écailles plus grandes que celles du tronc, cachant l'anus et la plus grande partie de la base de l'anale, représentant en quelque sorte une gaîne fendue.*

Les différences dans la forme et la nature des tégumens de la bouche ou de la lèvre, ont donné lieu à trois subdivisions dans ce genre.

A. SCHIZOTHORAX A LÈVRES TRANCHANTES, L'INFÉRIEURE COUVERTE D'UN CARTILAGE MINCE, MEMBRANEUX ET POLI; LA MACHOIRE INFÉRIEURE HORIZONTALE.

Cette première division comprend deux espèces, dont le bord des lèvres est aminci en une lame coupante;

16.   21

la lèvre inférieure est rendue plus ferme par la membrane cartilagineuse et polie qui la recouvre; son bord est d'ailleurs entier et réfléchi; la mâchoire inférieure est horizontale.

Le SCHIZOTHORAX PLAGIOSTOME.

(*Schizothorax plagiostomus*, Heckel.)

Cette espèce a

la tête comprise à peu près deux fois et demie dans la longueur totale, M. Heckel dit les deux onzièmes; la hauteur y est cinq fois et demie. Cette tête est courte, épaisse, conique; a le museau épais et verruqueux; la bouche en dessous transverse et grande; le bord réfléchi de la lèvre inférieure est droit; le bord de la dorsale est échancré; la caudale est fourchue, et ses lobes sont arrondis; l'anale est pointue, les nageoires paires sont aussi arrondies.

B. 3; D. 3/8; A. 3/5; C. 6 — 17 — 6; P. 16; V. 9.

On voit que ce sont encore les nombres des barbeaux. Les écailles sont très-petites : on en compte 170 entre l'ouïe et la caudale. La couleur du poisson, conservé dans l'eau-de-vie, est un gris de fer qui se change en un blanc jaunâtre. Les nageoires du dos et de la queue sont noirâtres; l'anale et les nageoires paires sont jaunes d'ocre à la pointe, avec des mélanges de noirâtre et de blanc.

L'individu est long de huit pouces et demi. Il est figuré pl. I; et sur cette même planche l'auteur a eu soin de représenter les détails de la bouche vue en dessous, la coupe du tronc, le détail des écailles du corps grossies, celles de la rainure, et les dents pharyngiennes.

Le SCHIZOTHORAX SINUEUX.

(*Schizothorax sinuatus*, Heckel.)

Celui-ci a

la bouche plus petite; la tête obtuse et comprimée; le bord réfléchi de la lèvre inférieure creusé d'un sinus profond. La caudale
plus fourchue; l'anale et la ventrale plus pointues; les écailles
du bord de la rainure plus petites et plus nombreuses.

B. 3; D. 4/7; A. 3/5; C. 6 — 17 — 6; P. 20; V. 12.

Le dos est gris cendré, parsemé de petites taches noires irrégulièrement distribuées. Au-dessous de la ligne latérale la couleur est
argentée.

Cette espèce parvient à six ou douze livres de poids.
Les pêcheurs de Tschilum la nomment *Tsesch*. La longueur du poisson décrit est de huit pouces.

B. SCHIZOTHORAX A LÈVRES TRANCHANTES ET MOLLES; LE
BORD RÉFLÉCHI DE LA LÈVRE INFÉRIEURE ÉCHANCRÉ DANS
LE MILIEU.

Cette seconde division comprend quatre espèces, dont
la tête est moins obtuse, moins comprimée, dont les
branches de la mâchoire inférieure sont plus longues;
la fente de la bouche n'est plus droite; l'appendice de
la lèvre inférieure est si profondément divisé dans plusieurs espèces qu'on pourrait tout aussi bien l'appeler un
barbillon obtus et court; la lèvre n'a plus cette membrane
cartilagineuse qui la revêt dans les espèces de la division
précédente.

Le Schizothorax a front courbe.

(*Schizothorax curvifrons*, Heckel.)

Dans cette troisième espèce,

la plus grande épaisseur du tronc est une fois et demie dans la
hauteur, qui elle-même est comprise cinq fois et demie dans la
longueur totale. Le museau est peu avancé dans l'axe du corps;
le front est convexe au-dessus de la région oculaire; le bord
montant du préopercule est oblique.

L'anale est plus courte que les autres nageoires.

B. 3; D. 4/7; A. 3/5; C. 6 — 17 — 6; P. 18; V. 11.

Les écailles sont très-petites : on en compte cent rangées entre
l'ouïe et la caudale. La ligne latérale est droite; la couleur est un
gris clair sur le dos, semé de petites taches; le ventre est argenté.

On le nomme dans le pays *Sottir.* On trouve de ces
poissons du poids de trois livres. L'individu décrit a huit
pouces et demi de longueur.

Le Schizothorax aux longues nageoires.

(*Schizothorax longipinnis*, Heckel.)

Cette espèce se distingue de la précédente, à laquelle
elle ressemble par les proportions,

par son museau plus obtus; par les lobes de son voile réfléchi,
qui sont plus étroits; par la longueur de son anale pointue et plus
grande que la pectorale. Elle a le bord montant du préopercule
vertical et droit. Les nombres sont semblables.

B. 3; D. 4/7; A. 3/5; C. 6 — 17 — 6; P. 20; V. 12.

Les écailles sont un peu plus petites. M. Heckel en a compté cent dix dans la longueur. La couleur de la tête était noirâtre dans l'alkool; le dos bleu d'acier et lustré, sans tache; le ventre argenté. Il y avait quelques points sur la dorsale.

Cette espèce ne paraît pas atteindre plus d'une demi-livre de poids. L'exemplaire a neuf pouces et demi de longueur. Les pêcheurs de Kashmir la nomment *Dapeghat*.

Le SCHIZOTHORAX NOIR.

(*Schizothorax niger*, Heckel.)

Dans celui-ci

la plus grande épaisseur du corps surpasse la moitié de la hauteur du tronc, qui est comprise cinq fois et demie dans la longueur totale. Le museau est obtus; la région oculaire est déprimée; le bord du préopercule est un peu convexe. L'anale est courte.

B. 3; D. 4/7; A. 3/5; C. 6 — 17 — 6; P. 18; V. 11.

Les écailles sont égales à celles du *Sch. curvifrons*. M. Heckel en a compté quatre-vingt-dix-huit le long de la ligne latérale. Le dos est devenu, dans l'alkool, noir foncé, passant au gris de fer sur les côtés. Il est tout semé de points noirs, qui remontent jusque sur la dorsale.

Ce poisson, long de neuf pouces, se nomme *Alghad*: on en prend du poids de quatre à six livres.

Le SCHIZOTHORAX NEZ.

(*Schizothorax nasus*, Heckel.)

Ce poisson qui, selon M. Heckel, ressemble assez à la Vimbe (*cyprinus Vimba*), a l'épaisseur moitié de la hauteur à la dorsale, le museau saillant et au-dessous de l'axe du corps; la tête cinq fois et demie dans la longueur totale; l'anale plus courte que les autres nageoires.

D. 4/7; A. 3/5, etc.

Les écailles comme dans le *Sch. longipinnis* : cent dix le long de la ligne latérale. Sur la tête et le dos la couleur est noirâtre; les côtés gris argenté, et le ventre blanc. De petites taches noires sont répandues sur la moitié supérieure du corps et sur la base de la dorsale.

On le nomme *Dongu* à Tschilum. On en prend du poids de trois livres. L'exemplaire décrit a dix pouces et demi.

C. SCHIZOTHORAX A LÈVRES ÉPAISSES ET LISSES.

M. Heckel a réuni les quatre dernières espèces dans cette troisième subdivision : les lèvres sont épaisses; mais l'inférieure n'a plus le repli qui caractérise dans son intégrité la première coupe, ou par son échancrure la seconde, de sorte que ces espèces ne se distinguent plus des barbeaux ordinaires que par la fente de la partie postérieure de l'abdomen. Ces espèces, par leur forme, ressemblent aux cyprins de la division des Aspius d'Agassiz; mais elles ont les écailles encore plus petites.

Le SCHIZOTHORAX DE HUGEL.

(Schizothorax Hugelii, Heck.)

Cette espèce a été dédiée à M. de Hugel, à qui l'on doit la découverte de tous ces intéressans cyprins.

Elle a le museau épais; la tête cinq fois dans la longueur du corps, jusqu'au milieu de la caudale, qui est très-peu fourchue; la hauteur du tronc un peu plus forte que la tête n'est longue; la dorsale basse; l'anale un peu pointue.

D. 4/7; A. 3/5, etc.

La grandeur des écailles de la gaîne anale remarquablement hautes est caractéristique de cette espèce; les écailles du corps sont beaucoup plus petites, puisque le nombre dans la longueur va à cent quatre-vingt-dix. La couleur grise et plombée sur le dos devient blanche sous le ventre. Deux petites séries de points noirs sur le haut du dos; la dorsale et la caudale grises; la première ponctuée très-finement. Les premiers rayons de l'anale noirâtres, les autres blancs; la pectorale et la ventrale noirâtres en dessus, blanchâtres en dessous.

M. Hugel a vu de ces poissons du poids de cinq livres, et les a entendu appeler par les pêcheurs de Kashmir *Grot*. L'exemplaire décrit est long de quatorze pouces et demi.

Le SCHIZOTHORAX AUX PETITES BARBES.

(*Schizothorax micropogon*, Heckel.)

Ce poisson se distingue de tous les précédens par la petitesse de ses barbillons; en outre il a le corps alongé; la hauteur étant du sixième du corps; la tête est comprise quatre fois et deux tiers dans la longueur totale. La bouche est petite; la dorsale est un peu plus près de la queue que de la tête; la caudale est plus profondément échancrée.

D. 4/7; A. 2/5, etc.

Les écailles du corps sont proportionnellement plus grandes que dans les autres espèces : M. Heckel n'en compte que quatre-vingt-dix. Le dos est gris et le ventre blanc : ils n'ont aucunes taches.

Ces poissons restent petits, ne dépassant pas six pouces. Ils sont connus dans le bas Tschilum sous le nom de *Ramghurdi.*

Le Schizothorax a front plat.

(*Schizothorax planifrons,* Heckel.)

Celui-ci a, au contraire du précédent,

les barbillons plus longs; la ligne du profil du front droite, parce que le front est plat et déprimé. La hauteur est cinq fois et demie dans la longueur totale. La tête n'y est que quatre fois et deux tiers; le museau est un peu relevé; la caudale est peu fourchue; l'anale est petite.

D. 4/7; A. 3/5; C. 6 — 17 — 6; P. 18; V. 10.

Il y a cent rangées d'écailles; la couleur du dos, du dessus de la tête, de la bouche, est grise ou plombée; elle passe au bleu au-dessous, et la tête reflète en rougeâtre. Les côtés et le ventre sont blancs. Les nageoires verticales sont grises et sans taches; les nageoires paires, couleur de chair à la base, ont la pointe noire.

Ces poissons sont longs de huit pouces.

Le Schizothorax ésocin.

(*Schizothorax esocinus,* Heckel.)

M. Heckel a comparé cette dernière espèce au brochet, avec lequel elle peut avoir quelque ressemblance par l'aspect général et la longueur de la tête.

Le corps est long; car la hauteur n'est que du septième de la longueur totale. La tête est comprise quatre fois et un tiers dans

cette même longueur : elle est déprimée, et l'angle de l'opercule
se prolonge en pointe. La bouche est plus fendue, et les barbillons
prennent encore ici assez de longueur.

L'anale est longue et pointue; la caudale fourchue; la dorsale
rejetée sur la seconde moitié du corps.

D. 3/8; A. 3/5; C. 6 — 17 — 6; P. 19; V. 11.

Les écailles de la rainure sont fortes et assez grandes, et celles
du corps le sont aussi plus que dans les autres espèces; car il n'y
en a que quatre-vingt-dix à quatre-vingt-seize entre l'ouïe et la
caudale, et comme le corps est beaucoup plus long, il me paraît
que ce nombre est plus petit, à proportion, que dans les autres.
Cependant je dois faire remarquer que M. Heckel se sert des mots
suivans : les écailles sont à peine plus grandes que dans les neuf
espèces déjà décrites.

La couleur des parties supérieures de la tête est un gris rougeâtre
et gris plombé sur le dos; les côtés sont argentés et lustrés, et le
ventre est blanc jaunâtre. Toutes les nageoires sont de même teinte;
mais l'extrémité de la dorsale et de la caudale est noirâtre. Le premier rayon de la pectorale et celui de la ventrale sont blancs comme
de l'ivoire; sur la tête, autour des yeux, il y a des petits points, et
sur le corps, en dessus de la ligne latérale, des petites taches noires.

Cette belle espèce, que j'aurais voulu dédier à M. de
Hugel, est la plus grande. On en voit du poids de vingt-
quatre livres : elle se nomme à Kashmir *Tschiruh.*

L'individu décrit par M. Heckel est long de dix pouces
et demi.

CHAPITRE V.

Des Oreinus, J. M.

M. John M'clelland a cru devoir séparer des *barbus* les espèces qui ont la tête charnue, le museau avancé sur la bouche, fendue en dessous, et dont la fente est dirigée vers le bas; la mâchoire inférieure étant plus courte que la supérieure.

Il y a des barbillons; mais l'auteur n'en indique ni le nombre ni la position. La dorsale a pour rayon antérieur une petite épine dentelée; les écailles sont très-petites.

Le tube digestif a une capacité plus ou moins grande, et une longueur qui surpasse de cinq à six fois celle du corps, la caudale comprise.

Les trois seules espèces connues de ce genre sont herbivores. L'auteur se fonde, pour les distinguer, sur la forme particulière de leur bouche, qui semble les rapprocher de ses gonorhynques, qui ne sont pas ceux de M. Cuvier et de Gronovius, quoique le canal intestinal et l'épine de la dorsale leur donnent de l'affinité avec les barbeaux.

L'auteur n'indique le nombre des barbillons que pour la dernière espèce, et il les signale comme étant petits. Je n'ai vu aucune de ces espèces, qui me paraissent devoir entrer dans le genre des barbeaux; mais je ne l'ai pas fait, pour ne pas confondre ce que j'ai décrit d'après nature, ou ce que l'induction me porte à conclure directement, avec des espèces encore douteuses pour moi. Ce chapitre est donc une sorte d'appendice au genre des barbeaux.

L'Oreïne progastre.

(*Oreinus progastus*, J. M., tab. 40, fig. 4.)

La première espèce, dont l'auteur nous a aussi laissé
une figure,

a le museau charnu et pointu; la tête petite; les lèvres épaisses,
quelquefois pendantes et musculaires; le ventre très-saillant sous
les pectorales.

On la reconnaît d'ailleurs aussi à la longueur de ses sous-orbitaires, devenus un cercle étroit sous l'œil; la dorsale est sur le
milieu du corps, et a une épine forte et dentelée.

D. 12; A. 7; C. 19; P. 13; V. 10.

L'estomac est très-grand, d'une couleur brune ou rougeâtre
assez foncée. Les intestins sont de longueur médiocre et remplis
de matière végétale réduite en pulpe : ils sont bruns.

Ce poisson se trouve dans les ruisseaux du haut Assam;
il y atteint à six ou huit livres, et devient long de dix-
huit pouces : on dit que sa chair cause à ceux qui la
mangent le vertige et une perte temporaire de raison,
sans aucun dérangement d'estomac. C'est le plus herbivore de tous les barbeaux, et, comme les goujons, il se
gâte promptement après la mort. On trouve beaucoup
d'huile dans sa cavité abdominale, qui est peut-être la
cause des accidens survenus à la suite de son ingestion
dans l'estomac.

M. Griffith, à qui l'on doit la découverte de ce poisson, et qui en connaît mieux les habitudes que M. J.
M'clelland, dit qu'il se tient de préférence dans les rivières
de l'Assam à l'endroit où le courant est si rapide qu'on ne

peut y naviguer en canot. Les pêcheurs l'ont prévenu que, s'il en mangeait il éprouverait les symptômes de l'ivresse; ce qui semble confirmer ce qui a été rapporté plus haut.

L'OREINE MOUCHETÉ.

(*Oreinus guttatus*, J. M., tab. 39, 1.)

La seconde espèce, également figurée,

a la tête couverte d'épais tégumens; l'ouverture des ouïes petite; les yeux le sont aussi beaucoup; le bas du rayon de la dorsale est dentelé; la pointe est lisse et molle.

D. 10; A. 10; C. 20; P. 17; V. 11.

Les barbillons sont grêles; le corps a les écailles petites. La couleur, brune en dessus, devient argentée et teintée de jaune sous le ventre. Sur les flancs il y a des taches noires qui sont formées par un petit tubercule élevé le long des côtés près de la ligne latérale et sur les nageoires.

Ce poisson habite les ruisseaux des montagnes du Boutan, et a été trouvé par M. Griffith dans le Monas et autres rivières de cette contrée, entre deux mille et cinq mille pieds d'élévation barométrique. Cet oreine monte peut-être encore plus haut; mais M. Griffith remarque, que les vallées au-dessus de cinq mille pieds sont encore arrosées par de très-beaux courans d'eau claire, que les ruisseaux y sont encore communs, et qu'aucune espèce de poissons ne s'est offerte à leurs recherches. Les habitans ont affirmé aux hommes de l'expédition à laquelle M. Griffith était attaché, qu'il n'existe plus de poissons à de telle hauteur.

*L'*Oreine de Richardson.

(*Oreinus Richardsoni*, J. M.)

Le poisson décrit par M. Gray sous le nom de *cyprinus Richardsoni*, figuré *Hardw. Illustr.*, tab. 94, fig. 2, doit, selon M. M'clelland, être rapporté à ce genre.

Il a onze rayons à la dorsale et neuf à l'anale. Le dos est parsemé de petits points.

M. M'clelland se demande s'il est différent de l'*oreinus guttatus?*

*L'*Oreine maculé.

(*Oreinus maculatus*, J. M., tab. 57, fig. 6.)

Cette troisième espèce a

la tête comprise trois fois et demie dans la longueur totale; le museau épais et charnu; quand la bouche est en mouvement, elle s'ouvre et se ferme comme le font les gonorynoïques.

Il y a quatre petits barbillons. Les lèvres sont épaisses, charnues et lisses. Les trois premiers rayons de la dorsale sont épineux.

D. 11; A. 5; C. 19; P. 18; V. 10.

Les écailles sont petites; des petites taches informes sont irrégulièrement distribuées sur le corps; le canal intestinal a quatre fois la longueur du corps, et s'est trouvé rempli de matières végétales encore vertes.

Elle habite les ruisseaux des montagnes de Simla, élevés à cinq ou six mille pieds. Cette espèce a été observée par M. Macleod. Les individus sont longs de six pouces environ.

CHAPITRE VI.

Des Dangiles (Dangila, nob.)

Nous avons maintenant à placer quelques petites espèces
de cyprinoïdes remarquables par la longueur de leur
dorsale sans rayon antérieur osseux. On peut dire que
ces poissons ont une dorsale de carpe privée de son rayon
épineux et dentelé. La bouche a un second caractère, que
je ne trouve dans aucun autre cyprinoïde : il consiste dans
une bordure de papilles coniques le long de la lèvre
supérieure, qui, au premier aperçu, font croire que la
bouche est armée de petites dents; les lèvres sont minces
et elles portent quatre barbillons, un labial et un maxillaire de chaque côté.

Je ne connais encore que peu d'espèces de ce genre,
dont deux, voisines l'une de l'autre, viennent de Java.
J'y range une espèce du continent indien, remarquable
par la différence qui existe entre le barbillon maxillaire
et le labial, et dont la dorsale est aussi plus courte que
celle des deux autres espèces, ensemble de caractères qui
la font appartenir à une subdivision très-particulière.

La DANGILE DE CUVIER

(*Dangila Cuvieri*, nob.)

est un poisson

à petite tête, comprise six fois dans la longueur totale, laquelle est
quadruple de la hauteur. La ligne du profil du dos est peu soutenue
en arrière de la nuque, et suit une courbe assez régulière; celle du

ventre est presque nulle; l'œil est assez grand : son diamètre est du
tiers de la longueur de la tête; la bouche est très-petite; il n'y a pas
de lèvres épaissies ni dilatées en dehors et sur le pourtour des mâchoires. Mais la lèvre supérieure offre ce caractère remarquable,
qu'elle porte en dessous, et en suivant l'arcade de la bouche, une
série de papilles coniques, droites, rangées l'une contre l'autre,
charnues, molles, quoique assez roides pour faire croire au premier
aperçu que la bouche est garnie de dents sur la mâchoire supérieure
seulement. Il y a quatre barbillons : les deux labiaux sont plus longs
que les maxillaires; la dorsale commence au tiers du corps et s'étend
tout le long du dos, de manière à égaler le tiers de la longueur
totale, ou d'avoir en étendue une fois et demie la hauteur du corps.
Son plus grand rayon n'a guère que les deux tiers du tronc sous
lui. L'anale est courte et petite; la caudale est fourchue; les autres
nageoires, pointues, ne sont pas aussi longues que peu larges.

D. 3/21; A. 2/5, etc.

Ce poisson a les écailles médiocres : j'en compte quarante sur
le côté. La ligne latérale est fine comme un trait. La couleur est
uniformément dorée sur un fond verdâtre.

Nous n'avons qu'un individu de cette espèce, long de
quatre pouces, que M. Cuvier a donné au Muséum. Il
venait probablement de Batavia : il l'a acheté en Hollande
avec d'autres animaux de cette colonie.

La Dangile de Kuhl.

(Dangila Kuhlii, nob.)

Nous avons une seconde espèce de ce groupe, qui se
distingue de la précédente

par sa tête plus grosse, plus large, moins déprimée sur la nuque,
et par son œil plus grand. La tête n'est que cinq fois et un tiers

dans la longueur totale. L'œil est compris seulement deux fois et demie dans la longueur de la tête. La lèvre supérieure a, comme l'autre, sa rangée de papilles verticales et peu dirigées, et simulant encore mieux des dents que celle de la première. La dorsale est aussi étendue que celle de l'autre espèce, et éloignée autant du bout du museau. Son plus grand rayon égale la hauteur prise sous lui, et qui est comprise quatre fois et un tiers dans la longueur totale. La caudale est fourchue; l'anale est pointue; les ventrales touchent presque à l'anale.

D. 3/24; A. 2/5, etc.

Je ne compte que trente-six rangées d'écailles sur le côté : elles sont striées. La ligne latérale est visible et un peu courbée vers le bas. Le dos a dû être verdâtre; les côtés et le ventre sont argentés.

Nous n'avons sous les yeux qu'un individu, long de quatre pouces et demi, qui vient de Java, et que MM. Kuhl et Van Hasselt, à qui on en doit la connaissance en Europe, rangeaient parmi leurs *labeobarbus*.

La DANGILE A LÈVRES MINCES.

(*Dangila lipocheila*, nob.)

J'ai décrit dans le Musée de Leyde une espèce que je place à la suite de celle dédiée à Kuhl.

Ces cyprins ont la pièce antérieure du sous-orbitaire beaucoup plus grande que les barbeaux ordinaires, de façon qu'elle avance jusqu'au bout du museau : cela leur donne un aspect particulier.

Le profil du dos est rectiligne, mais élevé; le dos est arrondi; le ventre comprimé et le profil est courbe. La hauteur n'est pas quatre fois dans la longueur, et l'épaisseur est deux fois et deux tiers dans la hauteur.

La tête est petite; le front plat, large; le museau obtus; l'œil petit en arrière et en haut; le sous-orbitaire est grand; la pièce postérieure est très-petite; les trois autres sont striées; le préopercule est petit; l'opercule est grand, lisse et sans stries; les lèvres sont charnues, minces; il y a une petite pointe sur la symphyse, qui entre dans un angle rentrant de la mâchoire supérieure, comme aux muges et à d'autres cyprins. Il y a quatre barbillons courts, un à chaque commissure : l'autre presque au bout du museau.

La dorsale est presque au tiers du corps : elle est peu étendue, et le premier rayon est faible comme dans les ables.

L'os de l'épaule est arrondi, petit; la pectorale pointue; la ventrale ordinaire; l'anale haute, mais peu longue, un peu pointue en avant; la caudale profondément fourchue.

D. 2/8; P. 16; V. 8; A. 6; C. 20.

La ligne latérale droite par le milieu du corps; les écailles, petites, minces, sans stries, forment trente-six rangées dans la longueur, quatorze dans la hauteur; une grande écaille longue, pointue, couvre l'aisselle de la ventrale.

La couleur du dos plombée; celle des flancs et du ventre verdâtre à reflets dorés; près de la queue, blanchâtre argenté. La dorsale est blanchâtre, avec une grande tache oblongue, noirâtre dans le haut. Les pectorales, ventrales et anale jaunâtre pâle; la caudale grise, bordée de noir.

Sur le dessin envoyé de Java par MM. Kuhl et Van Hasselt, le dos est vert, le ventre bleuâtre; il y a du jaune sur l'opercule et sur les flancs; la dorsale et la caudale sont bleuâtres.

Ce poisson, déposé à Leyde, est long de huit pouces.

<table>
<tr><td>16.</td><td></td><td>23</td></tr>
</table>

La Dangile a lèvres cachées.

(*Dangila leptocheila*, nob.)

Voici encore une espèce que j'ai vue dans le Musée de Leyde pendant le séjour que j'y ai eu le bonheur de faire auprès de M. Temminck.

Ce poisson ressemble au précédent;

mais le corps est moins large et la dorsale est plus longue; la hauteur est quatre fois et un tiers dans la longueur, et l'épaisseur trois fois et un tiers dans la hauteur. La tête est comprise sept fois dans la longueur; l'œil est plus grand et plus près du museau qu'au précédent.

La bouche est petite, à quatre barbillons; les lèvres sont petites, peu charnues et point frangées.

La dorsale naît avant le tiers de la longueur totale : elle est longue, un peu haute en avant et basse en arrière.

L'os de l'épaule est triangulaire, pointu; la pectorale est médiocre et pointue.

La ventrale, l'anale et la caudale comme à l'ordinaire.

D. 25; P. 18; V. 8; A. 7; C. 19.

La ligne latérale droite, tracée par le milieu du corps; les écailles, striées à leur surface, minces, sont au nombre de trente-cinq dans la longueur, et de treize dans la hauteur.

D'après le dessin envoyé de Java par les naturalistes à qui on doit cette espèce,

la couleur est vert olivâtre sur le dos, passant au jaune clair sur le ventre. La dorsale et la caudale sont rosées; l'anale et les ventrales jaunes; les pectorales pâles; l'œil est jaunâtre; il y a une tache bleue de chaque côté de la queue.

Ce petit poisson est long de sept pouces : il vient des eaux douces de Batavia.

MM. Kuhl et Van Hasselt faisaient de ces espèces des *labeobarbus*, et les épithètes que je leur ai conservées étaient tirées de la forme amincie de leurs lèvres, parce qu'ils comprenaient dans leur genre *Labeobarbus* des espèces de rohita et de labéons, croyant que ces derniers manquaient de barbillons.

Après ces espèces, qui ont toutes une longue dorsale, comme je l'ai indiqué en établissant le genre, j'ajoute celle qui a une dorsale courte.

La Dangile de Leschenault.

(*Dangila Leschenaultii*, nob.)

Parmi les espèces sans épine de la dorsale et à quatre barbillons à la bouche, il en est une remarquable,

parce que le labial est fin comme le cheveu le plus délié, tandis que le maxillaire est charnu et facile à voir. Tous deux sont courts, car ils n'égalent pas chacun la moitié de la longueur de la fente de la bouche.

Ce poisson, de forme alongée, a la tête petite et courte : elle est contenue plus de six fois dans la longueur totale, qui comprend cinq fois et quelque chose la hauteur du tronc. L'œil est assez grand, son diamètre étant trois fois et demie dans la longueur de la tête, et la distance au bout du museau égale une fois ce diamètre. La mâchoire inférieure a un petit tubercule comme celui des muges. La courbe du dos monte régulièrement jusqu'au pied de la dorsale, qui commence au tiers antérieur du corps. Son étendue fait un peu plus que la moitié de cette distance, et le troisième rayon égale la longueur de la nageoire. Le bord est concave; la caudale est profondément fourchue; l'anale est pointue.

D. 3/13; A. 3/5; C. 6 — 20 — 4; P. 20; V. 9.

Les écailles sont lisses, ou n'ont que des stries si fines, qu'elles ne se voient qu'à la loupe : j'en compte quarante rangées dans la longueur. La couleur est verdâtre, argentée sur la plus grande partie du corps. L'anale, la dorsale et la caudale sont jaunâtre mêlé de brun; les autres nageoires sont jaunâtres.

La longueur de l'individu de la collection est de neuf pouces. Il vient des eaux douces de Pondichéry, d'où M. Leschenault l'a rapporté.

———

C'est peut-être à la suite de ce poisson qu'il conviendrait de placer les deux petits poissons que M. Ruppell a placés dans son Mémoire sur les nouveaux poissons du Nil, en les nommant *gobio quadrimaculatus* et *gobio hirticeps* : comme ils ont quatre barbillons, ils ne peuvent être du genre *Gobio;* ils n'ont pas de rayons épineux, ce ne sont donc pas des *Barbus.* N'ayant pas vu ces espèces, je les signale de nouveau à l'étude de M. Ruppell, qui lui-même, en se corrigeant, nous fera connaître les nouvelles opinions qu'il se formera sur ces curieuses espèces. Je n'aurais rien à ajouter si je copiais sa description; je renvoie le lecteur à l'excellent travail de M. Ruppell, et surtout aux nouvelles notes qu'il ne manquera pas de nous fournir.

CHAPITRE VII.

Des Nuries (*Nuria*, nob.)

Une autre forme de cyprinoïde est aisée à distinguer
des précédentes : la dorsale est reculée sur l'arrière du
corps à la manière des brochets; elle n'a pas de rayons
épineux, et elle est courte; il n'y a pas de barbillons
maxillaires; mais les deux barbillons sont labiaux, c'est-
à-dire, que de chaque côté à l'angle de la bouche il y
a deux tentacules : les lèvres sont minces.

Je crois qu'il faut rapporter à ce genre le petit poisson
figuré par M. M'clelland à la planche LIII de son Histoire
des poissons de l'Assam, et qui vient aussi d'une source
d'eau chaude.

J'ai pris dans Buchanan le nom générique des poissons
que je vais décrire.

La NURIE THERMOÏQUE

(*Nuria thermoicos*, nob.)

est un poisson qui, malgré sa petite taille, présente une
réunion curieuse de caractères; il est intéressant à étudier.

Il a le corps alongé et comprimé en arrière, comme certaines
petites clupées; le dos est courbé; le ventre est droit; la tête
surpasse plutôt qu'elle n'égale la hauteur du tronc, qui est comprise cinq fois dans la longueur totale; l'œil est assez grand, du
quart de la tête, et distant du bout du museau d'une fois son
diamètre. La bouche est fendue obliquement; la mâchoire inférieure
dépasse la supérieure, qui est tronquée. Il n'y a pas de barbillons

maxillaires, mais à l'angle de la commissure nous trouvons deux barbillons, un antérieur, qui n'a pas à beaucoup près la moitié de la longueur de la tête, et un autre, postérieur et inférieur, très-grêle, mais très-long, car il égale la moitié de la longueur totale du. corps. L'opercule semble se terminer en pointe. La courbure du dos est convexe, peu élevée; la dorsale est reculée sur le troisième tiers de la longueur du tronc; l'anale répond au dernier rayon de la nageoire du dos : elle est pointue et échancrée sur le bord, et plus haute que la dorsale, qui est petite, à bord droit. La caudale est fourchue; la pectorale est large, à bord coupé en faux, dont la pointe supérieure est longue et dépasse l'insertion de la ventrale, nageoire assez petite.

D. 2/5; A. 2/5; C. 22; P. 12; V. 8.

Les écailles sont très-faibles, caduques, point striées ou très-finement : j'en compte trente-deux rangées entre l'ouïe et la caudale. La ligne latérale est très-basse, tout-à-fait près du ventre. Dans l'alkool, le dos paraît rembruni, probablement d'un bleu verdâtre foncé; cette teinte s'éclaircit sur le milieu du côté par des reflets argentés; le dessous est blanc, à teintes rougeâtres à l'endroit où le côté est argenté, et sur le milieu est un trait bleu longitudinal assez foncé; la dorsale et la caudale sont grises; l'anale a du rouge ou du jaune à sa base; les autres nageoires sont transparentes.

D'après le croquis fait sur les lieux par M. Reynaud, le dos est gris; les nageoires verticales passent à l'orangé; la pectorale est jaune et la ventrale rougeâtre; les barbillons sont jaunes.

Ce sont des petits poissons, dont le plus long n'a pas deux pouces trois quarts, et les autres à peine deux pouces. Ils viennent de Ceilan, et y vivent dans une source d'eau chaude à Cannia, qui a 40' cent. : nous les devons à M. Reynaud.

La NURIE THERMOPHYLE.

(*Nuria thermophylos*, nob.)

M. John M'clelland a donné, pl. 83, la figure d'un petit poisson

à bouche fendue obliquement; à quatre barbillons, dont les deux postérieurs sont les plus alongés. La dorsale, reculée sur le dos de la queue, répond à l'anale.

Voici les nombres comptés par l'auteur :

D. 8; A. 7; C. 20; P. 9; V. 8.

Il y a trente et une écailles dans la longueur du corps : sept au-dessus de la ligne latérale. Le dos est vert; le ventre argenté.

Ce petit poisson vit dans une source d'eau à *Pooree*. Il y a été pris par le docteur Cumberland, qui a trouvé la température de la source à 112° Fahrenheit, et qui a observé que le poisson meurt si on élève la température à 120° Fahrenheit.

Je n'hésiterais pas à regarder le poisson dont il s'agit comme du même genre que le précédent, si l'observateur que je cite ne disait que des quatre barbillons deux sont sur le devant de la mâchoire supérieure. La figure cependant ne paraît pas les placer autrement qu'ils ne le sont dans l'espèce précédente; et je me suis bien assuré de l'insertion des barbillons sur celle-ci, en les faisant flotter dans de l'eau, où je plongeais l'individu que je décrivais. Dans ce cas même il faudrait se souvenir, comme nous l'avons établi précédemment pour les cyprinoïdes, que les caractères des barbillons ne présentent pas autant de certitude que ceux tirés de la forme : la position de la dorsale aurait ici plus de valeur.

CHAPITRE VIII.

Des Rohita.

On a pu voir que j'ai distingué dans les deux chapitres précédens les espèces qui m'offraient une dorsale sans rayons, avec des lèvres minces et portant quatre barbillons. Dans l'une des formes génériques ces organes tentaculaires sont placés comme dans tous les barbeaux; dans d'autres, les deux tentacules sont rapprochés sur l'angle du maxillaire près de la commissure : ils sont tous deux labiaux, ainsi que je les ai nommés.

Dans le nouveau genre dont je présente ici l'histoire, je trouve dans la nature des lèvres un autre caractère, qui fait réunir un certain nombre d'espèces de cyprins, tous étrangers, ayant quatre barbillons autour de lèvres épaisses et charnues, à bord plus ou moins frangé. Un repli fort épais de la peau s'avance sur ces lèvres, et forme en dessus une sorte de museau charnu plus ou moins obtus, et en dessous un voile recouvrant la fente de la bouche quand cet organe est fermé. Les intermaxillaires sont petits, et articulés en dessous sous l'avance de l'ethmoïde, de sorte que dans la protraction la bouche saille en dessous comme une ventouse, qui doit lui permettre de faire une sorte de succion ou d'adhérence, dont le poisson use peut-être contre la force des courans. Par suite du mode d'articulation des os de la bouche, quand elle entre en rétraction, les mâchoires et les lèvres sont reportées en arrière et cachées alors sous l'avance de cette espèce de seconde lèvre externe.

C'est pour avoir méconnu le caractère des cirrhines, tel que M. Cuvier les entendait, que quelques auteurs ont placé plusieurs de ces espèces sous la dénomination de ce genre. Mais les cirrhines n'ont rien de semblable à ce que nous offre ce genre; leur caractère, si l'on veut lui donner une valeur générique, consistant dans la présence seule de deux barbillons maxillaires.

M. Buchanan, qui a vu tant de cyprins dans l'Inde, a connu plusieurs espèces de ce groupe; mais il les a placées dans plusieurs des coupes qu'il a faites parmi les cyprins, sans les caractériser suffisamment. J'ai emprunté, pour en faire la dénomination générique de ce nouveau groupe, le nom donné par M. Buchanan à l'un de ces poissons qui paraît des plus remarquable par sa taille et par la bonne qualité de sa chair.

Plusieurs de ces rohites deviennent, en effet, assez grands, et les espèces sont généralement de bon goût. On pourrait, si l'économie de nos rivières était mieux entendue, chercher à propager dans nos eaux douces quelques-uns de ces poissons : ce serait une des meilleures et probablement une des plus faciles améliorations que l'on pourrait faire faire à cette branche de notre industrie.

Tous ces poissons ont des intestins très-longs, ce qui est conforme à leur régime essentiellement herbivore. Par leur anatomie générale, par le nombre de leurs rayons branchiaux, ils ressemblent en tous points aux autres cyprinoïdes.

Le Rohite nandin.

(*Rohita nandina,* nob.; *Cyprinus nandina,* Buch.)

L'Irrawaddi nourrit une espèce de ce genre, remarquable par sa dorsale étendue, mais basse, et qui semble se distinguer par ce caractère de toutes celles qui vont suivre.

La hauteur des premiers rayons mesure à peine la moitié de celle du corps sous eux, qui est comprise quatre fois dans la longueur totale. La nageoire occupe, sur le dos, une fois et demie la hauteur du corps, tandis que l'étendue de la dorsale des deux autres espèces est moindre que cette hauteur : c'est presque une nageoire de carpe.

La longueur de la tête est cinq fois et un quart dans la longueur totale; le museau est moins long que dans la première espèce, mais il l'est plus que dans la seconde. Les lèvres sont très-fortement frangées : ce sont presque des barbillons libres à l'inférieure, au nombre de six. Les pectorales et les ventrales sont moins pointues; les pointes de la caudale sont plus étroites.

D. 3/23; A. 2/5; C. 4 — 18 — 4; P. 20; V. 9.

Il y a quarante-trois écailles entre l'ouïe et la caudale, et treize dans la hauteur; la ligne latérale est très-peu infléchie.

La couleur est un bronzé doré, rembruni vers le haut, et éclairci par des traits verticaux bleu d'acier sur chaque écaille; la dorsale est brune, les autres nageoires plus noires.

Telle est la description d'un individu, long de sept pouces et demi, que nous devons à M. Reynaud, chirurgien de l'expédition faite dans l'Inde par le capitaine Fabré sur la corvette la Chevrette.

Cette espèce a été décrite par Hamilton Buchanan

sous le nom de *cyprinus nandina*, et il en laisse une bonne figure sur la planche VIII, n.° 84. Il a trouvé ce *Nandin* dans la rivière de Mahananda et dans les grands marais ou lacs qui entourent les ruines de l'ancienne Gaur.

C'est de tous les poissons de l'Inde celui qui, avec raison, a paru ressembler le plus à notre carpe d'Europe. Il atteint à la taille de deux à trois pieds de long : il est très-estimé.

M. J. M'clelland a aussi mentionné ce poisson sous le même nom indien dans son travail sur les cyprins de l'Inde. Sa description a été faite sur un individu observé par M. Griffith dans le nord du Bengale. M. M'clelland pense l'avoir trouvé dans le Brahmaputra, aussi haut que Gervahattée; mais il disparaît quand les courans deviennent rapides, et que l'eau est froide et claire. Il en faisait une cirrhine, et en cela il appliquait mal les caractères de ce genre, tel que M. Cuvier l'avait fait, puisque ce poisson a quatre barbillons.

M. Buchanan dit qu'il a trouvé dans le district de Gorakhpoor, à la frontière nord du Bengale, un poisson du même nom de Nandin, qui a trois rayons de moins à la dorsale, c'est-à-dire

D. 3/20; A. 2/5, etc.

Il ne croit pas que cette différence soit suffisante pour en faire une espèce distincte de celle dont nous traitons. M. John M'clelland a cru, au contraire, qu'il pouvait considérer ces poissons comme étant d'une espèce particulière : il l'a nommée *cirrhina macronotus*. Elle est figurée dans l'ouvrage de ce naturaliste, pl. 41, fig. 1. Il l'a rencontrée en Mars dans les ruisseaux de l'Assam qui coulent sur un fond de sable, et où elle était entrée

pour frayer. On les voit rarement aussi haut dans le
Brahmaputra que dans les rapides, et M. M'clelland ne
croit pas qu'elle descende assez bas pour sentir l'influence
de la marée qui change les dépôts de vase sur le sable;
action non moins remarquable sur les fonds ou les bancs
des rivières que sur la nature de l'eau douce, dont les
poissons sentent tant les effets.

Après ces deux variétés, qui doivent peut-être bien
faire, comme le pense M. M'clelland, deux espèces,
remarquables par la longueur de leur dorsale, nous avons
à placer des espèces à dorsale courte; tous les autres caractères tirés de la forme avancée du museau, de la lèvre
frangée, des quatre barbillons, se retrouvent comme dans
le *cyprinus nandina,* ou comme dans le *cyprinus rohita*
de Buchanan. J'emprunte le nom spécifique de cette
espèce pour dénommer ce groupe nouveau.

Le ROHITE DE REYNAUD.

(*Rohita Reynauldi,* nob.)

Nous avons une première espèce très-voisine du *cypri-*
nus rohita de Buchanan, mais que je crois devoir en
distinguer, parce que la dorsale est plus haute et plus
pointue de l'avant, et que le museau est plus large, mais
moins avancé.

Le poisson aurait assez bien la figure d'une carpe, si la
dorsale était plus longue.

La ligne du profil monte, par une courbe peu sensible, jusqu'au
pied du premier rayon de la dorsale : elle s'abaisse en conservant

un peu de convexité sous la dorsale, et elle devient concave sur le tronçon de la queue. La ligne du ventre est une courbe régulière jusque sous la queue. La hauteur du corps est, à un septième ou huitième près, quatre fois dans la longueur totale. L'épaisseur n'est pas deux fois dans la hauteur. La tête est petite, mais large; car la distance entre les deux yeux fait plus de moitié de sa longueur, qui est à celle du corps comme 1 à $5\frac{2}{3}$. Le dessus du crâne est couvert d'une peau assez épaisse; l'œil est de médiocre grandeur : son diamètre est du cinquième de la longueur totale de la tête. C'est à peine si l'on voit, sous la peau qui couvre la joue, la chaîne des osselets sous-orbitaires, qui sont très-étroits, le préopercule, dont le bord est arqué et qui ne laisse pas au-devant de lui des traces de limbe; l'opercule est lisse et renflé ou convexe; le sous-opercule lui est assez intimement lié. L'arc de ces deux os est bordé d'une large et épaisse membrane, plus forte que dans nos carpes; il cache tout-à-fait l'ossature de l'épaule. Le frontal antérieur fait une légère saillie anguleuse au-devant de l'œil, et au-dessus sont percées les deux ouvertures de la narine, près de l'œil. Le museau est épais, arrondi et charnu; son extrémité, ainsi que toute la peau qui couvre le premier sous-orbitaire en s'étendant jusqu'à l'œil, est criblée de pores muqueux assez gros pour être visibles à l'œil nu. Un peu en dessous est la bouche, à fente petite et horizontale. L'intermaxillaire est caché sous les lèvres : il est court, et a ses branches montantes encore plus courtes. Au-dessus est un petit maxillaire presque perdu dans les chairs. La lèvre supérieure est un peu arquée; l'inférieure est plus droite, et toutes deux sont formées d'un tissu épais et dense, semblable à celui du *Cyprinus nasus*, et en dehors de ce tissu dense, la lèvre, par un petit repli, se sépare, devient libre, et présente un bord entièrement frangé. Les cirrhes de la lèvre inférieure sont plus grands que ceux de la supérieure. Quatre barbillons complètent cet appareil de la bouche : ils sont assez épais, tous les quatre égaux et roides. L'isthme de la gorge a de la largeur; les ouïes sont bien fendues; il n'y a que trois rayons à la membrane branchiostège.

Les dents pharyngiennes sont sur trois rangs : elles ont la couronne taillée en biseau du côté interne ; la rangée externe se compose de six dents, et les deux autres de trois chacune.

J'ai dit que l'ossature de l'épaule était couverte par le bord membraneux de l'opercule : en la soulevant, on voit un bord très-mince suivre le contour de la cavité branchiale, et laisser un petit espace triangulaire lisse, formé par l'huméral au-dessus de l'insertion de la pectorale. Cette nageoire est assez grande : elle égale presque la longueur de la tête. La ventrale, plus pointue, est d'ailleurs aussi longue, et l'anale se prolonge en arrière d'une égale étendue. L'éventail de ses rayons est assez ouvert. Le troisième rayon de la dorsale est assez alongé : il égale la hauteur du corps sous lui. Le premier est très-court ; le second fait le tiers du troisième : tous deux sont très-forts, plus solides que celui-ci, entièrement flexibles. Le quatrième paraît simple, commé le précédent, il est cependant divisé : il est un peu plus court. La caudale, à larges lobes arrondis, est fourchue.

B. 3 ; D. 3/15 ; A. 3/6 ; C. 4 — 16 — 4 ; P. 16 ; V. 9.

Les écailles sont de médiocre grandeur : j'en compte quarante-quatre rangées entre l'ouïe et la caudale, et quinze dans la plus grande hauteur. Il y en a une triangulaire assez large dans l'aisselle de la ventrale. La portion radicale et recouverte est très-large ; la surface est finement striée ; le bord radical est droit.

La couleur est uniformément verdâtre et rembrunie, passant au violacé sur les nageoires verticales des ventrales ; les pectorales ont de l'orangé près de leur insertion.

Les intestins sont d'une longueur remarquable : ils forment une sorte de pelotte par suite de vingt circonvolutions revenant sur elles-mêmes. Le foie est petit, peu divisé en lobules secondaires ; la vessie aérienne est divisée en deux, avec un canal pneumatophore, semblable en tout à celle de la carpe.

Les individus, longs de treize pouces et demi, viennent de l'Irrawaddi : ils ont été pris à Rangoon par M. Reynaud, chirurgien de la Chevrette.

Le Rohite de Buchanan.

(*Rohita Buchanani,* nob.; *Cypr. rohita,* Buchan.)

M. Dussumier a rapporté des étangs de Calcutta une espèce qui me paraît convenir à tous égards au *cyprinus rohita,* décrit par M. Buchanan pag. 3o1, et figuré pl. XXXVI, fig. 85. Elle est voisine de la précédente; mais on l'en distingue par

une tête plus courte, comprise cinq fois dans la longueur totale; un museau plus avancé sur les lèvres, quoique court; les franges de ces lèvres sont à peine visibles, tant elles sont peu étendues; la dorsale est basse, surtout moins haute de l'avant, et telle qu'elle est représentée par M. Buchanan.

D. 3/14; A. 3/6, etc.

Les écailles sont moins nombreuses sur les côtés : je n'en compte que quarante rangées dans la longueur, et que treize dans la hauteur. La couleur est un vert olivâtre jusqu'à la ligne latérale, relevée par le milieu, grêle; chaque écaillé en est dorée. Les flancs et le ventre sont dorés, avec un peu de verdâtre sur le bord de chaque écaille; les rayons de toutes les nageoires se détachent par leur couleur rouge sur la membrane verdâtre qui les réunit.

M. Dussumier ajoute, que l'on trouve des individus plus grands que ceux rapportés dans ses collections et qui sont longs de sept pouces. L'espèce sert de nourriture aux Indiens.

M. Buchanan ne compte pas les rayons tout-à-fait comme moi, puisqu'il les note ainsi,

D. 15; A. 7; C. 19; P. 18; V. 10;

mais il montre par sa figure une telle similitude dans les

formes, et il y a une telle ressemblance dans les couleurs, puisqu'il lui donne un

dos vert; le ventre argenté; le milieu de chaque écaille est doré; les yeux et les nageoires sont rougeâtres; il en excepte cependant la dorsale,

que je ne doute pas de l'identité du rapprochement. Il regarde le *cyprinus rohita* comme supérieur en goût à la carpe, parce qu'il est non-seulement d'une aussi facile digestion, mais que le goût de la chair des muscles abdominaux est infiniment plus savoureux et plus délicat.

Il abonde dans les eaux douces de la province du Gange et du royaume d'Ava. On le multiplie avec grand soin dans tous les marais de ces contrées, parce qu'il y est un poisson très-estimé.

M. Buchanan croit que l'espèce se propage aussi dans les plus petites rivières dont le cours est plus rapide.

Le rohita atteint fréquemment à trois pieds de long, et il est d'une belle forme.

M. J. M'clelland a vu aussi le rohita dans l'Assam, et ce qu'il dit s'accorde aussi avec les observations de M. Buchanan. Il croit l'espèce rare dans les provinces du nord-ouest, quoiqu'on pourrait la faire propager dans toutes les plaines de l'Inde : il la regarde, d'ailleurs, comme très-voisine du *cyprinus calbosu.*

Le Rohite kalbosu.

(*Rohita calbosu*, nob.; *Cypr. calbosu*, Ham. Buch.)

Le cyprin figuré pl. II, fig. 83, est encore une espèce de cette division; car il a, comme les autres, les lèvres frangées, puisque dans sa caractéristique M. Buchanan dit : *labiis serratis*. Cet auteur dit que ce kalbosu a une grande affinité avec le barbeau commun, mais qu'il a le corps plus épais.

La hauteur du corps est trois fois et demie dans la longueur totale; la tête, obtuse et petite, manque de pores et de tubercules sur lesquels ceux-ci sont percés. Des quatre barbillons, les deux maxillaires sont les plus courts. Le profil du dos est convexe, celui du ventre presque droit. La dorsale a deux rayons. simples; les pectorales sont plus courtes que la tête; les ventrales ne sont guère plus grandes que les nageoires de la poitrine. Les deux lobes de la caudale sont obtus.

D. 16; A. 8; C. 19; P. 18; V. 9.

Le corps est couvert d'écailles grandes, solides, adhérentes, pointillées, et il n'y en a pas de remarquable dans l'aisselle de la ventrale. La ligne latérale suit, par une courbure, le bas du ventre; la couleur générale est un olive foncé, glacé d'argent, et passant au jaune sur le ventre, où les écailles sont couvertes de points noirs.

Ce kalbosu est très-commun dans les rivières et les marais du Bengale, et on le trouve aussi dans les provinces de l'ouest. Sa longueur ordinaire est d'un pied et demi; mais on en voit quelquefois d'une taille double. Sa chair est estimée, quoiqu'elle soit remplie d'arêtes. Dans quelques endroits, comme à Mungger, où l'eau est claire, sur un fond de sable pur ou de roches, les écailles prennent sur les côtés une teinte ferrugineuse, et on considère dans le pays ces poissons comme d'une espèce particulière; ils reçoivent même un nom différent, celui de *kundhana ;* mais M. Buchanan ne doute pas que la différence de coloration ne tienne à des causes purement accidentelles.

16.   25

M. J. M'clelland, qui a cité le kalbosu dans son ouvrage, ne paraît en parler que d'après M. Buchanan, du moins il n'ajoute aucun trait à l'histoire de ce poisson.

Le ROHITE DE BELANGER.

(*Rohita Belangeri*, nob.; *Cirrhine micropogon*, nob.
Voy. aux Indes orient., pl. 3.)

Je trouve dans les collections faites au Bengale par feu M. Alfred Duvaucel et par M. Belanger, une espèce voisine des deux précédentes;

mais je lui trouve le corps un peu plus haut, parce que le dos est plus arqué que dans la précédente : sous ce rapport elle ressemble à la première; mais elle a la tête courte comme la seconde. Le museau est plus pointu; l'œil est plus bas sur la joue; les barbillons antérieurs sont plus longs. La dorsale est faite comme celle de la première espèce; la caudale, et surtout l'anale, sont plus pointues.

D. 3/14; A. 2/5, etc.

La couleur est uniforme, comme celle de la première espèce. La longueur de l'individu est de sept pouces.

C'est un poisson de cette espèce que j'ai fait figurer sous le nom que je n'ose conserver, parce qu'il est trop peu caractéristique, de *cirrhine micropogon.*

Dans le Voyage aux Indes orientales de M. Belanger, trompé à l'époque de cette publication sur les vrais caractères du genre *Cirrhine*, j'avais donné le nom de cirrhine à petites barbes, par opposition aux espèces de cirrhines dont les barbillons antérieurs sont plus longs que les barbillons labiaux des rohites; mais on voit que je commettais la faute de comparer deux organes inférieurs sur des points tout-à-fait distincts.

Le ROHITE A PETIT MUSEAU.

(*Rohita rostellatus*, nob.)

Une espèce, aussi originaire de l'Irrawaddi, se distingue
de celle-ci

par la petitesse de son museau à peine charnu, et recouvrant à
peine la bouche, d'ailleurs très-petite. Un autre caractère notable
consiste dans la petitesse des barbillons, et surtout de l'antérieur,
qui n'a pas moitié de la longueur du second : celui-ci est encore
assez visible. La courbure du dos est plus soutenue, la dorsale un peu
plus longue, basse; la caudale fourchue; les autres nageoires courtes.

D. 3/17; A. 2/5, etc.

La hauteur n'est que trois fois et demie dans la longueur, et la
tête n'a pas moitié de la hauteur. Les joues et les opercules sont
plus à nu; les lèvres sont finement frangées; la couleur est un
argenté rembruni vers le haut, avec une sorte de réseau noirâtre,
dû à des taches qui deviennent des lignes de points, au nombre de
sept à huit, sur les côtés de l'abdomen ou de la queue. Les nageoires
sont grises.

Je n'ai vu de cette espèce, due aussi à M. Reynaud,
qu'un individu long de quatre pouces; mais les caractères
que j'ai observés ne peuvent dépendre de la différence
d'âge entre les individus des autres espèces déjà décrites.

Le ROHITE CHAGUNI.

(*Rohita chagunio*, *Cypr. chagunio*, Ham. Buch., p. 295 et 387.)

Dans cette espèce

la tête est plus étroite que le corps n'est haut : elle est petite. Les
barbillons sont courts; la bouche, en dessous, est peu fendue, et

ses lèvres sont frangées; le profil du dos s'élève graduellement vers la dorsale; celui du ventre est plutôt droit.

Les trois premiers rayons de la dorsale et de l'anale sont simples; la pectorale plus courte que la tête; la ventrale est plus large que celle-ci; la caudale est divisée en deux lobes égaux.

D. 12; A. 8; C. 19; P. 18; V. 9.

Les écailles sont grandes et adhérentes; la ligne latérale descend un peu; la couleur, verte sur le dos, devient blanche sous le ventre. Il y a, le long du dos, des traces de bandes noires, formées par des suites de taches.

Le chaguni se trouve dans le Yamuna et dans les autres rivières du nord du Bengale et du Behar. Il atteint à un pied et demi de long, et passe pour un poisson de bon goût.

Le ROHITE DE DUSSUMIER.

(*Rohita Dussumieri*, nob.)

Nous devons à M. Dussumier, qui l'a rapportée des eaux douces d'Alipey, une espèce à barbillons plus courts qu'à la précédente :

Elle a le corps alongé, assez renflé; sa hauteur est quatre fois et deux tiers dans la longueur totale, et l'épaisseur surpasse la moitié de la hauteur. La tête est courte, elle n'a pas le sixième de la longueur totale. Le museau, renflé et arrondi, n'a que peu de gros pores : il n'y en a plus sous le sous-orbitaire. L'œil est assez gros : son diamètre fait le quart de la longueur de la tête. Les barbillons, surtout le maxillaire, sont petits; les lèvres frangées.

La dorsale commence presque au tiers de la longueur du corps : son étendue n'en égale que le sixième; elle est moins élevée qu'aux premières espèces. La caudale est fourchue, et le lobe supérieur est très-pointu.

D. 3/13; A. 3/5, etc.

Les écailles sont très-régulièrement rangées par lignes longitudinales, et au nombre de soixante dans la longueur. La ligne latérale
est droite.

La couleur est un jaune de laiton pâle et par taches sur l'écaille,
dont le bord aminci est blanc argenté. Le dos est glacé de vert,
et le long des flancs sont neuf à dix bandes longitudinales grises,
plus foncées dans le milieu. La tête, surtout en dessous, est argentée.
La dorsale est grisâtre; la caudale est plus pâle; les autres nageoires
sont blanches.

Le plus grand est long de dix pouces et demi.

M. Dussumier, qui l'a vu frais, nous le dit vert jaunâtre
ou vert ardoisé sur le dos, et argenté sur le milieu des
écailles; le ventre est blanc; les nageoires sont légèrement
verdâtres : c'est un bon poisson.

Le ROHITE GONI.

(*Rohita gonius,* nob.; *Cyprinus gonius,* Ham. Buch.,
p. 292 et 387.)

Ce poisson, très-voisin de celui que nous devons à
M. Dussumier, a

la tête ovale, petite et obtuse; la bouche est petite; les lèvres sont
charnues et frangées; les barbillons sont très-courts.

La dorsale est sur le milieu du dos, a le bord creusé; les
deux premiers rayons sont réunis, le premier est très-court. Les
pectorales sont basses, plus courtes que la tête. Les ventrales sont
grandes; la caudale est divisée en deux lobes.

D. 15; A. 7; C. —; P. 17; V. 9.

Les écailles sont rudes et de moyenne grandeur; la ligne latérale
est peu marquée; la couleur du dos vert foncé et glacé d'argent,
et le dessous du corps est tout-à-fait argenté, avec plusieurs lignes

longitudinales composées de taches noires. Les nageoires brunâtres et tachetées de noir; les yeux, argentés, ont une teinte verte.

Le *goni* est un fort poisson, qui a la vie dure et tenace; mais peu estimé comme nourriture : il acquiert un pied et demi de longueur. On le trouve dans les rivières et les marais d'eau douce du Bengale.

M. Buchanan en a publié une très-belle figure, pl. IV, fig. 82.

M. M'clelland cite aussi cette espèce d'après M. Buchanan : il trouve que les lignes ponctuées, qui forment un réseau sur le dos, ont de l'analogie avec les périlampes.

Le ROHITE RAYÉ.

(*Rohita lineata*, nob.)

Nous avons de l'Irrawaddi une espèce très-voisine de ce *cyprinus gonius;* mais qui a

les barbillons beaucoup plus courts : il faut déjà y regarder avec un peu d'attention pour ne plus les négliger. Les lèvres sont frangées; le museau est percé de pores, mais moins nombreux que dans les premières espèces à barbillons alongés. Le corps est oblong et arrondi; la hauteur est comprise quatre fois et deux tiers dans la longueur; la tête est un peu plus courte, car elle est cinq fois dans cette même longueur totale. Entre les deux yeux, la largeur égale la moitié de sa longueur. La saillie des frontaux au-devant de l'œil est moindre; les pectorales et les ventrales sont moins alongées; la caudale est fourchue et ses lobes sont pointus; la dorsale est moins haute et plus longue.

D. 3/15; A. 2/5, etc.

Les écailles sont petites : il y en a soixante entre l'ouïe et la caudale, et vingt dans la hauteur.

La couleur est argentée, verdâtre sur le dos, avec dix-sept lignes noirâtres, longitudinales, flexueuses en suivant le bord des écailles. La dorsale est grise; les autres nageoires sont plus foncées.

L'individu a neuf pouces et demi.

Le Rohite de Leschenault.

(*Rohita Leschenaulti*, nob.)

Le Cabinet du Roi a reçu par les soins de M. Leschenault une espèce à barbillons encore plus courts que ceux de la précédente.

Ce poisson a d'ailleurs le corps plus ramassé, à profil dorsal convexe et soutenu derrière la tête, s'abaissant sous la dorsale, et concave sur la queue. La courbure ventrale est assez forte et régulière; la hauteur fait le tiers du corps, la caudale non comprise : cette nageoire est à peine plus courte. L'épaisseur est deux fois et un tiers dans la hauteur.

La tête est comprise cinq fois et demie dans la longueur totale. Le bout du museau, arrondi et épais, est percé de pores : il y en a peu sur le premier sous-orbitaire, et ils sont beaucoup plus petits. Le barbillon maxillaire est si grêle et si petit qu'il est difficile à voir. Le labial, quoique plus visible, est très-court; les lèvres sont finement ciliées; la dorsale est basse et un peu étendue; la caudale est fourchue.

D. 3/16; A. 3/5, etc.

Je compte quarante-cinq écailles entre l'ouïe et la caudale; une écaille a le bord libre arrondi; la surface est très-finement striée; le bord radical est quelque peu festonné.

La ligne latérale est peu réfléchie; la couleur paraît avoir été uniforme et pâle; la caudale et surtout l'anale sont teintées de gris.

Ce poisson est long de sept pouces.

Le Rohite de Duvaucel.

(*Rohita Duvaucelii*, nob.)

Enfin, je trouve dans les collections de M. Duvaucel une autre espèce,

dont le barbillon supérieur du maxillaire ne paraît plus que comme une papille très-courte, et le labial lui-même si court, que ce n'est qu'avec une loupe et en tenant le poisson plongé sous l'eau, que j'ai pu les apercevoir. La forme du corps est celle d'un gardon ou d'une vandoise. La hauteur est quatre fois et un cinquième dans la longueur totale. La tète y est cinq fois et demie; l'œil est petit; les lèvres sont frangées ou ciliées sur toute leur épaisseur; la dorsale est courte; la caudale très-fourchue; l'anale pointue.

D. 3/12; A. 2/5; etc.

Je ne compte que quarante écailles dans la longueur: elles sont minces, très-finement striées et grenues. La ligne latérale est très-légèrement marquée et peu courbée. La couleur est verdâtre, à reflets dorés de laiton. La caudale et l'anale brunes.

L'individu est long de sept pouces.

Le Rohite morala.

(*Rohita moralius*, nob.; *Cyp. morala*, Ham. Buch., pl. 18, fig. 91, p. 331 et 391.)

Cette espèce, placée par M. Buchanan parmi ses *moralius*, mais que M. J. M'clelland ramène parmi ses cirrhines, est pour nous du genre *Rohita*.

La tète est petite, en ovale alongé et tachetée sur le nez; les barbillons sont petits et au nombre de quatre; la bouche, étroite, s'ouvre en dessous; les lèvres sont frangées.

Le bord de la dorsale est creux; les pectorales plus courtes que
la tête; la caudale, fourchue, a le lobe supérieur plus long et plus
pointu que l'inférieur.

D. 13; A. 8; C. 19; P. 16; V. 9.

La ligne latérale, droite, passe par le milieu du côté; les écailles,
arrondies, sont très-adhérentes : il y en a une plus grande et plus
pointue que les autres dans l'aisselle de la ventrale. La couleur des
parties supérieures est un vert rembruni, tacheté de noirâtre; le
dessous est argenté. Les nageoires sont de la couleur de la partie
sur laquelle elles sont insérées.

Le morala se trouve dans les eaux douces du Bengale,
où il n'a que la taille d'un petit hareng.

Ce poisson est aussi cité dans la monographie de M. J.
M'clelland, et dans l'ouvrage du major-général Hardwick.

Le Rohite jaoyali.

(Rohita jaolius, Cyp. joalius, Ham. Buch., p. 317 et 389.)

M. Buchanan le regarde comme une espèce de la division
de ses *cyprinus pontius;* mais M. J. M'clelland en fait une
de ses cirrhines, et je crois qu'il faut, en effet, le rapprocher du précédent : c'est donc pour moi un *rohita.*
Cependant l'auteur lui place les barbillons sous l'angle de
la bouche; cette indication laisse bien quelques doutes,
à cause du vague de cette phrase.

La tête est large, mais pas autant que le corps est épais. Elle est
très-obtuse et porte quatre barbillons. Le profil du dos est élevé
ou pointu; celui du ventre est arrondi. La pectorale est basse,
pointue et plus courte que la tête; les ventrales sont plus petites
que celles-ci.

D. 12; A. 8, etc.

16.   26

La couleur est verte, mais foncée ou rembrunie sur le dos, et argentée sur le ventre. Au-dessus de la ligne latérale il y a un fin sablé de points noirs, et de chaque côté de la queue une tache noire en forme de croissant.

Le jaoyali se trouve dans les marais du nord-est du Bengale : il reste à une taille de trois pouces.

M. J. M'clelland en parle d'après M. Buchanan, et surtout sur la figure ou la collection de l'auteur de l'Histoire des poissons du Gange. La figure publiée dans les *Indian cyprinidæ* ne laisse pas de doute sur la place à assigner à ce poisson.

Le Rohite cursis.

(*Rohita cursis*, nob.; *Cyp. kursis*, Ham. Buch.)

Malgré les observations de M. Buchanan, je crois qu'il faut distinguer plus nettement qu'il ne l'a fait, son *cyprinus cursis* du *cyprinus cursa.*

Ce *cyprinus cursis* me paraît appartenir au genre dont nous traitons,

à cause de ses lèvres frangées. L'espèce a d'ailleurs quatre barbillons; de petites écailles, et les nombres suivans pour les rayons :

B. 3; D. 16; A. 8; C. 19; P. 17; V. 9.

La couleur est argentée, avec des taches noires, disposées en lignes peu régulières sur le dos. Les côtés sont sablés de petits points rouges.

Le cursis se trouve dans la rivière Kosi, au nord du Behar.

M. J. M'clelland parle aussi fort au long du *cyprinus cursis,* et il le rapporte aux labéons, quoiqu'il observe qu'il y a deux petits barbillons au bout du museau, ce qui, avec les labiaux, forme bien les quatre barbillons de nos rohita. Comme la lèvre est frangée, il n'y a donc pas à hésiter, et la figure vient encore nous éclairer à ce sujet. Celle donnée sur la planche 38, n.° 3, des *Indian cyprinidæ* est faite sur un individu sec, et a été gravée avant qu'on n'ait reconnu l'identité du *cyprinus cursis* avec le *cyprinus curchius* : c'est l'avis exprimé par M. M'clelland, et cependant à l'article de ce *cyprinus curchius,* l'auteur dit que cette dernière espèce diffère du *cyprinus gonius,* parce qu'elle manque de barbillons : les nombres diffèrent peu de ceux de Buchanan.

D. 16; A. 7; C. 19; P. 17; V. 9.

L'estomac se continue, avec le tube digestif, en un long canal rempli de matière verte.

Sa taille habituelle varie de quatre pouces à un pied; mais on en voit de deux et même de trois pieds. C'est un beau poisson, aussi commun dans l'Assam, à la hauteur de Sudyah, que dans le Bengale; mais il n'est pas estimé comme nourriture, à cause de la quantité d'arêtes. Les naturels s'en abstiennent par suite du préjugé, que ceux qui mangent de ce poisson et boivent du lait le même jour sont exposés à l'*elephantiasis.*

Le ROHITE A BANDES.

(*Rohita vittata,* nob.)

MM. Kuhl et Van Hasselt avaient envoyé de Java, sous le nom de *labeobarbus vittatus,* l'espèce dont nous publions la description suivante :

C'est un poisson à corps en ovale alongé; à museau tronqué, arrondi; à tête petite et pointue, plus courte d'un tiers que la hauteur du tronc, qui est comprise quatre fois dans la longueur totale. La dorsale est étendue, peu haute; car elle a la dimension de la tête. L'anale est courte; la caudale est fourchue.

D. 3/14; A. 2/5, etc.

La bouche est petite, avec quatre barbillons assez visibles. La lèvre est mince et frangée. Les écailles sont striées et pointillées: je n'en compte que trente-trois rangées dans la longueur.

La ligne latérale est droite et assez grosse. La couleur est un verdâtre doré à reflets de bleu d'acier sur le dos, et le long des flancs il y a neuf lignes ou bandelettes brunes; de chaque côté de la queue il y a une tache brune ou noirâtre; la dorsale et la caudale sont verdâtres; les autres nageoires sont pâles.

Ce petit poisson n'a que cinq pouces. Trompés par la diagnose du caractère du genre Labéon, qui indique l'absence des barbillons, les naturalistes, qui trouvèrent ce poisson dans les eaux douces de Bantam, crurent qu'ils devaient faire un genre nouveau de ce poisson, comme de quelques autres espèces de ce même genre, qu'ils groupèrent très-bien entre elles.

Le ROHITE A QUEUE ROUGE.

(*Rohita erythrura*, nob.)

Je trouve parmi les dessins faits à Buitenzorg par MM. Kuhl et Van Hasselt un rohita,

dont le corps est en ellipse alongée et régulière; la dorsale est élevée de l'avant; la caudale est fourchue; la ventrale est grande.

D. 13; A. 7, etc.

Le museau, épais et arrondi, porte quatre barbillons; la tête, d'ailleurs, ne fait guère plus que le sixième de la longueur totale: elle est petite. Les écailles sont de moyenne grandeur : il y a une trentaine entre l'ouïe et la caudale.

La couleur est un vert olivâtre foncé sur le dos, devenant clair sous le ventre; des taches rouges relèvent cette teinte rembrunie, et le tout est égayé par la bordure bleue d'outremer des écailles, ou les taches de même couleur qui sont à leur base. La dorsale, jaune à la base, est verdâtre au bord, et ses rayons sont rougeâtres. L'anale et les ventrales ont cette coloration, tandis que la caudale est rouge, et que les pectorales sont jaunes.

Ce poisson, long de huit pouces, paraît se nommer en malais de Java, *sajesa*.

Le ROHITE TANCOÏDE.

(*Rohita tincoides*, nob.)

Nous avons encore dans les galeries du Muséum une espèce de ce genre, entièrement décolorée, et qui, dans cet état, a l'aspect d'une tanche de nos eaux douces. On l'attribue au Voyage de Péron; mais cette indication me paraît très-vague : elle ne ressemble à aucune des autres espèces. Je trouve les différences

dans un museau couvert, obtus et arrondi, percé de très-petits pores; les lèvres sont moins en dessous que dans les précédentes; les barbillons sont très-courts; la tête mesure le cinquième de la longueur totale; l'œil ne fait que le cinquième de la tête; l'intervalle entre les yeux est assez large, égal au moins à trois fois le diamètre de l'orbite.

La dorsale est peu élevée; la caudale moins fourchue qu'à la précédente; la pectorale plus grande; l'anale plus courte.

D. 3/14; A. 3/5, etc.

Les écailles sont très-petites : j'en trouve quatre-vingts rangées entre l'ouïe et la caudale. On voit quelques vestiges de rayures effacées.

Ce poisson est long de sept pouces.

Le ROHITE DE ROUX.

(*Rohita Rouxii*, nob.)

M. Roux a trouvé à Bombay un rohite très-voisin du *cyprinus gonius* de M. Buchanan;

mais il a le dos plus anguleux sous la dorsale, le museau plus pointu, les barbillons si courts, qu'on ne les voit qu'avec la plus grande attention, la caudale plus fourchue.

D. 3/12; A. 3/5, etc.

Les écailles sont petites : il y en a quarante-six rangées entre l'ouïe et la caudale. La couleur est un bleu d'acier sur le dos, devenant gris de fer argenté sous le ventre. Les nageoires sont grises et sans taches; on compte quinze à seize lignes noires le long des flancs.

Les individus sont longs de six pouces.

Le ROHITE COULEUR D'ACIER.

(*Rohita chalybeata*, nob.)

M. Reynaud avait aussi trouvé à Rangoon un rohite, remarquable

par la petitesse de ses barbillons et la longueur de la fourche de sa caudale. La tête fait le cinquième de la longueur totale; l'œil est grand, du tiers de la longueur de la tête; le museau est en coin. Les lèvres sont frangées; la dorsale est avancée sur le dos :

ce qui fait paraître la queue assez longue. Les pectorales et les ventrales sont petites; l'anale est pointue et touche à la caudale.

D. 2/16; A. 3/5, etc.

Les écailles sont petites : il y en a soixante-cinq rangées le long de la ligne latérale. Le corps est gris de fer ou d'acier poli et brillant; il y a quelques lignes grises effacées le long du dos; les nageoires sont grises et sans taches.

L'individu est long de cinq pouces.

Le Rohite frangé.

(*Rohita fimbriata,* nob.; *Cypr. fimbriatus?* Bloch, p. 409.)

Nous avons reçu de M. Leschenault un rohite qui, de tous les poissons de ce genre, me paraît le plus ressembler au *cyprinus fimbriatus* de Bloch. Il est remarquable parmi ces espèces à cause de la grandeur de ses écailles.

Il a la tête courte, mais élargie; le museau obtus et arrondi, marqué de pores assez nombreux. Les yeux sont saillans sur les côtés de la tête : l'intervalle qui les sépare fait plus de moitié de la longueur de la tête et égale à trois fois le diamètre de l'œil, contenu lui-même cinq fois et plus dans la longueur de la tête, qui est comprise cinq fois et un tiers dans la longueur totale.

Le profil du dos monte par une courbe assez brusque au-dessus de celui du crâne; la courbure du ventre est assez soutenue. La hauteur du corps est le quart de la longueur; la dorsale n'est pas élevée; la pectorale est pointue; la caudale fourchue; l'anale pointue.

D. 3/16; A. 2/5, etc.

Les lèvres sont finement mais manifestement frangées; la bouche est moins en dessous que dans les autres; les barbillons sont si petits, qu'il est bien permis à Bloch de les avoir négligés : il faut les faire flotter dans l'eau et y regarder avec soin pour les apercevoir. Je compte quarante-cinq rangées d'écailles entre l'ouïe et la caudale : elles sont fort lisses et assez adhérentes. Le poisson est décoloré; on voit du noirâtre à la pointe de l'anale, à celle du lobe inférieur de la caudale et à l'extrémité des ventrales. La ligne latérale est tracée comme un trait délié.

Ce poisson vient de Pondichéry : M. Leschenault ne nous a donné aucune particularité sur lui.

C'est de tous ceux que j'ai comparés au *cyprinus fimbriatus* celui qui s'y rapporte assez bien pour pouvoir être donné comme il est représenté dans cette figure. Bloch dit que son cyprin manque de barbillons; j'ai fait remarquer qu'ils sont tellement petits, qu'ils ont pu échapper à l'observation. Mais il faut aussi noter que la bouche représentée sur le dessin de Bloch, est mal faite, soit qu'on la compare à un rohite, soit qu'on prenne un autre groupe, celui des labéons, pour point de comparaison. La description des parties molles de la bouche donnée par Bloch, ne peut laisser d'incertitude.

Je ne puis juger si la coloration du poisson desséché que je décris est semblable à celle de l'individu de Bloch : cet auteur la donne violette sur le dos et sur les nageoires, blanche sous le ventre, le tronc étant parsemé de points rouges; mais la forme du corps et les nombres de rayons s'accordent.

Bloch avait reçu ce poisson de la côte Malabar, et le missionnaire John l'avait accompagné d'un dessin et de notes, qui apprenaient que ce poisson est connu à la côte, en langue tamoule, sous le nom de *Sölköndei,* et que sa chair est bonne à manger.

Le Rohite de Hasselt.

(*Rohita Hasseltii,* nob.)

C'est encore une espèce que Kuhl et Van Hasselt
avaient confondue dans leur genre *Labeobarbus* : elle a
aussi de l'affinité avec le *cyprinus fimbriatus,* Bl. Je l'ai
décrite à Leyde.

La forme générale est celle d'un gardon; le profil du dos arqué;
dos comprimé, ventre plus épais. La hauteur trois fois et trois
quarts dans la longueur, et l'épaisseur deux fois et deux tiers dans
la hauteur. La tête, petite, est cinq fois et demie dans la longueur;
le front est plat et large; l'œil médiocre. La pièce postérieure du
sous-orbitaire étroite et longue; mais l'antérieure est large et atteint
presque le bout du museau. Le préopercule assez grand et arqué,
couvrant la joue; l'opercule triangulaire, lisse.

La bouche petite, peu fendue, ouverte en dessous; les lèvres
très-charnues et frangées : il y a quatre barbillons, dont ceux de
la commissure sont les plus visibles.

La dorsale naît un peu en arrière du tiers de la longueur totale;
elle est basse, mais longue : tous ses rayons sont flexibles.

L'os de l'épaule est petit, triangulaire, à pointe mousse. La
pectorale médiocre, pointue.

Les ventrales, attachées sous le quatrième rayon de la dorsale,
sont grandes.

L'anale commence sous le dernier rayon de la dorsale : elle est
médiocre.

La queue est en croissant, à lobes égaux.

D. 16; P. 14; V. 8; A. 6; C. 19.

La ligne latérale droite par le milieu du corps. Les écailles sont
moyennes, lisses à leur bord, à peine striées à la surface : trente-
deux dans la longueur et neuf dans la hauteur.

Couleur générale d'un brun verdâtre : il paraît qu'il y avait des taches le long des flancs. Les nageoires impaires, verdâtres, sont teintes de rouge; la ventrale pâle, tachée de rouge comme nos gardons et nos rosses; la pectorale verdâtre.

On voit par la grandeur des écailles, que ce poisson avoisine aussi celui de Bloch. L'individu que je décris est long de dix pouces.

Le ROHITE A PETITE TÊTE.

(*Rohita microcephalus*, nob.)

Je crois devoir placer encore à la suite du précédent ce poisson, qui lui ressemble par la forme;

mais dont la tête est plus petite, la dorsale plus haute et en faux, et qui est aussi plus courte.

La hauteur du corps est le quart de la longueur. La tête est une fois et deux tiers la hauteur; le front est court, large et arrondi; le museau paraît obtus, mais sans pores gros et saillans : il paraît plutôt lisse. La lèvre supérieure avance sur l'inférieure, qui est droite, mince et coupée en biseau. Il y a quatre barbillons courts à la lèvre supérieure, dont deux à la commissure.

L'œil est moyen; la pièce antérieure du sous-orbitaire est triangulaire et couvre tout le bout du museau. Le préopercule est large : il descend jusqu'au bas de la joue; l'opercule est petit.

La dorsale est au tiers de la longueur totale; elle est en faux. Le premier rayon est plus grand que la longueur de la nageoire, et trois fois aussi long que le dernier rayon.

L'os de l'épaule est petit et triangulaire; la pectorale est moyenne et pointue.

Les ventrales sont grandes et pointues. L'anale est haute et un peu en faux.

La caudale est fourchue; le lobe supérieur plus grand que l'inférieur.

D. 13; A. 7; C. 19; P. 13; V. 9.

Les écailles sont moyennes, lisses : on en trouve trente-trois dans la longueur et dix dans la hauteur.

La ligne latérale va droit par le milieu du corps.

La couleur paraît avoir été vert-olive, avec des taches brunes à la base de chaque écaille.

Les nageoires sont blanchâtres sans aucune tache.

Cette description, faite d'après des individus desséchés longs de sept pouces, a été rédigée à Leyde. Ces poissons viennent de la rivière de Bantam, et y ont été recueillis par Van Hasselt lors du voyage que fit ce malheureux jeune homme à la mort de son infortuné et savant compagnon de voyage, M. Kuhl.

CHAPITRE IX.

Du Capoète (Capoeta).

Je crois qu'il faut séparer des barbeaux et des goujons le poisson que Pallas et Guldenstedt nous ont fait connaître : le premier sous le nom de *cyprinus fundulus*[1], et le second sous celui de *cyprinus capoeta*[2]. La figure publiée dans les Commentaires de Pétersbourg a été reproduite dans l'Encyclopédie.[3]

Pallas avait déjà remarqué que ce poisson tient des barbeaux par le rayon dentelé de sa dorsale, en même temps qu'il a, comme le goujon, deux barbillons, et qui sont placés à l'angle de la bouche, ainsi que le montre la figure de Guldenstedt. Je trouve dans les collections faites dans l'Inde par MM. Kuhl et Van Hasselt ou par M. Dussumier, des espèces voisines de celle-ci par le rayon solide de la dorsale, mais il n'est pas dentelé; ces espèces n'ont aussi que deux barbillons. Il résulte du rapprochement de ces formes, que nous allons retrouver ici une succession de petits groupes tout-à-fait semblables à ceux des barbeaux, puisque nous en avons qui, avec les deux tentacules labiaux, ont un rayon de la dorsale osseux et dentelé, puis d'autres qui ont le rayon dur, mais lisse et sans dentelures; et, enfin, un troisième groupe, à rayon de la dorsale mou.

Je ne puis parler du *cyprinus capoeta* que d'après

---

1. *Faun. ross. asiat.*, p. 294. — 2. Guld., *Nov. Comment.* Pétersb., t. XVII, p. 407, tab. 8, fig. 1 et 2. — 3. Encycl. méth., n.° 411, p. 1 et 2.

Pallas; car nous ne l'avons pas dans les riches collections du jardin du Roi, et il faut que ce poisson soit assez rare, puisque M. Nordmann n'a pas vu non plus cette espèce.

Il me paraît probable qu'il faudra rapporter aussi à ce genre plusieurs des espèces de M. Buchanan : malheureusement les diagnoses manquent de rigueur pour arriver à quelques résultats.

Le Capoète fundule.

(*Capoeta fundulus,* nob.)

A en juger d'après la figure de Guldenstedt, citée plus haut,

le corps est alongé, mais elliptique; la tète est courte, ne faisant pas plus du septième de la longueur totale; le museau est saillant et poreux; les deux barbillons sont assez longs; la dorsale est petite, et son troisième rayon est dentelé; la caudale fourchue.

D. 3/9; A. 2/8, etc.

Les écailles sont de moyenne grandeur, argentées, ombrées de vert foncé sur le dos et les flancs, et sablées de points noirs; le ventre est blanc.

D'après les observations de Guldenstedt, le canal intestinal a plus de dix fois la longueur du corps.

On trouve ce poisson dans le Cyrus : pendant l'hiver seulement il sort des profondeurs de la mer Caspienne : aussi ne le prend-on pas en été. Les pêcheurs d'Arménie et de Géorgie le nomment *pitschchul,* et quand les femelles sont remplies d'œufs, elles se nomment *kapwaeti.*

Sa grandeur ordinaire est d'un pied.

———

On doit faire une seconde division de ces espèces de
l'Inde, dont le rayon simple de la dorsale est aussi solide
que celui de quelques-uns des barbeaux à rayons lisses
et sans dentelures au bord postérieur; mais les espèces,
par leurs barbillons, conduisent toujours au groupe des
goujons : elles ont le corps comprimé et couvert de grandes
écailles.

Le Capoëte bordé.

(*Capoeta macrolepidota*, K. V. H.)

Une de ces espèces qui présente cette nouvelle combinaison de caractères, a été trouvée à Java par MM. Kuhl
et Van Hasselt.

Le profil du dos est régulièrement convexe jusque sous la
dorsale, et à partir de cette nageoire courte, il creuse un peu;
la ligne du ventre est très-faiblement concave. La hauteur est
quatre fois et demie dans la longueur totale. La tête est un peu
plus longue que la hauteur du tronc; l'œil est grand et touche
à la ligne du profil du front; le sous-orbitaire est un peu lacuneux
ou caverneux. La bouche est bien fendue; les lèvres sont minces,
sans aucun pore ni cirrhes particuliers. A la commissure est le
barbillon labial, assez court, grêle : il n'y en a pas au maxillaire.
Les deux premiers rayons de la dorsale sont courts et assez roides,
lisses et sans dentelures; le troisième, déjà articulé, est cependant
assez solide. La caudale est fourchue et assez longue; les autres
nageoires sont courtes.

D. 3/8; A. 2/5; C. 4—20—5; P. 20; V. 9.

Les écailles sont assez grandes; j'en compte vingt-huit rangées
dans la longueur : elles sont finement striées. Le dessus de la tête
et le dos sont noirâtres, et cette teinte, devenant plus foncée sur

le dos de la queue, prend un ton noir sur le rayon supérieur
de la caudale. L'inférieur est aussi noir, de sorte que la nageoire
caudale est bordée de noir. Le foncé du dos se lave en vert plus
ou moins pâle en descendant sur le flanc et sur le côté de la queue.
Le ventre est blanc, argenté ou doré; une bande noirâtre, plus
étroite en bas qu'à son origine, descend de la dorsale à l'insertion
de la ventrale; les lèvres sont un peu rembrunies.

La dorsale a du noirâtre sur le premier rayon; le reste de sa
surface, comme les autres nageoires, est blanc.

L'individu que le Muséum doit à la générosité de
M. Temminck, qui a bien voulu le céder au Cabinet du
Roi, est long de quatre pouces et demi.

Le CAPOÈTE AMPHIBIE.

(*Capoeta amphibia*, nob.)

Une autre espèce

à corps plus haut et plus court, dont la hauteur est le quart de la
longueur totale, se distingue aussi par sa tête plus petite, le museau
moins aigu, l'œil plus petit. La caudale est moins alongée; la
dorsale a le rayon plus faible; le barbillon labial est très-petit,
à peine visible.

D. 3/8; A. 2/5, etc.

Je ne compte que vingt-cinq écailles dans la longueur; elles ont
le bord lisse et la surface finement striée. La ligne latérale, composée de gros traits, est concave.

Le dos est couleur plombée, les côtés et le ventre sont argentés.
Une ligne rose est tracée sur toute la longueur au-dessus de la ligne
latérale. Le dessus du museau et les opercules sont roses ou rouges :
toutes les nageoires restent blanches, seulement les bords de la
dorsale et de la caudale ont du noirâtre.

Ce poisson vient de Bombay, d'où M. Dussumier l'a rapporté. Il est long de quatre pouces et demi; mais il atteint jusqu'à un pied.

Ce naturaliste nous apprend que ce poisson vit à la mer; mais que dans les débordemens il vient vivre dans l'eau douce des champs de riz. Sa chair est d'assez bon goût, mais pleine d'arêtes : l'espèce est très-abondante à Bombay.

CHAPITRE X.

Des Cirrhines, Cuv.

L'établissement du genre des Cirrhines par M. Cuvier
est un nouvel exemple que dans les grandes monographies
l'étude des êtres faite sur nature, et comparativement à
tous ceux dont ils sont voisins, est le seul guide qui
nous fasse préciser les diagnoses destinées à faire reconnaître les coupes génériques.

M. Cuvier, après avoir détaché des barbeaux les espèces
voisines des goujons et des tanches, sans les avoir assez
nettement caractérisées, voit dans Bloch une figure d'un
cyprinus cirrhosus, dont les barbillons sont au milieu
de la lèvre supérieure; frappé de ce caractère, il sépare
cette espèce en un genre particulier qu'il nomme *Cirrhine,*
et le caractérise ainsi : « dorsale plus grande que les goujons,
« et les barbillons sur le milieu de la lèvre supérieure. »

L'étude que nous avons faite des autres cyprins à barbillons autour de la bouche, montre qu'il fallait spécifier
davantage la place des barbillons; mais que, d'ailleurs, ces
organes n'ont pas une importance assez grande pour caractériser un groupe autrement que comme une division
qui est commode pour trouver par ces points de repère
les affinités des nombreuses espèces du groupe des cyprins.
D'ailleurs, M. Cuvier, qui ne décrivait pas alors les espèces
de manière à les connaître jusque dans leurs plus petits
détails, associe dans la note le *cyprinus mrigala* de
Buchanan d'après l'inspection seule de sa figure. Or, cette
espèce se rapporte tout aussi bien aux rohites qu'aux

cirrhines par la forme du museau, très-différente de nos cirrhines proprement dites, de sorte que voilà une espèce déjà mal placée; et, de plus, M. Cuvier ajoute le *cyprinus nandina,* qui a quatre barbillons, une dorsale longue, comme celle d'une carpe, et qui n'a aucun rapport avec le *cyprinus cirrhosus* de Bloch.

En ayant distingué par leur position ou leur insertion les barbillons maxillaires des barbillons labiaux, je puis déjà mieux, que ne l'a fait M. Cuvier, reconnaître la nature des poissons sous ce rapport; et, d'ailleurs, j'ajoute que, pour moi, la forme des lèvres et celle de la dorsale, ainsi que la nature de ses rayons, ont plus d'importance.

Les cirrhines, dont nous n'avons pas de représentant en Europe, commencent un groupe de cyprins qui n'ont plus que deux barbillons; mais chez eux les maxillaires seuls ou les antérieurs sont restés; les labiaux manquent : elles ont une dorsale de moyenne étendue, sans épines; tous les rayons sont flexibles, et les lèvres, minces, ne donnent à la bouche aucune forme particulière. Le museau n'est pas avancé au-dessous de l'ouverture orale. On voit d'après cela que les cirrhines diffèrent des barbeaux par le manque de rayons osseux à la dorsale; mais qu'elles en ont les lèvres et la bouche simples; elles en diffèrent aussi parce qu'elles n'ont que deux barbillons. Par le nombre de ces organes elles ressemblent aux goujons, mais la position les en distingue. Elles tiennent encore à ce genre par la nature molle de leur dorsale; et par ce caractère aussi elles ressemblent aux rohites; mais ceux-ci ont quatre barbillons et un appareil buccal facile à reconnaître, et tout différent des barbeaux ou des goujons.

Je ne connais encore que trois espèces de cirrhines telles que je viens de les caractériser, et qui sont toutes trois voisines du *cyprinus cirrhosus* de Bloch.

J'ai démontré dans le chapitre précédent, que les cirrhines de M. J. M'clelland ne sont autres, pour la plupart, que des rohites; cependant il y réunit des espèces à deux barbillons seulement.

L'on pourrait dire, d'après les figures de M. Buchanan, qu'il y a deux groupes de cirrhines analogues à ceux établis parmi nos barbeaux. En effet, nous en voyons, comme le *cyprinus mrigala,* qui ont le museau avancé sur la bouche, et ce groupe correspondrait à celui qui a pour chef de file notre barbeau commun; puis, un second groupe, à museau non saillant et à bouche fendue à l'extrémité du museau, sans lèvres charnues, comme le *cyprinus cirrhosus* de Bloch, et qui correspond à notre second groupe de barbeaux. On peut même pousser plus loin cette comparaison des groupes; car les labéons sont à ces cirrhines ou au genre des goujons, ce que les rohites sont aux cyprinoïdes à quatre barbillons. J'insiste sur ces différens rapprochemens pour montrer que les divisions faites dans les cyprinoïdes sont établies sur des caractères fort légers. Le genre Cyprin doit seul être conservé; et ce que nous nommons genre ou sous-genre, n'en sont que des divisions plus secondaires que celles de la plupart des familles précédentes; c'est là ce qui me fait croire aussi que les pœcilies, les cobitis et les genres voisins doivent rester dans la famille des cyprinoïdes; que ce sont les véritables genres qui, avec les *cyprinus,* constituent la famille : aussi, les caractères sur lesquels nous les établissons, portent sur des organes de plus haute importance.

Le Cabinet du Roi ne possède que des cirrhines analogues au *cyprinus cirrhosus;* n'ayant pas vu les autres espèces, je ne puis en parler que très-brièvement; je vais par conséquent commencer la description des espèces par celles qui seraient peut-être placées dans le second groupe, si les collections du Muséum étaient plus riches.

La CIRRHINE AUX NAGEOIRES ROUGES.

(*Cirrhina rubripinnis*, nob.)

Cette espèce, originaire des étangs de Calcutta,

n'a que deux barbillons maxillaires; ils sont courts, faciles à voir. La hauteur du corps, aussi grande que la tête est longue, est comprise cinq fois dans la longueur totale; l'épaisseur fait la moitié de la hauteur. L'œil est rond; son diamètre est quatre fois et un tiers dans la longueur de la tête : il est éloigné du bout du museau d'un peu plus que la longueur de ce diamètre; le cercle de l'orbite n'entame pas tout-à-fait la ligne du front. La fente de la bouche est droite, à l'extrémité du museau et un peu en dessous. Le crâne est lisse, légèrement bombé, et sa ligne se soutient jusqu'à la base de la dorsale. Le premier rayon n'égale pas tout-à-fait la hauteur du tronc, et la nageoire s'étend un peu moins que la longueur du rayon. Le bord de la nageoire est un peu concave; elle occupe à peu près la région moyenne du dos. L'anale est peu pointue; la caudale est fourchue.

D. 3/13; A. 2/5, etc.

La ligne latérale est fine et un peu concave sur le premier tiers du corps. Les écailles sont lisses, de grandeur moyenne: il y en a quarante-trois rangées entre l'ouïe et la caudale. La couleur est plus ou moins dorée ou argentée; la dorsale est verdâtre, ainsi que le lobe supérieur de la caudale; le lobe inférieur, ainsi que toutes les autres nageoires, sont rouges.

Nos individus sont longs de onze pouces. M. Dussumier, de qui nous les tenons, nous apprend que l'on ne sert pas ce poisson sur la table des Européens.

La Cirrhine plombée.

(*Cirrhina plumbea*, nob.)

Une autre cirrhine

a la tête plus petite, le corps plus haut. La hauteur sous la dorsale est plus grande que la tête n'est longue, et contenue cinq fois dans la longueur totale.

La dorsale est un peu plus avancée : sa hauteur est celle du tronc sous ce rayon. La caudale est fourchue.

D. 3/13; A. 2/5, etc.

La couleur est uniformément plombée; les écailles sont au nombre de quarante rangées, trois sur le côté. Le museau est plus épais et percé de pores plus nombreux et plus gros.

Ce poisson, long de onze pouces, vient de l'Irrawaddi. M. Reynaud nous apprend que les Birmans de Rangoon le nomment *na-dem*.

La Cirrhine de Bloch.

(*Cirrhina Blochii*, nob.; *Cyp. cirrhosus*, Bloch, 411.)

C'est ici que vient le poisson décrit et figuré par Bloch; il est même très-voisin de l'espèce décrite précédemment.

Les formes du corps sont assez semblables; mais la dorsale est plus pointue et l'anale est plus longue; les barbillons me paraissent aussi un peu plus longs.

Voici les nombres des rayons comptés par Bloch :

D. 18; A. 13; C. 28; P. 17; V. 9.

Il représente les écailles assez grandes; la ligne latérale droite et fine; la couleur violacée plus ou moins foncée sur le dos et argentée sur le ventre; les nageoires sont transparentes.

La figure et le dessin de ce poisson ont été envoyés par le missionnaire John, qui donne sur cette belle espèce les notions suivantes :

On la nomme en tamoule *wönköndei;* on la trouve dans les fleuves et les lacs de la côte Malabar; elle atteint à un pied et demi de long; sa chair est moins délicate que celle des autres cyprinoïdes, et les gens soumis à un régime sévère, s'en abstiennent.

La Cirrhine de Dussumier.

(*Cirrhina Dussumieri,* nob.)

Nous devons encore à M. Dussumier une cirrhine, remarquable

par sa tête petite et courte, à museau épais et tronqué; les deux barbillons sont courts et au-devant un pore assez gros pour que l'on puisse le confondre avec l'ouverture antérieure de la narine. La tête est plus de six fois dans la longueur totale; la hauteur du corps n'y est que quatre fois. Cette grande élévation tient à ce que le profil du dos est presque droit, tandis que celui du ventre est très-arrondi. L'œil est petit, contenu plus de quatre fois dans cette tête déjà courte; il est éloigné du bout du museau de deux fois le diamètre. La dorsale est sur le milieu du tronc; la caudale est fourchue.

D. 3/8; A. 2/4; C. 19, etc.

La ligne latérale est droite sur la septième rangée d'écailles; il y

en a huit au-dessous, et dans la longueur j'en compte trente-neuf :
elles sont toutes finement striées.

La couleur est plus ou moins dorée; il y a du noirâtre à la
dorsale et à la caudale.

La longueur est de six pouces et demi. Ce poisson vient
des eaux douces du Mysore.

La Cirrhine reba.

(*Cirrhina reba*, nob.)

On peut encore placer avec quelque certitude le *cyprinus reba* de Buchanan, pag. 280, parmi les cirrhines, si
toutefois le museau n'est pas prolongé comme celui du
cyprinus dero.

Sa tête est obtuse et ovale; le museau est court et les barbillons
qui sont à l'extrémité sont petits; la bouche est petite, inférieure
et étendue horizontalement.

Le premier rayon de la dorsale est très-court et uni aux deux
suivans, qui sont simples et suivis de huit autres branchus; ce qui
fait que la dorsale est aussi courte que celle de la cirrhine de
Dussumier. La caudale est en croissant; les pectorales et les ventrales, de même longueur, sont moins longues que la tête.

D. 11; A. 8; C. 19; P. 17; V. 9.

Les écailles sont fortes, adhérentes, oblongues et tachetées sur
le dos, et petites sous le ventre. La couleur est sujette à beaucoup
de variations : dans les grandes rivières, dont les eaux sont claires,
le poisson est argenté, avec quelques bandes irrégulières noirâtres
le long du dos; dans les marais et dans les petites rivières vaseuses,
le dos est vert, glacé d'or, et les nageoires inférieures sont teintes
de rose.

Le reba est un poisson abondant dans les étangs et

les rivières du Bengale et du Behar, surtout dans le nord
de ces contrées. Il atteint ordinairement à deux pieds de
long, sa chair est savoureuse et ne contient pas beaucoup
d'arêtes, quoique cependant il ne soit pas très-estimé.

La CIRRHINE A TÈTE COURTE.

(*Cirrhina breviceps,* nob.)

J'ai décrit et dessiné à Leyde une cirrhine que
MM. Kuhl et Van Hasselt y ont envoyée sous le nom
de *labeobarbus breviceps.*

La hauteur fait le quart de la longueur totale, qui contient sept
fois la tête. L'œil est assez grand; il mesure le tiers de la longueur
de la tête. Les deux barbillons maxillaires sont à l'extrémité d'un
museau court; la bouche est peu fendue; la dorsale est haute de
l'avant, et son bord coupé en faux; l'anale a les premiers rayons
plus longs; le lobe supérieur de la caudale se prolonge aussi en
pointe; la pectorale est petite, mais la ventrale est large.

D. 13; A. 7; C. 19; P. 13; V. 9.

Les écailles sont assez grandes et fermes; j'en compte quarante
rangées au moins dans la longueur du côté : il y en a une longue
dans l'aisselle de la ventrale. La couleur est verdâtre sur le dos et
argentée sur le ventre.

L'individu desséché que j'ai décrit, est long de sept
pouces et trois lignes : il vient de la rivière de Bantam.

La CIRRHINE MRIGALA.

(*Cirrhina mrigala, Cyp. mrigala,* J. M.)

Je trouve dans les *Indian cyprinidæ* de M. M'clelland
une cirrhine, représentée pl. 38, fig. 1, sous le nom de

cyprinus mrigala, et qu'il place dans le genre des Gobio, en reprochant à M. Cuvier d'avoir classé le *cyprinus mrigala* de Buchanan parmi ses cirrhines. La vérité est, que M. Cuvier aurait grandement raison, s'il eût fait une cirrhine du poisson de M. John M'clelland; car elle a les caractères du genre, et nullement ceux des goujons. Ce qui me paraît moins certain, c'est que le poisson de M. M'clelland soit le même que celui de M. Buchanan.

Dans celui tiré des *Indian cyprinidæ,* je trouve que la bouche est moyenne, que les mâchoires sont égales; il y a deux barbillons maxillaires à l'extrémité du museau, qui est assez gros. La plus grande hauteur du corps est comprise quatre fois et demie dans la longueur totale; la tête est contenue près de six fois dans cette même longueur. La dorsale, basse, surtout en arrière, a une étendue égale à la hauteur du tronc. Les ventrales sont petites; l'anale est courte; la caudale est fourchue.

D. 16; A. 7; C. 19; P. 17; V. 9.

On compte quarante-quatre rangées d'écailles le long de la ligne latérale. La couleur est brillante : c'est un vert foncé sur le dos, mêlé de brun, et un beau jaune doré à reflets irisés sur les flancs.

Le canal intestinal est huit fois plus long que le corps; l'estomac est assez bien séparé par ses valvules du reste du tube digestif. Le foie est considérable, formé de deux lobes alongés de couleur rouge foncée. La vessie aérienne est grande et consiste en un lobe antérieur cylindrique, et en un postérieur plus petit et en forme de ballon.

Le *mrigala* est estimé, surtout pendant la saison des pluies, au Bengale. Sa grandeur ordinaire est de dix-huit pouces à deux pieds : il abonde dans les eaux douces. Sa nourriture consiste en vermisseaux, comme en matière végétale. Le nom de *mrigala* est tiré des auteurs sanscrits : les pêcheurs de l'Assam et du Bengale le nomment *mirga-meerica.*

16.

M. J. M'clelland en distingue une variété sous le nom de *rewah*, et il croit que ce ne sont que les jeunes du mrigala. Il ne les a vus qu'à Calcutta, où il a cependant observé quelques différences entre le tube digestif et la vessie aérienne, lorsqu'il comparait les rewah aux mrigala : dans le premier la vessie aérienne antérieure est plus petite que la postérieure, au contraire de ce qui a lieu dans le second.

Ces observations me font craindre que M. J. M'clelland n'ait pas assez mûrement étudié son *cyprinus mrigala*, et qu'il l'a rapporté à tort à l'espèce du même nom donné par M. Buchanan. Il dit que la figure de cet auteur ne rend pas bien la physionomie du poisson; que la tête est trop écrasée ou déprimée; que les écailles sont représentées trop grandes, et que pour ces raisons il en a donné une autre, faite avec beaucoup de soins.

Quant à moi, je pense que le *cyprinus mrigala* est distinct, non-seulement à cause des différences de formes observées sur la figure, mais parce que je trouve ces différences confirmées sur la description. Malheureusement je n'ai pas vu les poissons eux-mêmes, de sorte qu'il reste encore des incertitudes à cet égard. Les observations de mœurs faites par M. Buchanan, sont conformes à ce que nous apprend son successeur.

La CIRRHINE DHENGRO.

(*Cirrhina dero*, nob.; *Cypr. dero*, Buch.)

Le *cyprinus dero* de Buchanan ressemble beaucoup au *cyprinus mrigala*, ce qui me fait croire que les deux espèces doivent être rapprochées l'une de l'autre, et que celui-ci n'est pas de la même espèce que celui de M. J. M'clelland. Je place, d'ailleurs, avec doute, le *cyprinus dero* dans les cirrhines, parce que la saillie du museau peut entraîner d'autres combinaisons de formes qui fourniraient des caractères distinctifs.

La tête est ovale et obtuse, le museau avancé un peu au-devant, la bouche charnue et marquée de points calleux : il n'y a que deux barbillons. Dans le texte, M. Buchanan dit qu'ils sont à l'angle de la bouche, et cependant sur la figure, pl. 22, fig. 78, ils me paraissent évidemment insérés aux mêmes points que sur le *Cypr. mrigala*. Le profil du dos est arrondi et celui du ventre est presque droit. Le second rayon de la dorsale est plus long que le premier, mais plus court que le troisième. La caudale est fourchue ; l'anale est petite.

D. 13 ; A. 7 ; C. 19 ; P. 18 ; V. 9.

Les écailles sont de grandeur moyenne, et celles du dos sont tachetées. La couleur est verte sur le dos et blanc argenté sous le ventre ; la dorsale et la caudale sont pointillées.

Le dhengro vient du Brahmaputra : il dépasse rarement quatre pouces.

CHAPITRE XI.

Des Goujons et des Tanches.

Les goujons, qui vivent en petites troupes dans toutes les eaux courantes de l'Europe, ont été considérés par les ichthyologistes qui ont suivi M. Cuvier, comme un genre distinct des autres cyprinoïdes. L'auteur du Règne animal n'a pas évidemment assez précisé le caractère qui les distingue des barbeaux; car il ne s'exprime que de la manière suivante : « Les goujons ont la dorsale et « l'anale courtes, sans épines à l'une et à l'autre, et des « barbillons. »

Cette diagnose peut être appliquée à la plupart des poissons dont nous avons déjà traité.

M. Agassiz a essayé de déterminer plus positivement les caractères du genre, en faisant entrer dans les conditions caractéristiques de ce groupe le nombre et la forme des dents pharyngiennes. Elles sont, en effet, coniques, faiblement courbées à leur sommet, et sur deux rangées. Il faut ajouter, que les barbillons sont placés à l'angle de la bouche, c'est-à-dire que ce sont des barbillons labiaux.

Ainsi caractérisé, le genre va devenir plus circonscrit; mais nous trouverons dans les espèces étrangères que nous y réunissons des physionomies variées, et qui se lieront aux tanches par degrés insensibles.

M. Agassiz a fait connaître déjà dans l'Isis une seconde espèce de ce genre, qui habite les eaux douces de l'Europe, et depuis long-temps nous en avons nous-mêmes distingué une troisième.

M. Buchanan doit en avoir parmi ses cyprins, et le nombre des espèces rapportées à ce genre dans l'ouvrage de M. J. M'clelland serait assez considérable, si l'auteur avait composé le groupe, ainsi nommé dans ses *Indian cyprinidæ*, avec plus de rigueur. Il a lui-même désigné une tribu qui manque de barbillons : ces espèces ne sont donc pas du genre Gobio, et, pour les autres, il n'a pas désigné l'insertion du barbillon, et fait connaître s'il est maxillaire ou s'il est labial. Dans le premier cas, il faut rapporter les espèces aux cirrhines : on voit donc que ces travaux nous laissent encore dans l'incertitude.

Quant aux espèces mentionnées par M. Ruppell[1], et que M. Agassiz paraît avoir adoptées en quelque sorte de confiance, je ne puis les classer dans le genre des Gobio, puisqu'elles ont quatre barbillons. Ce sont, d'ailleurs, des espèces, comme je l'ai dit plus haut, difficiles à placer, à cause de la brièveté de leur dorsale.

M. Agassiz cite un goujon parmi ses poissons fossiles, vol. V, pl. LIV, fig. 1, 2, 3, sous le nom de *gobio analis*.

Il me paraît présumable que l'habile ichthyologiste de Neufchâtel a observé les dents pharyngiennes de ce poisson, sans quoi il ne pourrait déterminer l'espèce dans sa méthode, que par le facies du poisson, qui ressemble, en effet, beaucoup au goujon. Je ne trouve pas, d'ailleurs, d'après les figures que j'ai sous les yeux, pourquoi M. Agassiz a donné à cette espèce des schistes d'Œningen l'épithète d'*analis*.

---

1. Ed. Rupp., *über neue Nilf.*, p. 22 et suiv. *Gobio quadrimaculatus*, pl. III, fig. 3. *Gobio hirticeps, ejusd.*, pl. III, fig. 4.

Le GOUJON ORDINAIRE.

(*Gobio fluviatilis,* Cuv.; *Cyprinus gobio,* Linn.)

Nous avons déjà fait voir à l'article des gobies[1] que le nom de *gobio* ou de κωβιός ne s'appliquait pas chez les Grecs et chez les Latins aux poissons du genre des Gobies, et nous avons montré en même temps que cette dénomination avait été donnée à des poissons fluviatiles, qui sont nos gobies.

Il ne faut pas, d'ailleurs, oublier que la nomenclature vulgaire a, dans tous les temps, autrefois comme aujourd'hui, transporté le même nom à des poissons entre lesquels on observait une certaine ressemblance. Les noms de la perche, de la carpe, de la brème, etc., se donnaient chez les Grecs, et sont donnés aujourd'hui par les pêcheurs, à des poissons d'espèce et de genre très-différens, les uns fluviatiles, les autres marins.

Rondelet et Salviani, en rappelant que le poisson indiqué dans les vers d'Ausone[2] :

> *Tu quoque flumineas inter memorande cohortes*
> *Gobio, non major genuinis sine pollice palmis,*
> *Præpinguis, teres, ovipara congestior alvo.*
> *Propexique jubas imitatus Gobio Barbi.*

est sans aucun doute le goujon de nos rivières, ont été trop loin lorsqu'ils ont avancé que l'on ne trouve pas le nom de *gobio* employé par d'autres auteurs latins pour désigner même ce petit poisson.

---

1. Hist. nat. des poiss., tom. XII, liv. 14, ch. 9.
2. *Mos.,* vers 131.

Il y a lieu de croire que le vers d'Ovide[1]:

Lubricus et spina nocens non Gobius ulla,

se rapporte à notre goujon, à qui les épithètes de ces vers conviennent parfaitement.

Quoique les incertitudes soient plus grandes pour déterminer à quel poisson Juvenal[2] et Martial[3] ont rapporté les mots de *gobio* où de *gobius*, cités dans leurs vers, il y a cependant de grandes probabilités à croire que ces auteurs ont entendu nommer notre goujon. La seule objection qui pourrait y être faite, c'est que le goujon paraît plus rare en Italie que dans les contrées plus septentrionales de l'Europe, et qu'il est juste alors de croire que les poëtes n'ont pas été prendre pour objet de leur comparaison un poisson peu connu.

Salviani n'a pas laissé de figure du goujon, et il en donne pour raison, la rareté du poisson en Italie.

Nous ne le trouvons pas non plus dans Belon; mais Rondelet en laisse une figure assez médiocre, à la vérité, et une courte note au chap. XXXI de ses Poissons fluviatiles. Mais Gesner[4], en reproduisant l'article de l'ichthyologiste de Montpellier, donne une figure originale et très-bonne de ce poisson, qui a déjà été un peu altérée dans la reproduction d'Aldrovande[5]. Cette représentation est

---

1. *Hal.*, vers 128.
2. *Etiam cum piscis emetur*
   Nec mullum cupios, cum sit tibi Gobio tantum
   In loculis...   Juv., Sat. XI, vers 35.
3. *In venetis sint tante licet convivia terris.*
   Principium cœna Gobius esse solet.
4. *De aquat.*, p. 399.
5. *De pisc.*, liv. V, pag. 612.

meilleure que celle donnée plus tard par Willughby. C'est avec ces données que le goujon a pris rang dans l'Ichthyologie d'Artedi, et que Linné a établi son *cyprinus gobio* dès la X.ᵉ édition de son *Systema naturæ*. Rien n'y a été changé dans la XII.ᵉ édition; et, depuis, tous ceux qui ont parlé des poissons de l'Europe, ont cité le goujon dans leurs écrits : ainsi Duhamel, Bloch, Lacépède, vers la fin du siècle dernier, et ceux qui de nos jours ont suivi les idées de l'auteur du Règne animal, parlent tous de ce petit poisson.

Voici la description que j'ai faite sur des grands goujons pris dans la Seine aux mois de Juillet et d'Août :

Ce poisson a le corps alongé, le dos arrondi, les côtés légèrement aplatis et le ventre large et un peu plat. La hauteur du corps sous la dorsale est un peu moins du cinquième de la longueur totale, et l'épaisseur est à peu près la moitié de la hauteur.

La tête est grosse, large en dessus et aplatie : sa longueur fait à peu près le quart de la longueur totale. L'œil est à la moitié de la longueur de la tête, au haut de la joue, de manière que l'orbite échancre le crâne en dessus.

Le diamètre de l'œil est le cinquième de celui de la tête, et ils sont éloignés l'un de l'autre d'une distance égale à un diamètre et demi. Le sous-orbitaire est composé de quatre pièces, comme dans tous les cyprins. La pièce antérieure est longue, étroite, un peu arquée en croissant dans sa longueur : elle s'étend depuis l'œil jusqu'au bout du museau; les autres pièces sont petites, étroites, et entourent l'œil.

Le préopercule est grand, caréneux; il forme presque toute la joue.

L'opercule est petit, triangulaire; le sous-opercule est médiocre, étroit; l'interopercule petit, à peine distinct.

Les deux ouvertures de la narine sont pratiquées dans le croissant de la pièce antérieure du sous-orbitaire; l'antérieure est petite; la seconde, plus grande, est séparée de la première par une cloison membraneuse, à demi tubuleuse et élevée un peu au-dessus de la peau.

Le museau est gros, obtus, arrondi et légèrement déprimé. La mâchoire inférieure est plus courte que la supérieure, de sorte que la bouche s'ouvre un peu en dessous. Les lèvres sont de médiocre épaisseur, et à leur commissure il y a un barbillon assez long.

La dorsale naît au milieu de la distance entre le bout du museau et le commencement de la caudale; elle est un peu plus longue que la moitié de la hauteur du corps, et sa hauteur fait les trois quarts de celle du corps : elle est légèrement échancrée à son bord libre. On compte neuf rayons, dont le dernier est double; le premier est simple, presque osseux, et n'atteint que la moitié de la hauteur du second, qui est rameux et articulé.

L'anus s'ouvre à peu près aux deux tiers de la distance entre le bout du museau et la naissance de la caudale. A l'extrémité des ventrales, assez loin derrière lui, s'élève l'anale : nageoire courte, mais près de deux fois plus haute que longue; elle est arrondie, et on lui compte sept rayons, dont le premier est simple, presque aussi long que le second, qui est branchu et le plus long.

La distance de l'anale du bout de la queue est égale à la hauteur du corps; elle est assez épaisse, et elle donne attache à la caudale sur son extrémité, qui est arrondie. Cette nageoire est fourchue; ses deux lobes sont égaux et arrondis; leur longueur égale celle de la hauteur du corps; elle a dix-huit rayons et cinq ou six courts en dessus et en dessous.

Les pectorales sont médiocres et arrondies; elles s'attachent presque sous la gorge, au-dessous de l'opercule; elles ont quatorze rayons, dont le premier est simple et fort. Il n'y a point d'écailles particulières dans leur aisselle.

Les ventrales sont attachées sous le commencement de la dorsale; elles sont arrondies, un peu plus petites que les pectorales, et ont sept rayons, dont le premier est simple.

La ligne latérale va en ligne droite par le milieu du corps, de l'os de l'épaule à la queue; elle est relevée en saillie sur les écailles, parce qu'elle est formée par une série de points relevés et alongés sur chacune des écailles.

Il y en a trente-huit dans la longueur et douze, ou treize dans la hauteur.

Chaque écaille est arrondie, très-molle, comme membraneuse, striée longitudinalement et en rayonnant sur la partie libre et sur la partie radicale, et marquée de stries concentriques qui ne paraissent qu'à la loupe.

La couleur du dos est verte, mouchetée de noirâtre; les flancs sont verdâtres, glacés d'une sorte de bande argentée et marqués de cinq à six grosses taches irrégulières et noires un peu au-dessus de la ligne latérale. Il y a au-dessus et au-dessous de la ligne des petits points noirs irrégulièrement distribués.

Le dessous du corps est blanc argenté. Le crâne est de la même couleur que le dos, ainsi que l'espace entre le bout du museau et l'œil; mais la joue est argentée.

La dorsale et la caudale sont grises, tachetées de points nombreux et noirs. Les pectorales sont grisâtres; les ventrales et l'anale sont blanches, légèrement teintées de rose, comme couleur de chair.

Sa splanchnologie m'a offert les observations suivantes :

Le lobe droit du foie du goujon est divisé en deux lobules, dont un se prolonge entre l'œsophage et l'intestin : il est rétréci dans son milieu et élargi en palette à son extrémité; le second lobule est plus large et plus court, et est en dehors de l'intestin. Le lobe gauche est plus gros que le droit; il est aussi divisé en un plus grand nombre de lobules. Le supérieur est très-petit; celui qui le suit est plus gros et creusé en gouttière pour s'appuyer sur l'intestin; de ce lobule il en naît un troisième, qui va s'appuyer sur la crosse de l'estomac. Ce lobule est triangulaire, petit, et s'attache au précédent par une bande étroite de ce viscère. Le lobe droit se réunit au lobe gauche par une bande transverse qui entoure l'œsophage; il est d'un rouge pâle.

La vésicule du fiel est petite, conique, pleine d'une bile jaune, transparente. Le canal cholédoque s'ouvre dans l'œsophage auprès du diaphragme.

La rate est très-petite et est cachée sous l'estomac; ce viscère est plus pâle que le foie.

L'œsophage est très-large; il communique directement avec l'estomac, grand sac conique, qui descend jusqu'à la moitié de l'abdomen. L'intestin se porte vers le diaphragme, et arrivé dessous ce muscle, il se courbe de nouveau et va droit à l'anus. Le diamètre de l'intestin diminue très-peu depuis l'estomac jusqu'à l'anus. Les parois de l'estomac sont extrêmement minces.

Les ovaires sont, comme à l'ordinaire, un grand sac à deux cornes, qui contiennent à leur surface interne un grand nombre de houppes pleines d'œufs plus gros que de la graine de pavot.

La vessie natatoire est double : l'antérieure est grosse, tronquée antérieurement, arrondie en arrière; la postérieure est longue, étroite, cylindrique, plus petite que la première. De son extrémité antérieure naît le canal aérien, qui est fin comme un cheveu, et qui se rend au haut de l'œsophage.

Les reins sont rouges, larges antérieurement, étroits en arrière et terminés en pointe : ils sont renflés à l'endroit de la jonction des deux vessies.

Il n'y a pas de différence entre le mâle et la femelle.

Outre ces goujons de la Seine, nous en avons réuni dans le Cabinet du Roi des différens points de l'Allemagne ou de la Russie. Ainsi MM. de Humboldt et Ehrenberg en ont rapporté et donné au Muséum, des fleuves de l'Irtisch, de l'Obi, des environs de Moscou : je l'ai trouvé en abondance au marché de Berlin et au Tegel. M. Nitsch nous en a envoyé de l'Elbe; M. Agassiz, de Munich; nous l'avons aussi du lac de Zug et du lac de Genève. Nous ne l'avons jamais reçu des nombreux correspondans que M. Cuvier s'était faits en Italie : c'est une observation qui semble être d'accord avec les assertions déjà si anciennes de Salviani, touchant la rareté de ce poisson en Italie.

De plus, je ne vois pas le goujon cité dans l'Ichthyologie de M. Risso, ni dans les auteurs des Faunes de l'Europe méridionale. Au contraire Linné[1], dans sa *Fauna suecica;* Nilson[2], Muller[3], dans la *Fauna danica;* Pennant[4], Flemming[5], Jennyns[6], le comptent parmi leurs espèces; et MM. Donovan[7], Yarell[8], Mme Lee en ont reproduit d'excellentes figures : j'en trouve aussi une dans le *Complete Angler* de Walton.[9]

En Allemagne Bloch[10] l'avait aussi figuré, et on en trouve également des figures dans les Pêches de Duhamel[11] et dans l'Histoire des poissons de M. de Jurine.[12]

Il ne remonte pas plus au Nord que dans les provinces méridionales de la Suède; car il n'est pas cité dans la *Fauna groenlandica,* dans la *Fauna orcadensis* ou dans l'Histoire des poissons d'Islande.

J'ai cité plus haut la *Fauna suecica;* mais il faut faire attention que c'est dans la dernière édition de Retzius que je le trouve indiqué.

Pallas le compte aussi parmi les espèces de sa *Zoographia Rossica*[13], et M. Nordmann fait de même dans son *Fauna pontica.* On le trouve dans toutes les rivières de la Russie méridionale.

Tous ces auteurs s'accordent pour faire du goujon un

---

1. *Faun. suec., ed. Retz.*, p. 357, n.° 109. — 2. Nils., p. 33, n.° 19. — 3. Mull., *Faun. dan.*, n.° 427, p. 50. — 4. Penn., *Brit. Faun.*, p. 308. — 5. Flemm., *Ann. Kingd.*, p. 186, n.° 60. — 6. *Jennyns Ann. Kingd.*, p. 405. — 7. Don., pl. LXXVI. — 8. Yar., *Brit. fish.*, p. 325. — 9. Isaak Walton et Cotton, *Compl. Angl.*, p. 293, ch. XV. — 10. Bloch, pl. 8. — 11. Traité des pêches, sect. III, p. 497, pl. XXIII, fig. 7. — 12. Jur., Poiss. du lac Lem., p. 217, pl. XIV. — 13. *Zoogr. Ross.*, t. III, p. 295.

poisson vivant en petites troupes, se réunissant, pendant l'hiver, dans les grands lacs, et passant par troupes, au printemps, dans les cours d'eau pour s'y reproduire et y déposer ses œufs.

Le goujon fraie à plusieurs reprises, depuis le mois d'Avril jusqu'à la fin de Juillet ou le milieu d'Août. Il croît assez vite; atteint sept à huit pouces à trois ans; cinq à six à deux, et quatre et moins à un an; les pêcheurs de notre Seine assurent même qu'il ne vit pas au-delà de trois années. On prend les gros dans des nasses, et les jeunes, au carrelet et à la truble; mais on les trouve rarement de la taille des adultes, parce qu'ils sont victimes des piéges que des hommes ou les animaux leur tendent, à cause de la bonté de leur chair.

Le goujon est très-délicat : les anguilles le mangent avec avidité. On l'emploie aussi avec avantage pour amorcer les haims, parce qu'il a la vie très-tenace.

Les noms vulgaires du goujon sont, dans quelques langues, analogues à celui qu'il porte. Dans notre langue, ou dans le Midi on le nomme *Gaifon;* les Anglais le nomment *Gudgeon;* en Allemagne il s'appelle *Gründling, Gresling, Gründale,* ou même *Göbe,* ce qui semble venir de son nom latin *Gobius.* Les Danois le nomment *Grümpel* ou *Sandhest;* et les Suédois, d'après Retzius, *Släting.* Pallas donne pour noms russes *Piskar* et *Peskosob,* ou aux environs de Novogorod et ailleurs, *Mulaetka* et *Stolbetz.*

J'ai soumis le goujon à des pressions barométriques très-diverses, et je l'ai vu vivre pendant long-temps sous des récipiens où l'air raréfié ne maintient plus le mercure qu'à trois ou quatre pouces, et même à un pouce. A cette

pression la vessie aérienne se vide complètement; mais les
gaz contenus dans les intestins ne peuvent s'échapper; le
ventre se gonfle et se ballonne, et alors l'animal se ren-
verse sur le dos, et vient flotter à la surface de l'eau; il
n'en continue pas moins à nager et à se diriger dans l'eau.

Le Goujon a tête obtuse.

(*Gobio obtusirostris,* nob.)

Parmi les goujons d'Europe, j'ai reçu de Munich par
les soins de mon ami, M. Agassiz, deux individus parfaitement semblables entre eux et à d'autres, que le
Cabinet du Roi a reçus d'autres lieux, et qui ont une
physionomie tout-à-fait différente de celle du goujon de
la Seine.

Ils se distinguent par le museau court, gros et obtus, par l'œil,
qui est plus petit et dont le cercle entame la ligne du profil du
front; par la tête, qui est plus vaste, car elle est comprise quatre
fois dans la longueur du corps, la caudale non comprise, et près
de cinq fois en ajoutant cette partie.

La hauteur du tronc est aussi un peu plus petite; les pectorales
paraissent plus arrondies et plus larges à proportion; le rayon de
la dorsale est plus court.

Les nombres sont les mêmes.

D. 2/7; A. 2/6, etc.

D'ailleurs les couleurs sont les mêmes : il y a aussi quarante
rangées d'écailles le long de la ligne latérale.

Les plus longs individus ont cinq pouces. J'en possède
une variété dont tout le dessus de la tête est grivelé
comme la dorsale ou la caudale.

Le Goujon uranoscope.

(*Gobio uranoscopus,* Agass.)

M. Agassiz a fait connaître dans l'Isis[1] de 1828 une espèce de goujon, qui diffère des deux précédentes par

un corps plus grêle et plus long, la hauteur n'étant que le septième de la longueur totale. La longueur de la tête est au contraire plus grande que dans le second et même que le premier; elle n'est comprise que quatre fois et trois quarts dans la même longueur totale. Le museau est long et pointu; les deux barbillons sont beaucoup plus longs que dans aucun autre : ils égalent les deux tiers de la tête. Les yeux sont à la moitié de la longueur de la tête, sur le haut de la joue, de manière à entamer le dessus du crâne. La pectorale est longue; les lobes de la caudale sont plus profondément divisés; l'anale est assez pointue.

D. 2/7; A. 2/5, etc.

Il y a quarante écailles dans la longueur, mais une rangée de moins dans la hauteur; d'ailleurs elles ressemblent à celles de notre goujon ordinaire. Les couleurs ne me paraissent aussi différer que par l'absence de points sur la caudale; et sur la dorsale il n'y en a que quelques vestiges.

M. Agassiz donnera une figure de cette espèce dans son Histoire des poissons de l'Europe centrale. Nous en avons un grand nombre d'individus, qui n'ont tous que trois pouces un quart de longueur.

---

1. Ag., *apud Is. Oken.*, 1828, p. 1048 et 1829, p. 414.

Le GOUJON DE DAMAS.

(*Gobio Damascinus*, nob.)

Nous avons acheté à M. Bové un poisson du fleuve de Damas, qui fait le passage entre les goujons et les tanches de la manière la plus évidente.

Dans ce poisson la tête égale la hauteur du tronc et est comprise cinq fois et un tiers dans la longueur totale. Le museau est obtus et arrondi; le barbillon maxillaire est petit et grêle; l'œil est sur le devant de la joue, et l'orbite n'entame pas la ligne du front, qu'elle touche. L'opercule est large et lisse.

La dorsale est taillée obliquement, assez large, et a trois rayons simples, dont le second, et surtout le premier, sont petits et courts. L'anale est haute et arrondie en ovale; la caudale est fourchue.

D. 3/11; A. 2/5, C. 19; P. 20; V. 9.

Les écailles sont petites; car il y en a soixante-dix rangées le long de la ligne latérale, laquelle s'infléchit un peu vers le bas. La couleur est un vert brunâtre un peu rembruni sur le bord des écailles et doré sur le milieu; le ventre est blanc; la dorsale, la pectorale et la caudale, sont verdâtres; l'anale et les ventrales sont blanches.

La longueur de nos individus est de huit pouces et demi.

Le GOUJON DES CATARACTES.

(*Gobio cataractæ*, nob.)

Les eaux douces de l'Amérique septentrionale nourrissent cette espèce de goujon.

Elle a le corps alongé et arrondi, semblable à une loche. La hauteur, moitié de la longueur de la tête, est comprise huit fois dans celle du corps entier. L'œil est assez grand et sur le haut de la joue; le museau est obtus; la bouche en dessous, à lèvres épaisses, mais sans voile comme les catastomes, et à chaque angle de la bouche est un petit barbillon, si court qu'on ne le voit qu'avec le plus grand soin.

La dorsale, sur le milieu de la longueur, est petite; la caudale est échancrée et a ses lobes arrondis; l'anale est arrondie et plus large que la dorsale; les ventrales sont petites, mais les pectorales sont larges.

$$D. 3/6; A. 2/6; C. 19, \text{etc.}$$

Les écailles sont petites; j'en trouve soixante-dix rangées entre l'ouïe et la caudale : elles sont lisses, sans stries, et à la loupe on aperçoit un fin sablé noir qui les colore. Le dos est en effet plus coloré en gris foncé, qui devient plombé, pour passer au blanc argenté du ventre. La pectorale, la dorsale et la caudale sont grises, la ventrale et l'anale sont blanches.

Ce poisson est long de cinq pouces. Nous le devons à M. Milbert, qui l'a rapporté du saut de Niagara.

Le Goujon bendilisis.

(*Gobio bendilisis*, nob.; *Cyp. bendilisis*, Buch.)

M. Buchanan a donné, dans sa relation de son Voyage au Mysore[1], la figure et la description d'un cyprin, qui a été reproduite dans ses *Gangetic-fishes*[2] sous le même nom de *cyprinus bendilisis*.

C'est un poisson à tête petite et à museau pointu, avec un barbillon très-court à chaque angle de la bouche. La brièveté de cet organe le fait ressembler à une tanche; mais il en diffère par des écailles solides, adhérentes et assez grandes.

---

1. *Journ. in Mysore*, vol. III, pl. XXXII.
2. *Gang. fish.*, p. 270.

La dorsale est petite; le lobe inférieur de la caudale, fourchue, est plus long que le supérieur.

D. 9 ; A. 11 ; C. 19 ; P. 13 ; V. 9.

Le bord des écailles du dos est noir, et la figure montre dix bandes noires qui descendent jusqu'à la ligne latérale, sans la dépasser. La caudale est jaune, bordée de noir.

M. Buchanan a trouvé ce poisson dans la rivière du Mysore, où il atteint quatre ou cinq pouces de longueur. M. M'clelland en fait mention dans sa Monographie des cyprins de l'Inde parmi ses Opsarius, mais je ne vois pas pourquoi il le rapporte à ce genre.

Le Goujon curmuca.

(*Gobio curmuca*, nob.; *Cyprinus curmuca*, Buch.)

Je place, avec beaucoup de doute, à côté de l'espèce précédente et parmi les goujons, le *cyprinus curmuca* de M. Buchanan. Il en a donné, comme de la précédente, une figure dans la relation de son Voyage au Mysore, et la dorsale me paraît entièrement composée de rayons mous; de sorte que par l'examen des dessins je n'aurais pas d'hésitation sur les affinités de cette espèce. Mais je lis dans la phrase latine du prodrome, inséré dans l'Histoire des poissons du Gange, ces derniers mots : « *radio dorsali « tertio integerrimo.* » Ce qui me fait croire que le troisième rayon de la dorsale est gros, et peut-être osseux, puisque M. Buchanan a cru devoir le remarquer : dans ce cas, l'espèce appartiendrait au groupe des *capoeta*. Mais l'on voit que toutes ces descriptions sont incomplètes, ou du moins laissent beaucoup d'incertitude.

Me guidant cependant sur la figure[1], je trouve que
ce poisson est élevé de l'avant, et que le tronc sous la dorsale a le
quart de la longueur totale. La tête est un peu plus courte que le
corps n'est haut; et le diamètre de l'œil est compris trois fois et un
tiers dans la longueur de la tête. Les barbillons sont petits, et les
côtés de la joue et le bout du museau sont hérissés de tubercules
ou de callosités. La dorsale est sur la première moitié du tronc;
l'anale est arrondie, la ventrale est large, la caudale fourchue.

D. 11; A. 8; C. 18; P. 16; V. 9.

Le corps est couvert d'écailles de grosseur moyenne, très-adhérentes; la ligne latérale creuse vers le bas. La couleur est verte et
foncée sur le dos, et argentée sous le ventre.

Ce curmuca se trouve dans les rivières d'eau douce de
l'Inde méridionale : il atteint quelquefois à trois pieds de
long.

Il paraît que M. J. M'clelland ne l'a cité dans ses *Indian
cyprinidæ* que d'après les indications de M. Buchanan,
et il incline aussi à croire que cette espèce appartient au
groupe des goujons. Mais comme il n'a pas compris
comme nous le genre des goujons, puisqu'il y réunit des
espèces sans barbillons, je ne puis me servir efficacement
de son autorité dans cette circonstance.

Le Goujon angra.

(*Gobio angra*, nob.; *Cyp. angra*, Buch.; *Cyp. Hamiltonii*, Gray;
Hardw., *Illust.*, tab. 86, fig. 1.)

Je crois pouvoir placer avec plus de certitude le *cyprinus
angra* de M. Buchanan, dont M. J. M'clelland fait un goujon.

---

1. Buch., Voy. au Mysore, liv. III, pl. XXX, et *Gang. fish.*, p. 294.

La longueur de la tête est à celle du corps :: 1 : 4; le museau est proéminent et charnu; aux angles de la bouche il y a deux petits tentacules.

D. 10; A. 8; C. 19; P. 10; V. 9.

Il y a trente-cinq écailles le long de la ligne latérale et quatorze dans la hauteur du tronc. La couleur est un olive pâle, brunissant en dessus et passant au blanc rougeâtre en dessous. L'intestin est long, noir ou rembruni, et fait plusieurs cercles dans la cavité abdominale.

MM. Buchanan et J. M'clelland ont trouvé ce poisson dans le Brahmaputra. La figure colorée de l'ouvrage du major-général Hardwich, d'après un dessin ancien et qui avait été changé dès-lors, est trop brune. Les pêcheurs d'Assam le nomment *lasseem.*

DES TANCHES (*Tinca*, Cuv.)

Un corps trapu et large, couvert de petites écailles, et deux petits barbillons courts à l'angle de la bouche, sont, dans le Règne animal, les caractères du groupe des tanches.

L'on comprend aisément, que si l'on compare la tanche, le goujon et le barbeau, en les mettant à côté l'un de l'autre, on sera tenté de faire comme M. Cuvier, c'est-à-dire, de reconnaître que les poissons nommés plus haut, peuvent être distingués l'un de l'autre, et que les deux derniers sont plus voisins l'un de l'autre que la tanche, celle-ci ayant un habitus différent des deux premiers : mais quand, pour formuler une diagnose, on arrive, en dernière analyse à ne fonder un caractère générique que

sur le plus ou moins de grandeur des écailles, on donne
la preuve, que la coupe générique est de très-peu de
valeur. Elle diminue encore, si l'on vient à étudier les
espèces étrangères, qui demeurent intermédiaires entre
l'une et l'autre. Car le goujon de Damas, par exemple,
serait tout aussi bien placé près de la tanche ordinaire
que parmi les goujons. Les espèces de l'Inde viennent
encore élargir nécessairement ces affinités et nous fournir
des exemples de poissons à grandes écailles, qui tiennent
cependant des deux. Mais, plusieurs de nos barbeaux,
de nos rohites des eaux douces de l'Inde offrent, à ce
sujet, des variations si nombreuses, que ces organes ne
donnent pas de caractères précis.

M. Agassiz, s'appuyant sur la forme des dents pharyngiennes, a cru pouvoir séparer toutes ces subdivisions; et,
pour les tanches, il ajoute à la diagnose de Cuvier, que les
dents pharyngiennes des espèces à réunir dans le genre
Tinca sont en massue. Le même savant ajoute aussi que
la caudale est tronquée, et fait suivre, après cette observation, le caractère tiré de la petitesse des écailles. J'avoue
que, pour moi, la forme plus ou moins tronquée des
nageoires, surtout de la caudale, la grandeur relative des
écailles, ne peuvent être que des caractères spécifiques.
Si l'on donnait à ces organes une importance assez grande
pour établir sur ces variations, si difficiles à limiter, des
coupes génériques dans les cyprinoïdes, il y aurait le même
remaniement à faire dans toutes les familles, et l'on ne
saurait plus ce que c'est qu'un genre.

Je crois donc la coupe générique des tanches mal limi-
tée; ce sont des goujons d'une forme un peu différente
de notre goujon fluviatile, et *vice versa;* mais l'un des deux

groupes doit être rayé dans ma manière de voir. Toutefois, comme je ne connais encore aucun poisson qui doive être réuni à la tanche même par une similitude extérieure incontestable, j'ai placé dans une subdivision particulière et à la fin du genre Gobio, la description de la tanche, que j'appellerais volontiers un goujon à petites écailles.

M. Agassiz a trouvé parmi les fossiles d'Œningen des poissons que sa grande sagacité lui a fait réunir aux tanches; et déjà son *tinca leptosoma* s'éloigne, par son corps étroit et alongé, de la forme ordinaire de nos tanches ordinaires. Il se rapprocherait davantage de mon *gobio damascenus.* Les autres espèces sont aussi des schistes d'Œningen, et nommées par mon savant ami de Neufchâtel : *tinca furcata* et *tinca pygoptera.*

La Tanche vulgaire.

(*Tinca vulgaris,* nob.)

Il y a lieu de s'étonner qu'Artedi ait adopté que les Grecs aient laissé dans leurs écrits les preuves que notre tanche était connue d'eux. Si, au lieu d'établir sa synonymie d'après Rondelet, il fût remonté aux sources, il aurait vu que la première synonymie ne pouvait être inscrite, même avec un point de doute, et que la seconde ne devait encore, bien moins que l'autre, prendre rang, quoiqu'ici il ne paraisse pas même avoir conservé de doute.

Rondelet[1] rapporte, mais en laissant tout le doute

----

1. *De pisc. fluv.*, p. 157, chap. X.

nécessaire dans ce rapprochement, que quelques auteurs ont cru retrouver dans notre tanche, le ψυλων d'Aristote[1], poisson compté parmi les fluviatiles qui vivent en troupes et qui se tiennent le long des rivages tranquilles. Gaza a traduit le nom grec de ce poisson indéterminable par cette seule parole, *fullo*.

Comme Dalechamps a rendu le mot de γναφεύς, qui signifie cardeur dans la langue ordinaire, par *fullo*, on a cru possible alors de rapprocher le ψυλων, ou le *fullo* de Gaza du γναφεύς ou du *fullo* de Dalechamps, et d'établir ainsi une identité entre deux mêmes noms, appliqués à des êtres tout-à-fait différens. Dorion *in lib. de piscibus*, et Epœnetus *in Opsartytico*, sont cités par Athénée[2] à l'occasion du γναφεύς, poisson qui, par l'humeur abondante, rendue après sa cuisson, perd ses couleurs.

Or, comme dans les passages conservés par Athénée il s'agit de poissons de mer, on ne peut les appliquer à un poisson fluviatile qui, d'ailleurs, n'est pas le seul à se couvrir de mucosités par la cuisson, quoique la tanche le fasse plus encore que la carpe.

Ces faux rapports ont déjà été signalés d'abord par Willugbhy, et ensuite par Schneider, dans l'ouvrage qu'il a publié sur la synonymie d'Artedi en 1789; mais le premier de ces deux critiques a fait une confusion, en disant que le ψυλων d'Aristote est un poisson de mer, car il le compte bien parmi les fluviatiles.

Il n'y a pas les mêmes doutes sur le passage d'Ausone[3], à cause de l'épithète qu'il lui donne, et parce qu'il nous

---

1. Arist., *De anim.*, liv. VI, chap. XIV, p. 871. — 2. *Deipn.*, liv. VII, chap. XIII, p. 297. — 3. Aus., *Mos.*, v. 125.

apprend aussi que de son temps, comme du nôtre, la tanche n'était pas un poisson très-estimé :

> *Quis non et virides vulgi solatia* Tincas
> *Norit*.....

C'est là le seul passage des anciens qui nous apprenne que la tanche était connue d'eux. Rondelet[1], Salviani[2], Gesner[3], ont donné des figures de la tanche; mais celle de ce dernier est préférable à celle des deux autres auteurs, et elle a été copiée et reproduite par Aldrovande[4], et notre cyprin ainsi bien reconnu par Willugbhy, qui a copié la figure de Salviani et a reproduit une copie de celle de Baldner. Mais toutes ces figures sont fautives, parce que le peintre a oublié les barbillons. Ils n'ont pas échappé, à la vérité, à Salviani, qui les a signalés dans son texte; mais ces organes ne sont pas mentionnés dans la phrase diagnostique d'Artedi.

La tanche a le corps légèrement comprimé et trapu; l'épaisseur est moitié de la hauteur; la convexité la plus grande de la courbe du dos est vers le milieu de la longueur et au-devant de la dorsale. Cette courbe descend graduellement jusqu'au museau. La queue est plus comprimée que le tronc; elle est haute, peu alongée : sa hauteur est moitié de celle du corps.

La ligne du profil du crâne est peu convexe; la bouche est au bout du museau, très-peu fendue; les deux mâchoires sont égales et peu protractiles; les lèvres sont charnues. Les bords du maxillaire et du sous-orbitaire sont simples; un court et petit barbillon labial est à l'angle de la bouche.

La longueur de la tête est quatre fois et demie dans la longueur totale, en y comprenant la caudale, et une fois et un cinquième

---

1. L. cit. — 2. *De aquat.*, p. 89. — 3. Gesner, p. 984. — 4. Aldrov., p. 646.

dans la hauteur du tronc. Le préopercule est arrondi; l'opercule, sans ciselures, est couvert par une peau épaisse qui se confond avec le bord membraneux de la fente de l'ouïe. Aucune partie de la tête n'a d'écailles, de dentelures ou d'épines.

Il y a quatre lignes principales de pores, une longitudinale de chaque côté et au droit de l'œil, une seconde va du bout du museau sous le bord de l'orbite, une troisième monte sur le haut de la tempe; et une quatrième, venant de la symphyse, se perd sur le limbe du préopercule.

L'œil est petit; son diamètre est près de sept fois dans la longueur de la tête. La narine est plus près de l'œil que du bout du museau; les deux ouvertures sont rapprochées; un petit tentacule s'élève entre elles: la postérieure est plus grande. La fente de l'ouïe s'étend depuis le haut de l'opercule, en se courbant en arc jusqu'à la ligne moyenne, au droit du préopercule, où la membrane s'unit à la gorge.

Trois rayons branchiostèges larges soutiennent la membrane, qui les dépasse ainsi que l'opercule, pour fermer la fente. L'ossature de l'épaule forme un arc lisse, et sans stries ni dentelures. La pectorale est au quart antérieur du corps, la ventrale au milieu; elles sont arrondies. La caudale est carrée et ses lobes sont arrondis; la dorsale et l'anale peu alongées.

B. 3; D. 12; A. 11; C. 19; P. 18; V. 9.

La ligne latérale, presque droite, est un peu arquée vers le bas, à son origine, pour se mettre au milieu de la hauteur. Les écailles sont petites et adhérentes; chacune, prise isolément, est un rectangle oblong, dont la longueur est triple de la hauteur; les stries d'accroissement sont en ovale alongé, et il y a des stries rayonnantes assez nombreuses. Mais cette structure ne se voit qu'à un grossissement microscopique; car à la loupe simple elles paraissent à peine striées.

J'en compte au moins cent vingt rangées dans une ligne longitudinale, et soixante dans une verticale du milieu du corps. Mais ces nombres doivent varier beaucoup; car M. de Jurine ne donne que quatre-vingt-seize écailles dans la longueur totale.

La couleur est d'un vert-olive métallique, à reflets de teinte de
laiton. Le dos est plus foncé, et ces teintes tirent au gris noirâtre
sur le dessus de la tête et sur la crête ou la ligne médiane du dos :
elles deviennent sous le corps d'un blanc jaunâtre un peu métallique.

Les lèvres, l'anus et l'aisselle des nageoires sont couleur de
chair.

Les nageoires sont d'un gris foncé, qui devient insensiblement
noirâtre vers le bord, et qui sur le bord des pectorales et des
ventrales prend des tons rougeâtres.

J'ai disséqué avec soin la tanche : elle montre pour sa
splanchnologie, à l'ouverture de l'abdomen,

deux replis de l'intestin, et entre eux un lobe très-long et très-
étroit du foie. Vers la droite est un autre lobe, aussi long et aussi
étroit que le premier; il descend même jusque tout auprès de l'anus,
où il se recourbe un peu en travers. Le troisième repli de l'intestin
est à gauche; entre lui et le second est encore un lobule hépatique
qui se glisse entre eux. Dans l'hypocondre gauche est la rate, et
au-devant d'elle est un quatrième lobe du foie. Le plus long et le
plus large des quatre est le droit, se repliant dessus le tube digestif, et s'unissant au quatrième lobe dans le haut de l'abdomen, par-
dessus les circonvolutions intestinales et même l'œsophage, qui se
trouve ainsi entouré par la base du foie. Une autre bande latérale
de jonction passe vis-à-vis la rate. Le canal digestif est plus épais
vers l'œsophage, et diminue par degrés à ses trois replis jusqu'à
l'anus : on ne peut pas dire qu'il y ait un renflement marquant
l'estomac. La veloutée, beaucoup plus large qu'il ne le faudrait
d'après la dimension du canal, est repliée en une infinité de petites
lamelles saillantes, et formant des zigzags serrés longitudinalement
les uns contre les autres, et diminuant graduellement de grosseur
à mesure qu'on approche de l'anus. La vésicule du fiel est grande,
ovale, attachée à la face interne du lobe droit. Le canal cystique
est à son sommet antérieur; il se joint au canal cholédoque, qui

entre avec lui dans le haut du tube digestif. La rate, grande et
trièdre, est beaucoup plus rouge que le foie. Tout le haut de l'abdomen est occupé par la vessie natatoire et les ovaires; ceux-ci le
couvrent latéralement : ils règnent tout le long de la cavité abdominale, sont oblongs, lobés, grisâtres. Les œufs sont excessivement
petits.

La vessie aérienne est divisée en deux parties par un étranglement étroit. La première est ronde et d'un blanc mat; la seconde
oblongue, plus bleuâtre. Du haut de sa face supérieure et inférieure
part un canal blanc, un peu onduleux, s'ouvrant dans la région
dorsale de l'œsophage immédiatement derrière le diaphragme. Les
reins des deux côtés de l'épine, au-dessus des ovaires et de la vessie
aérienne, s'étalent de chaque côté en un large lobe triangulaire, qui
fait la croix sur l'entre-deux des deux parties de la vessie natatoire.
Au-dessus et au-dessous ils sont fort étroits; mais tout dans le haut
de l'abdomen et des deux côtés de l'œsophage et du péricarde, ils
se dilatent de nouveau en une masse lobée. L'uretère est blanc et
fort distinct dans toute la bande inférieure du rein; il aboutit à une
petite vessie urinaire, située sur le rectum.

Le cœur est d'une forme ovale, assez peu régulière; le bulbe
de l'aorte a la figure d'un autre sphéroïde, presque aussi grand que
le ventricule; l'oreillette a peu de lobes ou de franges.

Le cerveau montre en dessus deux tubercules antérieurs, ovales
et petits, deux tubercules optiques à peu près sphériques et doubles
en diamètre de ceux-ci. Le cervelet est aussi sphérique et un peu
plus gros que chacun des deux tubercules précédents : derrière le
cervelet, il y a un peu au-dessous un tubercule impair et rond, et
deux autres tubercules oblongs. Les corps optiques sont moindres
que ceux de la carpe; on n'en voit pas le relief en dehors.

L'œil a en dedans de la sclérotique une couche de vernis
argenté; le cartilage de cette membrane externe est divisé en deux
parties; la glande, en fer à cheval, est d'un rouge très-foncé; le
cristallin est petit, et je n'ai pas vu de ligament choroïdien s'avançant vers lui : je l'ai cherché inutilement, je crois qu'il n'existe pas.

Le nerf optique entre par un point blanc, au milieu duquel

en est un rouge, et d'où partent des filets déliés qui vont se perdre dans la rétine.

Telle est la description de la tanche de nos eaux douces, et qui présente des variations de coloration dues souvent à la nature ou à la limpidité des eaux, et souvent aussi le résultat de marbrures, qui s'effacent plus ou moins sur les différens sujets.

Outre les individus de nos rivières ou lacs des environs de Paris, j'ai encore examiné des tanches du lac de Tegel et des eaux douces de Berlin; puis, M. Major en a donné des lacs de Zug et de Genève; MM. Pentland et Rickets, du lac de Côme; M. Canali du lac de Trasimène et de Perugia; M. Savigny l'a rapportée de Naples, de Rome, de Florence; M. Bibron, du lac de Lentini en Sicile.

On voit donc qu'elle est répandue dans toute l'Europe, et aussi la trouve-t-on mentionnée dans tous les auteurs récens. Ainsi, Linné[1] la cite dans la *Fauna suecica;* M. Nilson[2], qui n'a pas séparé la tanche du goujon, mais qui les a réunis dans son genre *Barbus,* dit qu'elle ne dépasse pas en Suède, vers le nord, le lac Rädasjö en Westmorland; Muller[3] la compte dans la *Fauna danica,* et M. Ekström, qui ne parle pas du goujon, cite au contraire la tanche parmi ses poissons du Mörcko. Elle est dans la Zoologie britannique de Pennant[4], où l'on trouve qu'il a entendu parler de tanches du poids de dix livres; ce qui n'est encore que moitié de celles dont a parlé Salviani : ce qui paraît exagéré; car les tanches de quatre livres sont déjà très-rares.

---

1. *Faun. suec.,* p. 122, n.° 321. — 2. *Pisc. Scand.,* p. 34, n.° 20. — 3. *Faun. dan.,* p. 50, n.° 428. — 4. Penn., *Brit. Zool.,* page 306.

Je ne suis pas satisfait de la figure donnée par M. Yarell[1], qui ne montre pas de traces de barbillons. D'ailleurs, l'histoire du poisson est faite avec le même soin qui a rendu son livre si recommandable.

Donovan[2] en a publié une brillante et correcte figure, et il rapporte quelques traits curieux sur ses habitudes : telle serait celle de s'endormir (ou s'engourdir) au fond de l'eau par les grandes chaleurs de l'été.

MM. Flemming[3], Jennyn[4] et Mme Lee[5] ont aussi cité ou figuré la tanche dans leurs ouvrages. Tous les auteurs allemands, depuis Schonevelde jusqu'à Bloch, ont aussi mentionné la tanche; et ce dernier en a fait figurer une belle variété sous le nom de *cyprinus tinca auratus*. M. de Jurine l'a aussi représentée dans son Histoire des poissons du lac Léman, pl. X.

M. Agassiz la figurera aussi dans son Histoire des poissons de l'Europe centrale, mais sous le nom de *tinca chrysitis;* dénomination nouvelle, adoptée par M. Fitzinger dans son *Prodromus faunæ austriacæ,* et par le prince Charles Bonaparte de Canino dans son *Fauna italica.* Sur la même planche de cet ouvrage il donne, à côté de celle-ci, la représentation d'une autre espèce ou variété, qu'il nomme *tinca italica,* et qui s'en distinguerait surtout, parce que celle-ci

a le dos beaucoup moins élevé; ce qui rend la tête égale à la hauteur du tronc, tandis qu'elle est beaucoup plus courte dans l'autre.

---

1. Yarell, *Brit. fish.*, page 328. — 2. Donov., *Brit. fish.*, pl. 113. — 3. Flemm., *An. Kingd.*, page 186. — 4. Jenn., *An. vert.*, page 405. — 5. Lee, *Freshwater fish. of Brit.*

La dorsale du *tinca italica* serait aussi plus haute à proportion ; et enfin les rayons des nageoires seraient plus grêles.

J'ai comparé entre elles beaucoup de tanches de Florence et de Rome, que nous devons à M. Savigny et aux autres naturalistes, et j'ai trouvé dans les variations individuelles des différences qui ne me permettent pas de donner à ces caractères autant de valeur que le prince Charles Bonaparte leur donne; il existe même des caractères distinctifs plus prononcés dans les variétés que M. Savigny a trouvées parmi les tanches de Naples, et dans celles que M. Bibron a rapportées des eaux douces de la Sicile. Cette différence consiste dans la grandeur des yeux, qui est chez ces individus très-frappante, à cause de la petitesse de ces organes; mais je n'ai vu que de petits individus longs de plus de quatre pouces.

La tanche, nommée *Tinca* en Italie, et *Tench* en anglais, reçoit dans les langues du Nord des noms d'une étymologie fort différente. En Allemagne elle se nomme *Schley*, et en danois *Slie*, nom d'origine allemande, et *Suder*; et les Suédois la nomment *Sutare*, *Linnare* ou *Skomakara*. Ces noms, déja inscrits dans la *Fauna suecica*, sont répétés, sans changemens, dans les ouvrages récens.

Géorgi la compte dans sa Description de la Russie[1]; il lui donne cinq livres de poids, et rarement huit.

Pallas dit que les Baskhirs la nomment *Karà-balyk*, c'est-à-dire, poisson noir, et les Tatars du Jeunassé *Karal* : à Tscheremissa elle se nommerait *Schrugor*, et

---

1. Géorgi, Descr. de la Russie, III, 7, p. 1953.

chez les Votiaks *Almei*. Les Calmouques la désignent, d'après ses habitudes de vivre en troupes, sous le nom d'*Ukir-sagussum* (*armentalis piscis*), et en Arménie elle se nomme *Saw-zukgnà* : elle est aussi citée par M. Nordmann dans la *Fauna pontica*.

CHAPITRE XII.

Des Labéons.

J'ai déjà fait remarquer, en traitant des sous-divisions du genre *Barbus*, et en particulier des *rohita*, que le caractère des labéons avait été mal posé dans le Règne animal. J'avais, en effet, depuis bien long-temps reconnu que le *cyprinus niloticus* de Forskal a un barbillon; et sur l'individu même qui a été rapporté par M. Geoffroy, et examiné par M. Cuvier, le barbillon est long de deux à trois lignes. Cet individu présente encore cela de remarquable, que le barbillon du côté gauche est dilaté à sa base et comme déformé; que c'est celui du côté droit qui seul est bien développé : c'est, peut-être, à ce cas particulier de déformation qu'il faut attribuer l'erreur qui a été commise dès l'année 1817, et puis constamment recopiée jusqu'en 1835, où M. Ruppell, qui a décrit avec tant de soins les poissons du Nil, a trouvé ce barbillon sur son *labeo Forskalii*. Ce célèbre voyageur a proposé alors une réforme caractéristique du genre; sa diagnose devenait plus correcte que celle de Cuvier, en l'exprimant ainsi :

Labeo maxilla superiore prominente, tumefacta, carnosa, oris margine triplici, ad angulum ossis maxillaris CIRRHUS *parvulus, etc.*

Mais je ne sais par quelle fatale erreur l'auteur à l'instant gâte le genre qu'il caractérise si bien, en y introduisant des espèces qu'il n'a pas vues, et parmi lesquelles le *cyprinus rohita* a, comme on l'a vu plus haut, quatre barbillons.

La fausse expression du genre Labéon dans le Règne animal a dès-lors embarrassé beaucoup les naturalistes, et surtout les voyageurs qui, n'ayant avec eux que peu de ressources, devaient surtout ajouter pleine confiance à l'exactitude ordinaire de M. Cuvier. C'est ce qui explique comment Kuhl et Van Hasselt ont imaginé à Java de créer un genre *Labeobarbus* pour une belle espèce de labéon de la rivière de Bantam. Malheureusement ils ont, pendant leurs courses, associé à celui-ci d'autres poissons, qui leur semblaient trop différer des *barbus,* et qui cependant n'avaient pas les caractères véritables de leur *labeobarbus.* Ce nom, et plusieurs autres de leurs travaux préparatoires, n'ayant pas été adoptés, M. Ruppell s'est servi de l'expression de *labeobarbus* pour caractériser un genre tout différent.

Non-seulement M. Cuvier avait mal caractérisé le genre Labéon, mais il avait réuni au *cyprinus niloticus* le *cyprinus fimbriatus* de Bloch, espèce à lèvres frangées sans voile supérieur, et trop douteuse pour être rigoureusement un *rohita,* mais qui n'est pas un labéon; j'en ai parlé à l'article *rohita.* Puis, M. Cuvier comprenait encore dans ses Labéons le *catastomus cyprinus* de Lesueur, poisson différent des catastomes, il est vrai, mais sans barbillons, et qui ne peut être associé au *cyprinus niloticus.*

Les espèces du genre Labéon sont toutes exotiques et de l'ancien monde : le Nil nourrit les plus anciennement connues; il faut ensuite ajouter à celles-ci les nouvelles découvertes dans l'Inde.

16. 33

Le nombre à réunir dans ce genre sera plus considérable, quand nous connaîtrons mieux les poissons décrits par MM. Buchanan ou M'clelland. Elles sont toutes remarquables par un museau épais et charnu, avançant sur la bouche, dont la fente est recouverte par un triple rang de lèvres; un premier voile naissant du sous-orbitaire, et s'étendant sur les deux autres; un second maxillaire, sorte de première lèvre, et un troisième, la vraie lèvre, en dessous; le bord de la lèvre inférieure se détache et se replie de manière à faire aussi un voile particulier en dessous. A l'angle du maxillaire est un petit barbillon. Les premiers rayons de la dorsale sont simples et grêles, et les autres, branchus, sont aussi très-flexibles : c'est donc une dorsale de goujon ou de tanche avec des lèvres qui rappellent ce que nous ont montré les *rohita,* mais elles ne sont pas frangées. Une autre différence consiste dans la disposition du voile et dans les deux seuls barbillons labiaux.

Le Labéon du Nil.

(*Labeo niloticus,* Cuv.)

Ce poisson du Nil, aussi grand que le *bynni,* a été, comme celui-ci, décrit par Forskal sous le nom de *cyprinus niloticus.* Gmelin, reprenant la description de ce voyageur, a inscrit l'espèce dans la XIII.ᵉ édition de son *Systema naturæ,* et nos connaissances sur ce labéon en restèrent là jusqu'à l'époque de l'expédition d'Égypte. M. Geoffroy Saint-Hilaire rapporta des exemplaires de ce poisson, et une figure en fut gravée dans le grand atlas de l'ouvrage d'Égypte, pl. IX, fig. 2. Malheureusement cette planche est défectueuse; elle ne ferait jamais reconnaître l'espèce que le peintre a eue sous les yeux, et je n'aurais pu la déterminer avec certitude, si M. Geoffroy Saint-Hilaire n'avait eu la générosité de déposer au jardin du Roi les originaux rapportés d'Égypte par ses soins.

C'est avec le même individu original de la figure donnée dans l'ouvrage d'Égypte que M. Cuvier a établi le genre Labéon, et, qu'après lui, M. Isidore Geoffroy Saint-Hilaire, publiant le travail de son père sur les poissons d'Égypte, a donné une description faite comparativement à celle du bynni, de sorte qu'elle manque déjà d'une certaine précision. Il y a en outre une autre incorrection, il a négligé tout-à-fait le barbillon labial.

M. Ruppell n'a fait que mentionner le *labeo niloticus* dans son catalogue des poissons du Nil, et il a donné la description de deux autres espèces.

Voici la description que j'ai faite sur l'individu examiné par M. Isidore Geoffroy, et qui est reconnaissable à cause de la mutilation de son anale.

Ce poisson, remarquable par l'épaisseur de son museau et des parties charnues qui le couvrent, a un peu de la forme de notre barbillon. Le corps est cependant plus comprimé; la hauteur est comprise quatre fois et demie dans la longueur totale, et l'épaisseur n'est que deux fois et un quart dans la hauteur. La longueur de la tête égale à peu de chose près l'élévation du tronc. Du bout du museau la ligne du profil monte par une courbe régulière, soutenue derrière la nuque, jusqu'au pied du premier rayon de la dorsale, d'où cette ligne descend doucement, et en devenant très-légèrement concave, jusqu'à la queue. La ligne inférieure est peu concave, de sorte que la hauteur du tronçon de la queue égale à peu près la moitié de la hauteur du tronc. Toutes les pièces osseuses de la tête sont recouvertes d'une peau épaisse, qui ne laisse distinguer que l'opercule. L'œil est de grandeur médiocre; son diamètre n'est guères que du sixième de la longueur de la tête, et la distance du bout du museau au bord antérieur de l'orbite, égale ou surpasse même trois fois ce diamètre. Le cercle de l'œil, loin d'entamer la ligne du front, est au-dessus, d'au moins une fois le diamètre : c'est aussi la distance de l'œil à l'ouverture antérieure de la narine. L'espace compris entre ces deux organes est criblé de gros pores; on en voit un autre petit groupe au-dessus de ce premier, et puis c'est sur l'extrémité du museau qu'on en observe le plus. Ces pores sont ouverts sur de petits tubercules ou sortes de verrues mamelonnées, et indépendamment de ceux-ci, ces diverses régions de la face sont encore criblées de petits pores, comme des piqûres d'épingles. Le museau est tronqué, et si haut que sa mesure verticale fait les deux cinquièmes de celle de la tête prise à la nuque. Au-devant de ce museau très-rond pend une sorte de voile épais et membraneux, qui recouvre la lèvre; il s'étend sur le côté en une sorte de petit lobule. Le tissu qui constitue la pelote du bout du museau, cache les branches montantes de l'intermaxillaire. Ces deux os labiaux sont recouverts par une lèvre épaisse, charnue et pendante, et très-plissée en dessous; elle se continue autour de la fente de la bouche en une lèvre inférieure, épaisse et plissée de même, mais de plus garnie sur le côté externe de petits cirrhes qui la rendent un peu frangée. La fente de la bouche est tout-à-fait en dessous; elle est bordée d'un petit bourrelet tranchant, mais aussi charnu : aussi la bouche de ce poisson pourrait, au moyen de cet appareil, s'appliquer sur les corps ou les sucer comme à l'aide d'une ventouse. A l'angle de la bouche et tout-à-fait en dehors il y a un large repli ou un lobule libre, qui porte un barbillon long de deux lignes, court, mince, que l'on peut facilement négliger : ce qui a fait dire à M. Cuvier que ses labéons manquent de barbillons. Les deux ouvertures de la narine sont rapprochées, et le bord postérieur de la première est dilaté et s'étend sur la seconde, de manière à la cacher. L'isthme de la gorge est large; les ouïes ne sont pas très-fendues. Les dents pharyngiennes ont une couronne oblique, à un seul anneau d'émail, de sorte que la coupe ressemble à celle d'une incisive.

Le premier rayon de la dorsale est implanté au tiers antérieur du corps; le troisième, qui est le plus long, égale la hauteur du tronc et la longueur de la nageoire. Les ventrales sont insérées sous le milieu de cette nageoire; l'anale est reculée sous la queue; la caudale est fourchue.

B. 3; D. 3/13; A. 3/5; C. 5 — 19 — 3; P. 16; V. 9.

Les écailles sont minces, très-finement grenues et comme cachées ou empâtées sous un mucus épais. Le bord est lisse, mince et comme membraneux; il y en a trente-six rangées dans la longueur et treize dans la hauteur : sous la poitrine elles deviennent très-petites.

La couleur est un brun violacé, tirant au verdâtre par la teinte du bord de chaque écaille. Les nageoires sont brunes ou verdâtres.

L'individu que je décris a près de treize pouces.

L'espèce est connue en Égypte sous le nom de *Lebis, Lebes* ou *Lebse;* les deux premiers étant usités dans la basse Égypte, et le troisième dans le haut Nil.

Forskal a employé le second de ces noms, qui veut dire *usé* ou *habillé.* M. Geoffroy a entendu appeler les siens à Syout, *Saale* ou *Mygouara;* et, dans cette ville, M. Geoffroy fait observer que le nom de *Lebse* y est comme générique, et que les pêcheurs de Syout disent *Lebse scira* le *vrai lebis; Lebse cammeri,* pour la variété *B* indiquée par Forskal, et que M. Ruppell a distinguée, etc. M. Riffaut a écrit *lipche* ou *lepche.* C'est le plus commun de tous les poissons du Nil : sa chair est estimée des Arabes.

Le LABÉON DE FORSKAL.

(*Labeo Forskalii,* Rupp.)

M. Geoffroy Saint-Hilaire a aussi rapporté du Nil une seconde espèce de labéon, qu'il n'a pas décrite, et que

nous avions déjà reconnue comme une espèce distincte,
il y a plus de quinze ans, lors du travail préparatoire de
la classification des poissons de la galerie du Cabinet du
Roi. C'est celle que M. Ruppell[1] a fait connaître sous le
nom de labéon de Forskal (*labeo Forskalii*), et dont il a
donné une fort bonne figure. C'est le poisson que Forskal
avait indiqué sous la variété *B* de son *cyprinus niloticus*.

Cette espèce

a le museau plus aigu, percé de pores très-petits, peu nombreux
et n'offrant aucune des verrues de la précédente. La nuque est
plus concave; le corps plus alongé. Le voile du museau est moins
haut, moins détaché, et les lobules sont plus courts. La lèvre est
moins plissée, mais beaucoup plus frangée; il n'y a pas à la commissure ce repli d'où sort le barbillon : ici il est plus libre et très-
grêle. C'est l'absence de la seconde lèvre qui fait cette fossette si
creuse, signalée par Forskal et M. Ruppell. La dorsale est plus élevée
que le tronc n'est haut; elle est moins étendue sur le dos. Ses
rayons sont plus longs; le bord est droit, ce qui lui donne une
forme plus carrée. L'anale moins pointue que dans le *labeo niloticus;* la caudale très-fourchue.

D. 8/10 ; A. 8/5, etc.

Il y a quarante rangées d'écailles entre l'ouïe et la caudale; elles
sont minces, fortement veinées plutôt que striées. La ligne latérale
est bien marquée par une série un peu concave de points noirâtres.

La couleur est un vert doré uniforme. M. Ruppell la dit cendrée
bleuâtre et les nageoires glauques.

Nos individus varient de six à dix pouces de longueur.
M. Ruppell ne lui a entendu donner aucun nom particulier, tandis que les notes de M. Geoffroy nous apprennent
que c'est le *lebse cammeri* des Arabes.

---

1. Ruppell, *Ueber neue Nilfische*, p. 18, pl. III, fig. 1.

Le LABÉON COUBIE.

(*Labeo coubie*, Rupp.)

M. Ruppell distingue une troisième espèce du Nil,

qui ressemble à la première par son museau charnu et arrondi ;
mais dont la dorsale égale en hauteur celle du tronc, mesurant
le quart de la longueur totale. M. Ruppell dit que cette hauteur
est à la longueur :: 9 : 40. L'anale est moins haute ; la caudale est
échancrée.

D. 3/14 ; A. 2/5 ; C. 4 — 20 — 4 ; P. 18 ; V. 9.

Les lèvres sont ciliées ; la ligne latérale est droite.

Il y a trente-neuf rangées d'écailles entre l'ouïe et la caudale.
Le dessus du corps est vert de mer, et le dessous blanc ; quelques
écailles ont du bleu d'azur à leur base, et du vert foncé sur le
bord ; les nageoires sont blanc cendré.

**M. Ruppell a vu ce poisson au marché du Caire ; il s'y
nomme *Coubie*. On en trouve des individus de douze
pouces.**

Le LABÉON SELTE.

(*Labeo selti*, nob.)

**Après ces espèces d'Égypte, nous avons à placer deux
autres labéons d'Afrique.**

**M. Jubelin a envoyé du Sénégal une espèce voisine de la
précédente ;**

mais elle a le corps plus court et plus trapu, et à peu près aussi haut
que le *labeo niloticus*. La tête a le museau aigu, lisse et à très-
petits pores, comme le *labeo Forskalii*. Le chanfrein est plus
soutenu, de sorte que, sans être plus longue, elle est plus grosse
que celle du précédent.

La dorsale ressemble, pour ses proportions, à celle du Labéon du Nil; mais elle a le bord un peu arrondi. L'anale est plus courte; la caudale, fourchue, a ses lobes plus larges.

D. 3/14; A. 2/5, etc.

Il y a deux très-petits barbillons labiaux; le voile du museau a un petit lobule; la lèvre supérieure a peu de plis, et l'inférieure est frangée. Je compte quarante rangées d'écailles entre l'ouïe et la caudale, et onze seulement dans la hauteur. La ligne latérale est courbe et formée par une série continue.

La couleur est uniformément dorée.

Nos individus ont jusqu'à onze pouces : ils sont venus sous le nom indigène de *selte*.

Le Labéon du Sénégal.

(*Labeo Senegalensis*, nob.)

Le même fleuve nourrit une seconde espèce, que nous devons à M. Roger, gouverneur de cette colonie.

Dans ce poisson le corps est alongé; la hauteur du cinquième de la longueur totale, et plus grande d'un quart que la tête. Le profil du dos est peu convexe; mais celui du ventre l'est un peu plus que dans la précédente. Le museau est épais, haut, obtus, et n'a pas de voile libre et terminé sur les côtés par un petit lobule. La lèvre est frangée, mais elle n'a aucuns plis. A l'angle de la commissure il y a un tout petit barbillon qui n'a pas une demi-ligne de longueur. La tête est recouverte d'une peau moins épaisse, de sorte qu'elle laisse mieux voir les pièces osseuses du sous-orbitaire, qui montre cette particularité que le second sous-orbitaire avance sur le côté du museau, au-devant de l'orbite.

Les écailles sont grandes; il y en a trente-neuf rangées entre l'ouïe et la caudale, et onze dans la hauteur : elles sont assez fortes; leur bord est mince et comme membraneux.

La ligne latérale n'est pas très-marquée; la dorsale est courte et pas très-haute; l'anale est pointue; la caudale a des lobes larges et arrondis.

D. 3/11; A. 2/5, etc.

La couleur est un beau doré sur l'écaille, et le limbe est violacé ou argenté; les nageoires sont décolorées.

Ce poisson est long de seize pouces. On ne nous a pas donné de renseignemens sur ses habitudes, ni sur sa dénomination dans le pays d'où il provient.

Le LABÉON CÉPHALE.

(*Labeo cephalus,* nob.)

Nous avons maintenant à signaler plusieurs espèces de l'Inde. L'une d'elles offre plusieurs traits de ressemblance avec le *labeo niloticus,* et elle est cependant bien différente.

La ligne arquée du profil du dos s'élève depuis le museau et renfle en se soutenant entre les narines, au-devant des yeux; elle devient un peu concave sur le front, entre les yeux, puis convexe à la nuque, et se continue telle jusque sur le dos de la queue, où elle se creuse tout-à-fait. La ligne du ventre est presque droite jusqu'à l'anale, où elle se relève pour suivre ensuite le dessous de la queue. La plus grande hauteur fait le quart de la longueur totale; l'épaisseur n'est pas moitié de la hauteur : celle du tronçon de la queue est comprise deux fois et demie dans celle du corps. La tête est courte, renflée aux ouïes; sa longueur est près de cinq fois dans la distance du bout du museau à la fin de la caudale, et l'épaisseur aux opercules est des quatre cinquièmes de la longueur de la tête. Le dessus est lisse, large entre les yeux, de près de quatre fois leur diamètre; et la distance du bout du museau au bord du cercle de l'orbite égale le double du diamètre; d'ailleurs

16. 34

la ligne du profil n'est pas coupée par ce cercle. Le préopercule
a le bord en arc de cercle parallèle à celui de l'ouverture de
l'ouïe formée par le bord de l'opercule et du sous-opercule. La
membrane qui le suit cache toute l'ossature de l'épaule, qui est
grêle. Le museau est renflé, élargi et percé de pores petits et très-
nombreux; l'épaisseur et la largeur du museau sont dues à la
forme semblable des maxillaires, qui avancent ainsi jusqu'à l'extrémité et cachent sous leur élargissement les intermaxillaires et la
lèvre frangée qui le borde. La mâchoire inférieure a son bord droit
taillé en biseau transversal, et sa lèvre est plus épaisse, mais frangée
comme la supérieure. Un très-court barbillon labial est à l'angle de
la commissure. Les dents pharyngiennes sont sur trois rangs, à couronne plate et taillée en biseau très-obliquement; la rangée externe
est composée de cinq longues dents, les autres sont plus petites;
elles appuient toutes sur une éminence ovale et assez large du
basilaire.

Les ouïes, largement fendues, ont une membrane branchiostège
soutenue par trois rayons.

La dorsale, semblable à celle des cirrhines, n'a pas de rayons
osseux et durs; le premier est très-petit, le second moitié du
troisième, simple, mais à articulations nombreuses et rapprochées. Il est courbe et un peu moins haut que les deux tiers du
tronc sous lui. L'étendue de la dorsale surpasse de peu la hauteur
du rayon; le dernier est moitié moins haut. L'anale est aussi alongée; elle touche à la base de la caudale : elle n'a pas moitié en
étendue. La caudale est fourchue; ses lobes sont larges et arrondis.
La ventrale est aussi longue; mais la pectorale est un peu plus
courte.

B. 3; D. 3/13; A. 3/6; C. 5 — 19 — 5; P. 20; V. 9.

Les écailles sont assez grandes, lisses et à bord mince comme
membraneux; j'en trouve trente-six rangées le long du côté et
treize dans la hauteur. La ligne latérale est droite, peu marquée
et formée d'une série de tubulures.

La couleur est un vert doré sur le dos, avec une bordure noirâtre à chaque écaille; le ventre est plus brillant et le liséré des

écailles devient bleuâtre ou blanc nacré. L'anale et la caudale sont vertes et assez foncées; la dorsale est plus pâle, la ventrale grise et la pectorale verdâtre sale.

Ce poisson, originaire de la rivière de Rangoon au Pégu, a un pied de long : il a été rapporté et donné au Muséum par l'expédition de la Chevrette, dont le chirurgien, qui s'est occupé avec zèle d'histoire naturelle, était M. Reynaud.

Le LABÉON DE DUSSUMIER.

(*Labeo Dussumieri*, nob.)

Une seconde espèce

à corps plus alongé, dont la hauteur est quatre fois et demie dans la longueur totale, a la courbe du dos moins élevée, mais celle du ventre prononcée et égale à la supérieure. La tête est du cinquième de la longueur totale; son épaisseur entre les opercules des deux tiers seulement de cette longueur de tête. L'œil est plus petit; son diamètre est six fois dans la tête et deux fois et demie dans la distance jusqu'au bout du museau : celui-ci, obtus, a très-peu de pores. La bouche, fendue, droite, sous l'avance de la lèvre supérieure; celle-ci est frangée comme l'inférieure. Le barbillon labial est très-petit; il est seul. La caudale est fourchue : ses lobes sont plus pointus. L'anale est plus rapprochée de la queue; la dorsale est moins haute et moins longue.

D. 3/12; A. 3/6, etc.

Les écailles sont plus petites, au nombre de quarante-deux rangées entre l'ouïe et la caudale et de quatorze dans la hauteur. La ligne latérale est tracée par une série de points sur la huitième rangée.

La couleur est dorée, avec un liséré noir sur chaque écaille, et qui couvre le corps d'un réseau de cette teinte plus pâle sur le ventre que sur le dos. Les nageoires sont vertes et assez foncées.

La longueur du poisson est de neuf pouces : il vient des étangs de Calcutta, d'où M. Dussumier l'a rapporté.

Ce voyageur lui donne une couleur vert olivâtre sur le dos, des taches dorées sur les écailles des flancs et du ventre, et celles-ci sont bordées de vert, qui devient noirâtre par l'action de l'alcool; la membrane des nageoires est verdâtre, et leurs rayons sont rouges.

Ce poisson devient assez grand, et est recherché comme nourriture.

Le Labéon de Reynauld.

(*Labeo Reynauldi*, nob.)

Nous avons encore de Rangoon, rapportée par le voyageur, auquel nous nous faisons un plaisir de la dédier, une espèce voisine de la précédente,

par la brièveté du barbillon, par les franges des lèvres amincies, par le museau qui est cependant un peu plus pointu. La hauteur est quatre fois et un tiers dans la longueur totale; la courbe du ventre est peu forte. La tête est alongée; l'œil a un plus petit diamètre, contenu trois fois et demie dans la longueur de la tête, qui est égale à la hauteur du tronc. La dorsale n'a pas plus de longueur que de hauteur, et celle-ci est moindre que celle du corps sous le rayon le plus alongé. L'anale est pointue, la caudale fourchue. Les articulations de tous les rayons sont assez marquées pour faire une sorte de treillis sur la nageoire.

D. 3/13; A. 2/5, etc.

Les écailles, de médiocre grandeur, sont au nombre de quarante le long du côté. La ligne latérale marquée par une série de petits traits; le dos est gris plombé, devenant noirâtre en haut, à cause de la couleur du bord des écailles. Cette nuance se fond et se perd sur le côté, et à partir de la ligne latérale, la couleur devient

un argenté grisâtre ou plombé uniforme. La caudale et l'anale
sont verdâtres, la dorsale est plus pâle; les nageoires paires sont
presque blanches.

Notre individu est long de cinq pouces.

Le Labéon aux petites écailles.

(*Labeo microlepidotus*, nob.)

Une autre petite espèce de Rangoon

a le corps plus haut et plus comprimé que les précédentes, parce
que la courbe très-forte du ventre fait que la plus grande hauteur
est sous la dorsale, et que le museau comme la queue sont amin-
cis. Sous la nageoire la hauteur est le quart de la longueur totale;
la hauteur de la queue a peu de chose de plus que le tiers de celle
du tronc. La tête est petite, comprise cinq fois dans la longueur
totale. L'œil est grand; son diamètre est du tiers de la tête. Le
museau est tronqué; les lèvres sont peu épaisses, frangées, avec
un barbillon excessivement court et grêle à chaque angle. La dorsale n'a de hauteur que les deux tiers du tronc, et son étendue
égale la hauteur du tronc. L'anale est petite, la caudale est fourchue
et à lobes petits et grêles; les autres nageoires ont peu de largeur.

D. 3/14; A. 2/5, etc.

Les écailles sont petites; j'en compte soixante-trois rangées de
l'ouïe à la caudale et dix-huit dans la hauteur : elles sont finement
striées. La couleur est un plombé argenté qui passe au gris
verdâtre sur le dos. Les nageoires verticales ont du verdâtre; les
pectorales et les ventrales sont incolores.

La longueur de l'individu est de cinq pouces. Il a été
apporté au Muséum par M. Reynaud.

Le Labéon frangé.

(*Labeo fimbriatus*, nob.)

Nous avons reçu du Bengale un labéon qui paraît avoir
quelques affinités avec le *cyprinus fimbriatus* de Bloch;
mais on ne peut le regarder comme de la même espèce,
à cause de la dorsale.

Notre poisson a le profil du dos régulièrement convexe depuis
le bout du museau jusqu'à l'arrière de la dorsale, après laquelle
il devient légèrement concave. Le profil du ventre, appartenant
à une courbe d'un rayon plus grand, est aussi régulier. La hauteur du tronc est double de celle de la queue, égale à la longueur de la tête, et comprise quatre fois dans celle du corps. Le
museau est tronqué à l'extrémité; les lèvres sont peu épaisses et
frangées; un très-court barbillon existe à l'angle de la commissure. La dorsale, aussi haute que longue, l'est moins que le tronc
sous elle. L'anale est pointue, ainsi que les autres nageoires paires.
La caudale est fourchue.

D. 3/12; A. 2/5, etc.

Les écailles sont lisses, sans stries ni veinules : il y en a quarante et une rangées entre l'ouïe et la caudale. La ligne latérale
est fine et droite. La couleur est un bronze doré, plus clair et
plus brillant sur le ventre que sur le dos; le bord de chaque écaille
est noir; les nageoires sont noirâtres.

Ce poisson, long de six pouces, fait partie des collections de M. Reynaud, chirurgien à bord de la Chevrette.
Il nous l'a donné sous le nom bengale de *Coui-mas*.

Le LABÉON A NAGEOIRES ROUGES.

(*Labeo erythropterus*, K. V. H.)

J'ai dessiné à Leyde, en 1824, un grand labéon que
MM. Kuhl et Van Hasselt ont découvert à Java, et que
ces naturalistes croyaient d'un genre particulier, qu'ils
avaient l'intention de nommer *diplocheilos*, à cause des
doubles lèvres qui ferment la bouche. Ce poisson a évidemment tous les caractères d'un labéon.

Il ressemble aux précédens;

mais il paraît manquer de barbillons, tant ils sont courts. La hauteur est quatre fois et trois cinquièmes dans la longueur; l'épaisseur
n'est pas tout-à-fait deux fois dans la hauteur. Le profil du dos
est presque rectiligne et peu élevé.

La tête est contenue six fois dans la longueur. Son front, large
et convexe, se termine en avant par un museau obtus, percé de
pores très-gros.

La bouche et les lèvres comme aux autres labéons; les joues et les
opercules recouverts par la peau charnue et épaisse, qui semble
s'étendre du museau, de sorte que l'on ne distingue pas ces os.

La dorsale, au tiers du corps, est basse, peu étendue, et coupée
en croissant.

L'os de l'épaule, petit et triangulaire, donne attache à des pectorales ordinaires courbées en croissant; les ventrales, grandes,
alongées en pointes, n'atteignent pas l'anale; celle-ci, petite, mais
haute, est coupée en croissant; la caudale, fourchue, a des lobes
gros et égaux; la ligne latérale par le milieu du corps, un peu
infléchie par en bas.

D. 12; P. 14; V. 9; A. 6; C. 19.

Les écailles, moyennes, rudes au moyen de stries granuleuses,
longitudinales, inégales, sont au nombre de quarante-deux rangées
dans la longueur, et de douze seulement dans la hauteur; une

grande écaille couvre l'aisselle de la ventrale; les écailles du ventre, jusqu'aux ventrales, sont plus petites, plus minces et lisses. En arrière des ventrales elles ressemblent à celles des flancs.

La ligne latérale passe par le milieu du corps, et s'infléchit un peu vers le bas.

La couleur de ce labéon est assez brillante : les écailles du corps ont toutes un gros point rouge dans le centre; le dos a le fond bleu de Prusse foncé, qui passe, en s'éclaircissant, à un verdâtre clair sous le ventre. Le nez est bleu et les lèvres roses. La dorsale est bleue à sa base et brune sur une large bordure; l'anale a la base brune, les premiers rayons bleus, et le bord d'un beau rouge. La caudale a du jaunâtre mêlé dans le brun de sa base; l'intérieur du croissant et les points de ses lobes sont rouges; la pectorale a la moitié externe bleue, et l'autre jaunâtre ou olivâtre.

Cette description des couleurs est faite sur un dessin envoyé de Java par MM. Kuhl et Van Hasselt, et celle des parties du corps d'après un individu empaillé long de deux pieds, et qui existe à Leyde. Il vient des rivières de Bantam dans l'île de Java.

Le LABÉON HÉRISSÉ.

(*Labeo hispidus*, nob.)

J'ai également vu à Leyde un labéon assez semblable aux précédens par ses formes,

et qui a deux très-courts barbillons à l'angle de la bouche. La hauteur est du cinquième de la longueur totale; la tête égale cette hauteur. Le museau, obtus, est hérissé de tubercules pointus; la caudale est bien fourchue; la dorsale est haute et pointue : son premier rayon est assez rigide et détaché; l'anale est étroite; les ventrales sont longues.

D. 11; A. 6; C. 19; P. 17; V. 9.

Sur un dessin fait à Java, je vois que le dos est bleu, et qu'une bandelette de cette couleur se dessine par le milieu de la queue et va s'évanouir à la hauteur de la pectorale. Les flancs sont argentés, teints de rosé, qui se change en jaunâtre sur le ventre; les nageoires sont jaunes.

Ce poisson, long d'un pied, vient de Buitenzorg. Les jeunes naturalistes à qui nous le devons, avaient l'idée de distinguer celui-ci comme genre, et de le nommer *lobocheilos*.

Le Labéon oblong.

(*Labeo oblongus*, nob.)

Une autre espèce à corps alongé, a

la hauteur contenue près de sept fois dans la longueur totale. Le corps est d'ailleurs fusiforme, ce qui le fait paraître encore plus alongé à cause de l'étroitesse du bout du museau et de la queue. La dorsale est haute et pointue de l'avant, et a le bord très-creux, comme dans le *labeo Forskalii*. Les ventrales sont assez longues.

D. 11; A. 2/5; C. 19; P. 16; V. 9.

Le fond général de la couleur est bleu, foncé sur le dos et s'éclaircissant sous le ventre; la dorsale, l'anale et la caudale sont jaunes; les pectorales sont orangées; les ventrales plus pâles.

J'ai fait une description à Leyde sur un poisson long de cinq pouces; mais il paraît que l'espèce atteint à deux pieds. Elle vient des eaux douces de Java : le dessin est daté de Buitenzorg.

MM. Kuhl et Van Hasselt croyaient aussi trouver dans celui-ci le type d'un autre genre, qu'ils se proposaient de nommer *crossocheilos;* mais l'espèce rentre dans nos labéons.

16. 35

Le LABÉON FALCIFÈRE

(*Labeo falcifer*, nob.)

ressemble aux labéons; car il a

deux barbillons courts à la commissure. Le corps est alongé; le dos arrondi; la hauteur est quatre fois et demie dans la longueur, et l'épaisseur est la moitié de la hauteur. La tête est grosse, courte et six fois dans la longueur; le front est convexe et le museau est avancé, rond, obtus et percé d'un grand nombre de pores très-ouverts.

L'ouverture de la bouche est médiocre, en travers; la lèvre supérieure est épaisse, point protractile, percée de pores; elle est demi-circulaire; la lèvre inférieure, encore plus épaisse, est droite et transversale : elle se continue avec la langue, qui est adhérente et très-grasse; cette lèvre est d'ailleurs recouverte par un repli charnu de la peau du col; le bord est mince, point frangé, sans pores et coupé carrément; les deux angles près de la commissure sont libres et arrondis.

L'œil est petit, un peu en arrière; la pièce antérieure du sous-orbitaire seule est visible, et la peau qui la recouvre est percée de pores; les autres pièces du sous-orbitaire et le préopercule sont recouverts par la peau, qui est lisse, sans pores ni écailles. L'opercule est lisse et nu. L'ouverture des ouïes est assez grande.

La membrane branchiostège est très-petite, et je n'ai vu que deux rayons branchiostèges plats et minces.

La dorsale commence au tiers de la longueur totale. Le premier rayon est de plus du double plus long que le dernier. Les intermédiaires diminuent de longueur successivement, de manière qu'elle est coupée en faux : elle est d'ailleurs peu longue.

L'os de l'épaule est petit, en triangle, à bord festonné et à angle obtus. La pectorale est un peu alongée en faux, mais elle est peu large.

Les ventrales sont grandes et les premiers rayons plus longs que les autres, de sorte qu'elles sont coupées en croissant : fermées, elles atteignent l'anale.

L'anale commence aux deux tiers de la longueur, mesurée depuis l'angle de la commissure jusqu'à la naissance de la caudale : elle est aussi coupée en croissant.

La caudale est grande, profondément fourchue; le lobe supérieur est un peu plus long que l'inférieur.

D. 10; P. 16; V. 9; A. 6; C. 19.

La ligne latérale, légèrement courbe par en bas, passe par le milieu du corps. Les écailles sont grandes, finement striées longitudinalement; trente-cinq dans la longueur et onze dans la hauteur; une très-grande, pointue, couvre l'aisselle de la ventrale.

Le poisson, frais, est vert, tacheté ou grivelé de rouge et de vert; les nageoires sont bleues; les pectorales et les ventrales sont bordées de jaune.

Ce beau poisson vient de Buitenzorg : il devient long de deux pieds. Le Cabinet du Roi en possède un exemplaire, qu'il doit à la générosité de mon célèbre ami, M. Temminck, directeur du Musée de Leyde.

Le LABÉON DIPLOSTOME.

(*Labeo diplostomus*, n.; *varicorhinus diplostomus*, Heckel, poiss. de Kashm., pl. XI, p. 67.)

Je crois qu'il convient de placer à la suite des labéons le poisson décrit et figuré par M. Heckel sous le nom de *varicorhinus diplostomus*.

Ce poisson est alongé; sa hauteur est, à peu de chose près, cinq fois dans la longueur totale; la tête est petite et courte, du sixième du corps; le museau est au-dessous du milieu du corps;

la dorsale est avancée sur la première moitié du tronc; la caudale peu fourchue; la pectorale petite; la ventrale assez large.

B. 3; D. 13; A. 8; C. 6 — 17 — 6; P. 8; V. 10.

Les écailles sont de moyenne grandeur : il y en a quarante-cinq rangées dans la longueur, huit au-dessus de la ligne latérale, et sept au-dessous. Les écailles sont striées concentriquement sur la portion radicale, en rayonnant sur la partie nue, qui est pointillée.

Le museau est pointillé et poreux; il y a deux petits barbillons à l'angle de la bouche. Les lèvres sont minces; la bouche fendue en demi-ovale; la mâchoire inférieure, plus courte, se cache sous la supérieure.

La couleur de la tête et du dessus du corps est bleu d'acier sur le poisson conservé dans l'esprit de vin; au-dessous de la ligne latérale elle est blanche, à reflets dorés. Les nageoires, d'une seule teinte uniforme, sont grises ou cendrées.

L'individu vient de Kashmir; il est long de neuf pouces. M. Heckel ne parle pas de son nom vulgaire.

Le LABÉON CURSA.

(*Labeo cursa*, nob.; *Cyprinus cursa*, Ham. Buch., p. 387,
n.° 30, p. 290.)

Je crois qu'il faut encore compter parmi les labéons le poisson que M. Buchanan range parmi ses vrais cyprins, et le caractérise

par ses deux barbillons, par les seize rayons de la dorsale et les huit de l'anale. Les écailles sont petites, le museau est criblé de pores calleux.

B. 3; D. 16; A. 8; C. 19; P. 17; V. 9.

M. Buchanan dit que ce cursa a la plus grande affinité

avec son *cyprinus curchius*, pag. 289, auquel il refuse
des barbillons, et avec son *cyprinus cursis*, pag. 292
auquel il en assigne quatre. Il me paraît que ce sont trois
espèces distinctes.

Celle-ci a, selon l'auteur, beaucoup de ressemblance
avec la tanche (*cyprinus tinca*); mais ce sont des poissons
inférieurs pour la table. Il a, comme le poisson d'Europe,
un barbillon à chaque angle de la bouche. Mais M. Buchanan lui trouve aussi de la ressemblance avec le *cyprinus
capoeta* de Pallas, qu'il paraît n'avoir connu que par la
traduction de Bonnaterre. Il observe que le *capoeta* a
dix rayons à la dorsale : il y a aussi d'autres différences ;
car le capoeta n'a pas le museau poreux, et le rayon de la
dorsale est épineux. Les nageoires des labéons, des rohites
et autres genres voisins, ont leur rayon simple, mais flexible.
Or, M. Buchanan dit simplement que le rayon de son cursa
est non divisé. Cette mollesse du rayon, et les pores du
museau, m'engagent à faire du cursa un labéon.

> La tête est ovale, obtuse, petite. Les barbillons très-petits ; le
> museau avancé au-delà de la bouche, charnu et percé de beau-
> coup de pores. La bouche est petite et droite. Les lèvres charnues
> et pendantes ; la supérieure sans os. Les yeux sont hauts, de gran-
> deur médiocre ; l'ouverture de la papille ovale, et son plus grand
> diamètre est le vertical. Le dos penche au-dessous de la tête ; le
> ventre est arqué ; la couleur est argentée, rembrunie vers le dos ;
> les nageoires, à l'exception des pectorales, sont noirâtres, avec de
> nombreux points.

Le cursa habite les rivières d'eau douce et les étangs
du sud du Bengale : on en trouve souvent de deux à
trois pieds de long. Il est rempli d'arêtes, et beaucoup de
naturels s'abstiennent d'en manger, s'imaginant que, si on

s'en nourrit le même jour qu'on a pris du lait,, on est exposé à avoir l'éléphantiasis.

Le LABÉON KURCHI.

(*Labeo curchius*, nob.; *Cyprinus curchius*, H. B., p. 387,
n.° 29, et 289.)

C'est avec plus d'hésitation que je place à la suite des
labéons le *cyprinus curchius.* Si je n'avais, pour me faire
une idée de ce poisson, que la diagnose de M. Buchanan,
je ne l'y rapporterais même pas; mais, comme M. John
M'clelland dit que les lèvres sont frangées, je crois, qu'en
revoyant avec soin cette espèce de M. Buchanan, on
trouvera qu'il existe à l'angle de la bouche de très-courts
barbillons. C'est d'ailleurs ici une simple présomption.
Voici ce qu'en disent, d'ailleurs, les deux auteurs que je
consulte. M. Buchanan le place parmi ses *cyprini veri,*

espèce sans barbillons, ayant quinze rayons à la dorsale et sept à
l'anale; les écailles très-petites.

B. 3; D. 15; A. 7; C. 19; P. 18; V. 9.

C'est un poisson de forme comprimée, oblongue, presque en fer
de lance; à ventre plus proéminent que le dos; la tête est ovale,
de grandeur moyenne; le museau est pointillé et avancé au-delà
de la bouche; les lèvres charnues, pendantes et à bord mou.

Le kurchi est un beau poisson des eaux douces du
Bengale, qui atteint à un pied ou un pied et demi de
long, mais qui est peu estimé, parce que sa chair est remplie d'arêtes.

Dans les *Indian cyprinidæ* on le distingue du *cyprinus
gonius,*

parce qu'il manque de barbillons et que les pectorales sont plus courtes.

Sa longueur est trois fois plus grande que sa hauteur; les écailles sont au nombre de soixante-dix-huit, entre l'ouïe et la caudale, sur trente de hauteur. Les nombres des rayons sont un peu autrement comptés.

D. 16 ou 17; A. 7; C. 19; P. 15; V. 9.

Les lèvres sont continues autour de la bouche, doubles et frangées.

Ce poisson abonde dans toutes les eaux des plaines de l'Inde : les habitans de l'Assam le nomment *courie*.

M. J. M'clelland regarde comme une variété de cette espèce le *cyprinus cursis* de Buchanan, malgré que celui-ci ait quatre barbillons.

Le Labéon malacostome.

(*Labeo malacostomus*, nob.; *Gobio malacostomus*, J. M., p. 280.)

Est-ce un labéon que le *gobio malacostomus* de M. J. M'clelland, ou le *cyprinus falcatus* de M. Gray dans les Illustrations du major-général Hardwick?

C'est un poisson à museau épais, charnu, percé d'un grand nombre de pores muqueux; le bord des lèvres est double et frangé.

D. 12; A. 8; C. 19; P. 16; V. 9.

On a trouvé ce poisson dans l'Assam supérieur, où il se nomme *nepura*. La longueur varie de six à douze pouces.

Si l'auteur avait entendu que tous ses *gobio* auraient deux barbillons, je ne serais pas en doute de placer cette espèce parmi nos labéons.

Pour mentionner ici tous les matériaux que j'ai réunis sur les poissons, je dois ajouter quelques mots sur des dessins chinois qui existent dans la bibliothèque de J. Banks, et qui me font croire que l'on trouvera dans les eaux douces de cette vaste contrée des cirrhines ou des labéons. Je les signale à la suite des labéons, parce que le peintre n'a représenté que deux barbillons.

Je vois, sur l'un de ces dessins, un poisson

à museau saillant au-devant de la bouche, une dorsale haute de l'avant; des écailles de moyenne grandeur, avec des points noirs à leur base. Le fond de la couleur est brun ou rougeâtre, éclairci sur le côté, et devenant argenté sous le ventre. La dorsale et l'anale ont les premiers rayons roses; les nageoires sont obscures, rayées de bandes orangées.

Ce dessin est long de dix pouces.

Un second dessin, long seulement de cinq pouces, représente un poisson

a dos vert; à ventre argenté; à dorsale brune; toutes les autres nageoires étant jaunes.

Enfin, un troisième est autrement coloré;

le dos est vert foncé, se changeant en vert jaunâtre pour se fondre dans l'argenté du ventre. Les opercules brillent aussi de l'éclat de ce métal. Toutes les nageoires sont jaune pâle.

En parlant ici de ces dessins, je veux montrer que les eaux douces de la Chine, dont nous connaissons quelques carpes, ont encore d'autres formes de cyprinoïdes.

APPENDICE

AU SEIZIÈME VOLUME.

Le lecteur a vu que, dans l'histoire des cyprinoïdes, nous avons formé nos genres en prenant pour caractère extérieur essentiel la forme et la composition des nageoires; puis en y ajoutant le caractère tiré de la configuration de la couronne des dents pharyngiennes. Quand nous n'avons plus trouvé dans ces deux caractères des moyens suffisans pour réunir en groupes nos espèces, nous avons employé les barbillons, dont la présence ou l'absence, et l'insertion quand ils existent, ont donné de nouvelles combinaisons, qui ont permis de faire de nouvelles subdivisions; mais nous pensons que ces subdivisions sont très-secondaires, que le genre *Cyprinus* d'Artedi est un des plus naturel, et, par conséquent, qu'il ne se laisse pas diviser, ni même subdiviser en groupes aussi circonscrits que beaucoup de genres linnéens l'ont exigé. Ainsi donc que l'on ne voie pas une contradiction dans notre méthode, quand nous laissons les carpes sans barbillons avec celles qui en ont, tandis que nous subdivisons d'autres groupes par la position ou le nombre de ces organes. Nous ne regardons comme coupes importantes que celles qui offrent dans la dorsale, dans la nature des lèvres, des circonstances bien distinctes de celles des barbeaux ou des carpes.

Cela bien établi, nous devons dire aussi que l'Inde est

de tous les pays celui dont les eaux abondent en cyprinoïdes. Les eaux douces de l'Amérique, même septentrionale, sont bien loin de nourrir une aussi grande
variété de cyprins.

Quelque riches que soient les collections du Cabinet
du Roi, nous n'avons encore qu'un petit nombre de
cette grande quantité d'espèces.

Nous avons perdu presque tous les poissons recueillis
pendant le voyage de Victor Jacquemont, et nos collec-
teurs les plus actifs, comme M. Dussumier, étant toujours
obligés de rester sur la côte par la nature de leurs affaires,
n'ont réuni que les espèces côtières de cyprinoïdes, c'est-
à-dire, le plus petit nombre de ces vertébrés.

Deux ouvrages importans ont fait connaître les poissons
d'eau douce de la péninsule de l'Inde : l'un est celui de
M. Hamilton Buchanan; l'autre est la monographie publiée
sur les cyprins de l'Inde spécialement. Nous avons, dans
le cours de nos recherches, rapporté aux espèces que nous
décrivions, celles que nous retrouvions dans ces auteurs;
mais il en est un grand nombre sur lesquelles il me reste
de telles incertitudes que j'aurais, sans aucun doute, altéré
les rapports naturels des divisions établies dans ce volume,
en les y introduisant sans les avoir suffisamment reconnues.

Ces doutes sont la conséquence de la méthode que les
deux auteurs ont suivie; ils n'ont, ni l'un ni l'autre, étudié
avec assez de soins et compris la méthode de M. Cuvier,
qui me paraît bien supérieure à la leur, ni même réuni les
cyprins d'après les vues qui m'ont guidé dans la rédaction
de leur histoire, de sorte que les genres ne sont ni caractérisés d'après des organes assez importans pour fournir
des caractères génériques, ni même assez opposés les uns

aux autres. Ce sont des caractères de couleur disposée par bandes ou par taches, de grandeur plus ou moins appréciable des écailles, qui sont consignés dans les diagnoses génériques. Pour faire apprécier ces remarques, je vais exposer ici l'analyse des genres établis dans ces deux ouvrages, et l'on se convaincra, je pense, de la vérité de ces observations, qui ne sont pas ici présentées pour faire une critique blessante de travaux recommandables et qui serviront beaucoup à compléter l'histoire naturelle des cyprinoïdes de l'Inde.

M. Buchanan n'a point fait attention aux différences anatomiques de ces cyprins. Il les a subdivisés en neuf genres de la manière suivante :

PREMIÈRE DIVISION.

CHELA.

Ce sont des poissons du genre *Cyprinus*, reconnaissables au tranchant de leur abdomen entre les ventrales et l'anale. Leur corps est long, très-comprimé, la tête est petite et en fer de lance ou en lame de couteau; ils n'ont pas de barbillons. M. Buchanan y range sept espèces, qui se réunissent autour du *cyprinus cultratus*, L., et du *cyprinus clupeoides*, Bl. Ce petit groupe paraît assez naturel, la carène du ventre et la forme particulière du corps feraient assez bien reconnaître les espèces, si les différences dans les nombres des rayons des ventrales ne nous laissaient dans de grandes incertitudes sur leurs affinités génériques. L'auteur dit qu'elles diffèrent à peine des *clupanodons*, Lac.; mais qu'elles s'en distinguent par le petit nombre des rayons de la membrane branchiostège.

La composition de la bouche, dont les intermaxillaires bordent seules l'ouverture, les maxillaires étant reculées derrière eux, est un caractère distinctif bien plus important, puisque dans les clupées, les intermaxillaires et les maxillaires, pour la plus grande partie, contribuent à former l'arcade dentaire de la bouche.

DEUXIÈME DIVISION.

BARULIUS.

Cyprins à corps alongé et très-comprimé, irrégulièrement marqué, sur les côtés, de nombreuses taches ou barres transversales incomplètes. La dorsale reculée sur la seconde moitié du tronc; la ligne latérale est tracée parallèlement au bord inférieur du corps.

Les taches ou les marques dont le corps de ces espèces est orné, ont paru à M. Buchanan donner de la ressemblance avec les truites, et c'est à cause d'un caractère aussi peu important que celui tiré de la couleur, qu'il a formé un groupe tout artificiel comprenant des espèces à quatre barbillons, à deux barbillons et sans barbillons, et dont les dorsales varient probablement.

M. Buchanan remarque que toutes les taches ou bandes sont noires.

Je ne crois pas que, dans les parties de la péninsule de l'Inde visitées par M. Buchanan, il ait observé des schizothorax de M. Heckel, et cependant ce sont les espèces de ce groupe qui, de tous les cyprins, méritent le plus le nom de *cyprins-truites;* mais le caractère de leurs écailles anales est, sans aucun doute, plus important que celui tiré de la grandeur des écailles ou de la disposition des couleurs. Les espèces de Barulius ne sont pas toutes assez caractérisées pour ne pas être placées provisoirement dans ce supplément.

TROISIÈME DIVISION.
BANGANA.

Cyprins ayant le bord de la mâchoire inférieure, au-dessus de la symphyse, élevé longitudinalement comme dans les muges, auxquels ces poissons ressemblent en toute chose, excepté toutefois qu'ils n'ont qu'une seule dorsale.

M. Buchanan ajoute que le corps est alongé et comprimé sur les côtés. La couleur du dos est verdâtre, et celle du ventre argentée. Il nous apprend que le nom vulgaire de *bangana* est commun à beaucoup d'espèces de muges, comme à celles de cette division des cyprins, qui constitueront peut-être un genre distinct.

On croirait en lisant la diagnose de ce groupe, que les espèces doivent être rapprochées de nos *Aspius* d'Europe; mais en voyant les caractères des neuf espèces que l'auteur groupe ensemble, on en trouve à deux barbillons, et d'autres sans barbillons; et celles dont les figures viennent aider nos recherches, nous font croire que ces espèces seront réparties d'une manière plus naturelle quand nous les aurons rapprochées de nos *Leuciscus* d'Europe et des autres contrées.

QUATRIÈME DIVISION.
CYPRINS PROPREMENT DITS.

M. Buchanan dit que les cyprins de cette quatrième division n'ont aucune affinité avec ceux d'aucun autre genre.

Leur taille est grande; leurs formes épaisses; ils n'ont pas de taches, et la ligne latérale est près du milieu du corps.

Quoique formant un groupe naturel, les poissons de cette division n'ont reçu des habitans aucun nom particulier; et comme les espèces sont très-bien circonscrites et caractérisées, l'auteur a cru devoir les considérer comme le type du genre, et par cette raison il n'a pas donné de nom à cette subdivision.

Les espèces avec quatre barbillons qu'il y a classées, sont presque toutes de mon genre *Rohita;* il y a groupé des espèces à deux barbillons et d'autres sans barbillons.

Si le genre était naturel, il faudrait lui donner un nom particulier, puisque aucune des espèces ne se classerait dans les *cyprinus,* tels que M. Cuvier les a caractérisés, en prenant la carpe pour type du genre. L'auteur y a réuni quatorze cyprins de l'Inde.

CINQUIÈME DIVISION.

PUNTIUS.

Les cyprins de ce sous-genre n'ont aucune ressemblance avec ceux des autres genres. Ils sont de petite taille et marqués de taches colorées de peu de largeur.

Les Indiens les ont réunis sous la dénomination commune de *pungti,* et ces poissons sont très-communs dans les provinces arrosées par le Gange. Ils n'ont pas de valeur; on les mange rarement, parce qu'ils ne dépassent guères quatre pouces. Il y a des espèces à barbillons et d'autres qui en sont dépourvues. On en compte onze.

SIXIÈME DIVISION.
LES DANIO.

Ceux-ci, qui n'ont aucune ressemblance avec ceux des autres groupes, sont petits, et marqués de lignes longitudinales; mais ils n'ont pas de taches.

Il paraît que le véron rappelle la forme de ces petits poissons, que les pêcheurs du Bengale appellent *dhani*. Ils valent encore moins que les *pungti,* parce qu'ils sont plus petits et plus insipides, et qu'ils ne compensent pas ces défauts par leur grande abondance.

Le groupe ne nous paraît pas plus naturel que les précédens : il est fondé sur des rapports de couleur. On y voit des espèces à quatre barbillons, situés quelquefois d'une manière caractéristique autre que celle de tous les autres cyprinoïdes; la dorsale est aussi quelquefois reculée en arrière. Ces considérations auraient fait établir des groupes plus naturels que ceux suivis par l'auteur.

SEPTIÈME DIVISION.
MORULIUS.

Dans ceux-ci, également de petite taille, les couleurs du dos et du ventre s'entremêlent par une commissure dentelée.

HUITIÈME DIVISION.
LES CABDIO.

L'auteur a nommé *cabdio* des cyprins à corps très-comprimé, sans taches, sans bandes ou raies, ou autre coloration remarquable.

Aucun de ceux-là n'a de barbillons; il me paraît qu'ils doivent rentrer dans nos Ables ou Leuciscus.

NEUVIÈME DIVISION.

LES GARRA.

Enfin dans ce dernier groupe sont aussi des espèces à corps alongé, peu ou point comprimé, et sans taches ou bandelettes colorées remarquables.

Comment ce caractère peut-il distinguer ces espèces des précédentes? parmi elles on en compte avec des barbillons, mais la plupart en sont dépourvues.

Cette analyse justifie bien ce que j'ai dit de la méthode de M. Buchanan.

M. J. M'clelland s'est préoccupé de l'anatomie des poissons; les observations recueillies sur la longueur du canal intestinal et sur les différences qu'il présente, sont importantes; mais il ne les a pas fait concorder avec des caractères zoologiques extérieurs, ce qu'il aurait dû faire. Voilà d'ailleurs l'analyse de son travail.

Nous avons dit que M. J. M'clelland a divisé ses cyprins en trois grandes familles. La première, celle des POEONO-MINÆ, comprend d'abord son genre CIRRHINUS, ainsi caractérisé : *Mâchoire inférieure composée de deux limbes courts, attachés ensemble sur le devant, où il y a une dépression au lieu d'une symphyse proéminente; les lèvres molles et charnues, quatre barbillons, dorsale sans rayons épineux.*

Ce genre, ainsi déterminé, est bien fait; seulement

l'auteur n'aurait pas dû lui donner le nom de Cirrhinus, que M. Cuvier a appliqué, comme je l'ai montré, à des poissons tout différens. Aussi j'ai dû changer le nom, et, à l'exception du *cypr. dero,* inscrire toutes ces espèces parmi les *rohita;* une seule me laissa quelque doute : c'est le *cypr. nancar* de Buchanan (*Vid. supra,* pag. 51).

Le second genre est celui des Labéo. L'auteur le donne comme semblable, par la *conformation* et le *facies,* aux cirrhines; mais il n'y a point de *barbillons,* ou, quand il y en a, ils sont *très-petits.* Cette diagnose, ainsi que les espèces groupées sous ce nom, ne correspondent pas aux labéons de M. Cuvier. Ainsi son *cypr. curchius,* pris de M. Buchanan, me paraît un Rohita; mais c'est douteux; son *cypr. cursis* en est un sans aucun doute; le *cypr. cursa,* qu'il donne comme variété du *cypr. cursis,* est d'un autre genre, et son *cypr. dyocheilus* est une espèce d'un groupe tout différent, appartenant peut-être aux *Leuciscus.*

Le genre Barbus dans ce travail a été bien fait; la seule espèce, *cypr. chagunio,* que M. M'clelland croit une variété de son *cypr. spilopholus,* me paraît être un véritable Rohita.

Je n'ai vu aucun des Oreinus, de ces barbeaux de montagnes, qui, par leur aspect particulier, forment peut-être, à côté des schizothorax, un groupe distinct. Leur caractère est ainsi exprimé : *Tête charnue, bouche verticale, mâchoire inférieure plus courte que la supérieure, museau musculaire et avancé, avec quatre barbillons, dorsale précédée d'un rayon épineux et dentelé, les écailles petites.*

En le comparant à la diagnose des barbeaux, on juge que la seule différence entre les deux est fondée sur la petitesse des écailles : est-ce là un caractère suffisant pour faire un genre? Il me paraît que plusieurs des Gonorhynques auraient dû venir se placer ici.

Le troisième genre, *CYPRINUS proprius, à corps élevé, à mâchoire inférieure plus courte et arrondie devant; à lèvres épaisses et sans barbillons; la dorsale et l'anale ordinairement précédées d'un rayon épineux,* correspond à peine aux cyprinus de Cuvier. On peut y rapporter la première espèce; mais le *cypr. catla* ne saurait y entrer.

Sous le nom de GOBIO, l'ichthyologiste dont j'analyse le travail, a fait un genre dont voici le caractère : *La dorsale placée sur les ventrales, et, comme l'anale, courte et sans épine; la mâchoire inférieure plus courte que la supérieure, toutes deux arrondies devant, les lèvres épaisses, le museau proéminent.* Il ne tient plus compte des barbillons, et l'on voit que l'auteur, anatomiste zélé, se fonde sur la longueur du canal intestinal; caractère qui n'entre pas et qui ne peut en effet entrer dans une diagnose zoologique. Qu'en résulta-t-il? c'est que le groupe n'est plus circonscrit, l'insertion des barbillons, quand ils existent, ne donnant pas de base caractéristique. On trouve parmi ces gobio des cirrhines, un petit nombre de goujons et beaucoup d'espèces sans barbillons, qui, selon moi, prendront place parmi les Leuciscus.

Le cinquième genre a été appelé GONORHYNCUS et est ainsi caractérisé : *Bouche située sous la tête, qui est longue et couverte d'épais tégumens; le corps long et cylindrique, le museau percé de pores nombreux, la dorsale et l'anale opposées et sans épines; le canal intestinal et l'estomac formant un tube continu, environ huit fois plus long que le corps.*

L'auteur a cru que les espèces réunies sous ce nom avaient de l'affinité avec les Gonorhynques de Gronovius, genre établi sur un poisson du Cap. Mais le cyprin que nous possédons dans nos collections, n'a aucune affinité avec les espèces de l'Inde : il faudrait, si le genre était bien fait, l'adopter en changeant le nom, comme je l'ai fait pour les CIRRHINUS; mais en s'aidant de l'examen des figures et des descriptions très-bien faites, on voit promptement, d'après ma manière de voir, que les espèces de groupes différens sont ici rapprochées artificiellement.

La seconde famille de la Monographie des *Indian cyprinidæ,* est celle des SARCOBORINÆ, et le premier genre que l'on y trouve est celui des SYSTOMA, dont voici la diagnose : *Intermaxillaires protractiles, dorsale et anale courtes, la première opposée aux ventrales et précédée d'un rayon épineux; le corps élevé et marqué de deux (ou davantage) taches noires, distinctes ou diffuses, sur les nageoires et les opercules; la saillie de la symphyse peu prononcée.*

Je trouve ici un groupe naturel, si l'on en retire les deux premières espèces : la première avec ses quatre barbillons, me paraît un *barbus,* et la seconde me paraît un *capoeta,* à cause de ses deux barbillons.

Toutes les autres réunissent des petits poissons à dorsale courte, munie d'un rayon épineux, lisse ou dentelé, c'est-à-dire, pourvus d'une dorsale de Barbeau, mais qui n'ont pas de barbillons, c'est-à-dire, qu'ils forment dans ce genre une division semblable et analogue à celui des cyprinoïdes, réunis par M. Fitzinger, sous le nom de *cyprinopsis*, dans le genre des carpes.

Les raisons qui m'ont déterminé à adopter l'opinion de

M. Agassiz, pour ne pas séparer des carpes à barbillons les espèces qui en manquent, me détermineraient peut-être aussi à placer ces espèces à la suite des Barbeaux, comme une simple subdivision de ce genre; parce que le caractère zoologique que nous fournissent la nature de la dorsale et la forme générale du corps, indique suffisamment les rapports; mais il faudrait avoir comparé sur la nature ces différentes espèces, pour me fixer d'une manière plus positive.

Le second genre, ABRAMIS, ne comprend qu'une espèce, citée d'après M. Buchanan comme la seule brème connue jusqu'à présent dans l'Inde; il me paraît bien correspondre aux brèmes du Règne animal.

Mais le troisième, celui des PERILAMPUS, me présente plus de difficultés. Son caractère est ainsi rédigé : *Tête petite, oblique sous l'axe du corps; dorsale opposée à une grande anale; les pointes des mâchoires sous la ligne du dos, qui est droit; le bord du ventre arqué; les côtés ordinairement rayés de bleu; les nageoires sans rayons épineux.*

L'auteur observe que dans ce groupe l'intestin est à peine plus long que le corps : ce sont des petits poissons dont la longueur varie de deux à quatre pouces, et qui se nourrissent exclusivement d'insectes.

Dans les périlampes se trouvent des espèces à quatre barbillons, à dorsale reculée sur l'anale, qui, d'après les figures, ont de l'affinité avec nos NURIA, ou qui formeront un groupe, qui seront des brèmes avec des barbillons.

Les LEUCISCUS de ce travail ne correspondent pas au même genre de M. Cuvier; car l'auteur y place des espèces à barbillons, mais il remarque que celles-ci sont les plus rares. On voit par la caractéristique vague du genre que c'est un peu comme dans celui du Règne animal, la réunion des espèces qui n'ont plus présenté de caractères appréciables pour former des groupes. Voici cette diagnose :

Dorsale et anale petites, sans rayons épineux ; tête horizontale, bouche de moyenne grandeur, écailles et opercules couverts d'un épais pigment argenté.

Comme dans les périlampes, l'intestin est à peine plus long que le corps.

Le dernier genre, celui des Opsarius, a *la bouche petite, le corps étroit, marqué ordinairement de taches ou de bandes vertes transversales ; la dorsale, sans épines, sur le milieu du corps ; l'anale longue, et le ventre plus arqué que le dos.*

Ce sont de petits poissons à canal intestinal court.

Je crois qu'il y a parmi ces espèces des petites brèmes ou au moins des espèces qui y conduiraient ; et que, quand on aura retiré des Perilampus, des Leuciscus et des Opsarius, les espèces qui diffèrent par des caractères zoologiques autres que ceux donnés par la couleur ou la grandeur des écailles, il restera la plupart des espèces à placer parmi nos leuciscus dans leurs subdivisions, telles que M. Agassiz les a entendues.

Après avoir réparti les espèces que je reconnaissais dans ces deux ouvrages, j'ai cru devoir retirer des genres où elles étaient éparses, les espèces qui m'ont paru devoir rentrer dans les groupes de cyprinoïdes dont nous avons fait l'histoire dans les chapitres précédents, et je les ai placées en appendice à la fin de ce volume. Je crois avoir ainsi commencé à débrouiller ce que ces deux auteurs m'ont laissé le soin de faire, sans cependant altérer les genres faits sur l'examen des espèces que j'ai vues moi-même, ou sur lesquelles je ne pouvais conserver de doutes.

Pour placer définitivement les espèces de cet appendice, il faudra attendre que, de grandes collections nous arrivant de l'Inde, nous puissions reprendre ce travail déjà fort avancé. Nous allons donner les espèces dont la bouche est garnie de barbillons, nous indiquerons celles sans barbillons, en omettant celles de cette seconde division sur lesquelles nous n'aurons pas de doutes, et qui prendront place dans les genres à décrire dans le volume suivant.

Les quatre espèces qui vont suivre me paraissent être de véritables barbeaux. Je ne les ai reconnues que par une étude approfondie des deux ouvrages où elles sont décrites; cependant j'ai soin d'exposer à la fin de la notice, sur chacune d'elles, les doutes que je puis avoir.

Le CYPRIN SADA.

(*Cyprinus sada*, H. B., p. 393, n.° 78, p. 344.)

Cette espèce appartient au groupe des *garra*

à quatre barbillons, à pectorales pointues par le haut, ayant dix rayons à la dorsale, sept à l'anale, et la ligne latérale supérieure.

B. 3; D. 10; A. 7; C. —; P. —; V. 9.

La tête de ce petit poisson est demi-ovale, obtuse, et aplatie en-dessus. Les barbillons sont plus courts que la tête; le dos est presque droit; les écailles sont de moyenne grandeur. La couleur est verte sur le dos, argentée sous le ventre.

M. Buchanan a trouvé ce petit poisson dans le Brahma-putra; il a observé que pendant la saison du frai le ventre devient plus saillant que de coutume.

La longueur des barbillons me paraît seule distinguer ce poisson du suivant : est-ce un barbeau?

M. J. M'clelland a fait de ce *cyprinus sada* son *gono-rhynchus fimbriatus,* pag. 282, et il l'a représenté pl. 43, fig. 3. Il le colore vert en dessus, argenté en dessous, une tache orange sur le dessus de la tête, les nageoires jau-nâtres, avec une petite tache à la pointe de la dorsale.

Cet ichthyologiste n'a pas rencontré ce poisson, il n'en parle que d'après M. Buchanan. Il observe que ce petit poisson n'a pas les lèvres en ventouse sous la bouche, et que cependant il lui paraît une forme alpine de cypri-noïde.

Le CYPRIN LAMTA.

(*Cyprinus lamta,* H. B., 393, n.° 77, p. 343.)

Cette espèce est aussi du groupe des *garra;*

Elle a quatre barbillons; les pectorales pointues par la longueur des rayons mitoyens; dix rayons à la dorsale, sept à l'anale; la ligne latérale sur le haut du côté.

B. 3; D. 10; A. 7; C. 19; P. 13; V. 9.

La tête est ovale, obtuse, de taille moyenne; les barbillons sont très-petits sous la mâchoire inférieure; un espace calleux dans le milieu; le profil du dos convexe; les écailles fortement adhérentes et grandes; la couleur verte dessus et argentée sous le ventre; une tache pâle de chaque côté de la queue.

M. Buchanan a trouvé le *lamta* dans les ruisseaux à fond de pierres de la province de Behar, et dans la rivière

Rapti du district de Gorakhpoor. Il ne dépasse pas trois pouces : il vit long-temps hors de l'eau. Il me paraît probable que c'est un barbeau; mais pourquoi l'auteur ne dit-il rien des rayons de la dorsale, qu'il a toujours décrits avec soin?

M. M'clelland, pag. 282, le compte parmi ses Gonorhynques en le citant d'après M. Buchanan.

Il paraît que ce poisson se nomme aussi *godiyava;* c'est du moins le nom qu'il porte dans la collection des dessins de M. Buchanan.

Le Cyprin gotyla.

(*Cyprinus gotyla*, Gray; Hardw., *Illust.*, tab. 88, fig. 3; *Gonorhynchus gotyla*, J. M., p. 283.)

Le même auteur place après ce *cyprinus lamta*, le *cyprinus gotyla* de M. Gray.

Il a le museau épais et divisé par un sillon transverse et profond, dans lequel s'ouvrent les orifices de pores muqueux très-nombreux; un tubercule charnu est à chaque angle de la bouche; il y a quatre petits barbillons.

L'espèce vient des eaux douces des montagnes de l'Inde.

Le Cyprin sophore.

(*Cyprinus sophore*, H. B., p. 389, n.° 42, p. 310, pl. XIX, fig. 86.)

Puntius

à corps opaque, portant une tache dorée diffuse sur l'opercule, et une noire de chaque côté de la queue et à l'insertion de la dorsale; le second rayon de la dorsale lisse en arrière.

B. 3; D. 10; A. 7; C. 19; P. 14; V. 9.

Ce poisson, trapu et épais par rapport à sa longueur, a le dos un peu plus saillant que le ventre; la tête est petite, plus étroite que le tronc; il y a quatre barbillons si petits qu'ils sont difficiles à voir. La bouche est petite et fendue obliquement. Les écailles sont grandes, angulaires en arrière, pointillées près du bord et marquées de stries divergentes en étoiles.

Le sophore est un beau petit poisson très-commun dans les étangs du Bengale.

Il doit être une espèce de barbeau voisine de notre *barbus chrysopoma*, si ce n'est le même (voy. plus haut pag. 123).

M. M'clelland a compté parmi ses Systomus un *cyprinus sophore*, qu'il dit le même que celui de M. Buchanan. Il cite la figure de cet auteur, son texte, et cependant il refuse des barbillons à son espèce. Comme M. Buchanan dit qu'ils sont si courts qu'ils peuvent facilement n'être pas aperçus, ont-ils échappé à l'auteur des *Indian cyprinidæ*, ou bien avait-il une autre espèce sous les yeux qui manquait effectivement de barbillons? A en juger par la description des couleurs, elles sont semblables.

Dans une collection faite par M. le docteur Macleod, inspecteur-général de l'hôpital de Hazareebagh, endroit élevé d'environ mille pieds au-dessus de la plaine, M. M'clelland a vu des exemplaires de cette espèce.

Les dissidences entre les deux auteurs relativement aux barbillons, laissent dans l'incertitude sur la place à assigner à ce *sophore*. S'il a des barbillons, il me semble, comme je l'ai dit plus haut, qu'il faut le placer parmi les barbeaux; s'il n'en a pas, il appartiendra à ce groupe dont je vais parler tout à l'heure, et qui, manquant de barbillons, est au genre *Barbus* ce que le *cyprinus carassius*,

ou le genre *Cyprinopsis* de M. Fitzinger, est au genre
Carpio.

Le Cyprin immaculé.

(*Cyprinus M'clellandi*, nob.; *Systomus immaculatus*, J. M.,
tab. 44, fig. 5.)

Je ne doute pas que le poisson décrit et figuré sous
le nom de *systomus immaculatus* ne doive être placé à la
suite des barbeaux à rayons dentelés. Cependant, comme
je ne l'ai pas vu, il se pourrait que quelques particularités de la bouche éloignent cette espèce des barbeaux
ordinaires.

Voici la diagnose des *Indian cyprinidæ*:

Quatre barbillons; une tache dorée brillante sur chaque opercule; les nageoires foncées; trente-deux écailles à la ligne latérale,
et dix dans la hauteur.

D. 11; A. 7; C. 19; P. 15; V. 9.

La longueur est double de la hauteur; la couleur est verte en
dessus et blanc mat, mêlé de verdâtre, en dessous.

Il se trouve dans les petits ruisseaux à lit de sable de
l'Assam, et probablement aussi dans les grandes rivières.

Ces poissons, dont on trouve des individus du poids
de deux livres, sont agréables au goût.

Je crois devoir regarder le *systomus chrysosomus* de
son synopsis comme une variété de cette espèce; cependant il ne donne à ce dernier que deux barbillons.

Ce sont ces rapprochemens qui me laissent encore quelques hésitations, quoique, je le répète, je ne doute pas
qu'un nouvel examen de la nature ne fasse reconnaître la
justesse de mes suppositions.

Les espèces de ce groupe me paraissent devoir former une division à la suite des barbeaux, et qui s'en distingueraient par l'absence des barbillons. M. Buchanan en a placé le plus grand nombre parmi ses PUNTIUS; mais je crois que, si l'on prenait un nom générique pour cette coupe, il faudrait adopter le nom de SYSTOMUS, que M. M'clelland a donné au plus grand nombre de ces espèces, en retirant de ce genre celles que nous en distrayons. Une première division comprend celles qui ont le rayon épineux dentelé en arrière; la seconde division renferme les espèces à rayon épineux, mais lisse, en arrière.

PREMIÈRE DIVISION.

RAYON ÉPINEUX DENTELÉ EN ARRIÈRE.

Je crois que le poisson que j'ai vu à Leyde et que MM. Kuhl et Van Hasselt y ont envoyé de Java sous le nom du *barbus apogon,* rentre dans cette division. Il a la forme d'un barbeau, une très-longue épine à sa dorsale, qui est haute; mais les barbillons n'existent pas.

. Voici la description que j'ai faite à Leyde en 1824.

Barbus apogon, Kuhl.

Ce barbeau se distingue de tous les autres par le manque de barbillons : je n'ai pu en découvrir aucun.

Le corps est comprimé; le dos arqué; la hauteur est trois fois et un tiers dans la longueur totale, et l'épaisseur trois fois et demie dans la hauteur.

Le front est plat ou même peu concave entre les yeux, qui sont grands. La bouche est petite, les mâchoires égales.

Le rayon de la dorsale est fort et dentelé. L'os de l'épaule est grand, à bords arrondis, de sorte que l'angle est mousse. La pectorale est longue; la ventrale est presque aussi alongée. L'anale est petite; la caudale fourchue.

D. 2/10; A. 7; C. 20; P. 12; V. 9.

La couleur est verdâtre sur le dos, argentée sous le ventre; de chaque côté de la queue on voit une tache plus ou moins effacée. Les côtés offrent quelquefois cinq à six séries longitudinales de taches carrées plus ou moins grises. Les pectorales ont cette teinte, les autres nageoires sont rouges.

Ce poisson vient de Java: il y en a des individus de sept pouces de long.

Le Cyprin ticto.

(*Cyprinus ticto*, H. B., p. 389, n.° 45, et 314.)

Ce puntius

a le corps opaque, deux taches noires de chaque côté, une au-dessus de la pectorale, l'autre près la fin de la queue; la dorsale tachetée, et son second rayon dentelé en arrière.

B. 3; D. 10; A. 7; C. 20; P. 12; V. 9.

La tête est obtuse, courte, sans barbillons; les lèvres sont très-minces; la mâchoire inférieure est plus courte; les yeux sont hauts sur la joue et grands; le dos est arqué et convexe jusqu'à la dorsale, et en arrière il est concave; la ligne latérale est peu visible; la couleur du dos est verte, avec un glacis d'argent; le ventre est argenté. Les nageoires sont d'un vert pâle, teintes de rougeâtre sur les vieux individus. Il y a deux rangées de taches foncées sur la dorsale.

Le *ticto,* que les pêcheurs indiens nomment *tikto sophore,* a les mêmes formes que le *sophore;* mais il n'a pas, comme celui-ci, de taches dorées sur les opercules. Il dépasse rarement deux pouces. M. Buchanan l'a trouvé dans les parties sud-est du Bengale.

Le CYPRIN CONCHONIUS.

(*Cyprinus conchonius*, Ham. Buch., p. 389, n.° 49, et p. 317.)

Ce puntius

a le corps opaque; une tache noire de chaque côté sur le milieu de la queue; les dorsales sans taches; le second rayon de cette nageoire dentelé en arrière.

B. —; D. 10; A. 8; C. 19; P. 10? V. 9.

Il est plus épais que le *cyprinus ticto,* avec lequel il a de fortes affinités. Il n'a pas de barbillons : la couleur est verdâtre en dessus, et argentée en dessous avec les nageoires transparentes; mais M. Buchanan observe que les individus qu'il a vus dans le Behar, ont les nageoires noirâtres; et ceux qu'il a trouvés plus à l'ouest de la rivière Ami, peu courante et pleine de vase, ont le ventre sali de noirâtre, avec une dorsale et une caudale jaunes bordées de noirâtre. Toutefois l'auteur est persuadé que ce ne sont que des variétés d'une même espèce.

Ce poisson se nomme *kongchon pungti,* d'où M. Buchanan a latinisé le nom spécifique sous lequel il l'a désigné. Il l'a trouvé dans les marais du nord-est du Bengale, et dans les rivières Kosi et Ami.

M. J. M'clelland l'a figuré, tab. 44, fig. 8. Il dit qu'il est voisin du *systomus pyrropterus,* et c'est, en effet, dans ce genre qu'il le place.

C'est d'après M. Buchanan et les dessins qu'il a laissés, que M. M'clelland en a parlé ou l'a représenté.

Le Cyprin a nageoires de feu.

(*Systomus pyrropterus*, J. M., pl. 44, fig. 1.)

Ce poisson

a la hauteur moitié de la longueur; le corps plus épais ou moins comprimé que ceux des autres espèces. Une tache noire sur la ligne latérale au-dessus de l'anale. Le second rayon de la dorsale est fort et dentelé. On compte vingt-quatre écailles le long de la ligne latérale, neuf dans la hauteur.

D. 9; A. 7; C. 19; P. 12; V. 9.

La couleur verte en dessus, argentée en dessous, teintée d'orange sur les côtés, les nageoires d'un rouge brillant.

Il est très-abondant dans les étangs du haut Assam : il atteint rarement plus de deux pouces.

Le Cyprin phutuni.

(*Cyprinus phutunio*, H. B., p. 390, n.° 51, p. 319.)

Ce puntius

a le corps un peu transparent; cinq taches noires de chaque côté; le second rayon de la dorsale dentelé.

B. —; D. 10; A. 7; C. —; P. 9? V. 8.

Les formes sont lourdes; tout l'animal est comme transparent, à l'exception des opercules et des tégumens abdominaux, qui sont argentés. La dorsale est tachetée et les ventrales sont rouges.

Il n'y a pas de barbillons; la bouche est très-petite; les écailles sont grandes.

Ce poisson est nommé *phutuni pungti;* on le trouve dans les étangs du nord-est du Bengale. Il ressemble beaucoup à l'espèce suivante.

M. J. M'clelland en a donné une figure, tab. 44, fig. 2;
c'est son *systomus leptosomus,* comme la précédente, et
séchée de même au soleil; elle fait partie de la nourriture de la classe pauvre.

Le Cyprin geli.

(*Cyprinus gelius,* H. B., p. 390, n.° 52, p. 320.)

Ce cyprin, de la division des puntius,

a le corps diaphane et jaunâtre; les opercules, l'épine dorsale, le
péritoine, argentés; quelques grandes taches de chaque côté; le
second rayon de la dorsale dentelé en arrière.

B. 3; D. 10; A. 8; C. 19; P....; V. 9.

La tête de grandeur moyenne, sans barbillons; les formes lourdes
et élevées sur le dos; les écailles larges et pointillées; la dorsale et
les ventrales jaunâtres, avec des taches noires à leur base; l'anale
tachetée à sa partie inférieure.

On trouve le *geli punghti* dans les marais et les fossés
du nord-est du Bengale : il y atteint environ deux pouces
de long.

M. M'clelland n'a pas donné de nom à cette espèce,
mais il en a publié une figure, tab. 44, fig. 4. Il lui compte
vingt-cinq écailles le long de la ligne latérale, et huit dans
la hauteur. Cette jolie petite espèce est très-commune
dans le Sunderbuns.

Le Cyprin canius.

(*Cyprinus canius,* H. B., p. 390, n.° 53, et p. 320.)

Ce puntius

a le corps rougeâtre et diaphane; les opercules, l'épine dorsale et le péritoine argentés; quelques grandes taches noires de chaque côté; le second rayon de la dorsale dentelé en arrière.

B. 3; D. 10; A. 7; C. —; P. 8? V. 9.

La tête est plus large et plus ovale, sans barbillons; la bouche petite et fendue obliquement; les yeux grands; le profil du dos, jusqu'à la dorsale, arrondi, de sorte qu'il est plus convexe en dessus qu'en dessous; ses formes sont lourdes; les écailles grandes à proportion du corps.

C'est un beau poisson d'un pouce et demi de long, qui habite, avec le précédent, les marais et les fossés du nord-est du Bengale.

Nous en trouvons une figure dans les *Indian cyprinidæ*, tab. 44, fig. 6. L'auteur n'ajoute rien aux observations de M. Buchanan.

DEUXIÈME DIVISION.

RAYON ÉPINEUX LISSE.

Le CYPRIN TERI.

(*Cyprinus terio*, H. B., p. 389, n.° 44, et p. 313.)

Puntius

à corps opaque; une tache dorée mal déterminée sur chaque opercule; une noire sur le milieu de la queue; les trois premiers rayons de la dorsale entiers, non divisés et sans dentelures.

B. 3; D. 11; A. 8; C. 19; P. 13; V. 9.

Ses formes sont moins épaisses que celles des deux précédens; le dos est plus proéminent que le ventre; la tête de moyenne grandeur et sans barbillons; la bouche fendue obliquement sous le museau; les mâchoires à peine bordées de lèvres; les yeux hauts et grands; les écailles sont larges; la couleur est argentée; les écailles du dos ayant leur partie antérieure verdâtre. Sur les vieux individus, les taches de la queue deviennent arrondies comme un anneau pâle. La dorsale est jaunâtre, et a beaucoup de petites taches formées par un pointillé foncé.

M. Buchanan a trouvé le *teri punghti* dans le nord-est du Bengale.

M. M'clelland en a fait un de ses *Systomus,* et l'a appelé *syst. gibbosus.* Il est figuré tab. 44, fig. 7. Il me paraît que cet auteur n'en a parlé que d'après M. Buchanan, du moins il n'ajoute rien à ce que nous apprend l'Histoire des poissons du Gange.

Le CYPRIN TIT.

(*Cyprinus titius,* H. B., p. 389, n.° 46, p. 315.)

Ce cyprin puntius

a le corps opaque; deux taches noires de chaque côté près de la ligne latérale; la dorsale sans tache; son second rayon est entier et lisse en arrière.

M. Buchanan a trouvé le *tit punghti* dans les marais des environs de Calcutta. Les habitans le confondent avec le *ticto,* qui a le même nom vulgaire; mais l'auteur observe que, malgré les grandes ressemblances, les caractères indiqués dans la diagnose serviront suffisamment à distinguer les deux espèces. D'ailleurs, les autres ressemblances sont telles qu'il n'a pas cru nécessaire de donner de cette espèce une description détaillée.

M. J. M'clelland a retrouvé ce poisson dans l'Assam, où on le nomme *borajalu.* Il en a donné une figure tab. 44, fig. 3, en le rangeant dans ses *Systomus* : il l'a nommé *syst. tetrarupagus.* L'espèce abonde dans le Brahmaputra avec les autres, dont nous parlerons à la suite.

La figure citée plus haut supplée à ce qui manque à la description de M. Buchanan, et nous indique la place à assigner parmi ses espèces incertaines. Mais il faut remarquer que M. J. M'clelland ne donne qu'avec doute le *cyprinus titius* pour synonyme à son *systomus tetrarupagus.*

M. Buchanan a vu aussi dans le nord-est du Bengale un autre poisson appelé du même nom; il s'en est procuré un dessin laissé dans les archives du gouvernement de Calcutta. Il diffère peu du *ticto,* et, d'après le dessin, M. Buchanan n'en a pas donné de caractéristique spécifique, quoiqu'il ait appelé l'espèce *cyprinus tictis* : c'est une espèce à rechercher.

Le Cyprin aux nageoires d'or.

(*Cyprinus chrysopterus,* J. M.)

Ce petit cyprin

n'a ni tentacules ni taches; les pectorales et les ventrales sont rouges; il y a vingt-trois écailles le long de la ligne latérale, et huit dans la hauteur.

D. 9; A. 7; C. 18; P. 13; V. 9.

Le rayon de la dorsale est dentelé : ainsi il appartient bien à ce groupe.

L'espèce est commune dans le Bengale et l'Assam, et elle a de l'importance à cause de la grande quantité d'individus qu'on en prend, bien qu'ils restent dans de petites dimensions.

Le CYPRIN PAUSIO.

(*Cyprinus pausio*, H. B., p. 389, n.° 50, et p. 317.)

Puntius,

ayant le corps à peu près opaque; un anneau noir autour de la base de la queue, et une tache noire à l'insertion de la dorsale et de l'anale.

B. —; D. 9; A. 6; C. —; P. 12; V. 8.

Il a une si grande ressemblance avec le *cypr. joalius,* que M. Buchanan n'a noté que les différences, qui consistent dans une tête plus étroite; en ce que la dorsale a treize rayons, le dernier divisé jusqu'à la base (l'auteur n'en marque que neuf dans le prodrome).

Ce paungsi vient de la rivière Kosi.

On voit que ces espèces ont besoin d'être examinées de nouveau, afin de les caractériser.

Le CYPRIN PAUNGSI.

(*Cyprinus pausius*, H. B., p. 392, n.° 65, et p. 322.)

Celui-ci est compté parmi les morulius :

il a quatre barbillons; quatorze rayons à la dorsale et sept à l'anale.

B. 3; D. 14; A. 7; C. 19; P. 16? V. 9.

Ce *paungsi* se trouve dans le Kosi; il est plus petit que le *morala;* ses couleurs sont plus claires, mais par les autres caractères, la dorsale et l'anale exceptées, il en diffère à peine.

Le morala nous a paru un rohite : devra-t-on y ranger celui-ci?

Il ne faut pas toujours confondre le *cyprinus pausio,*
pag. 317, que M. Buchanan a classé parmi ses puntius.

———

Les quatre espèces suivantes sont de petite taille, et
paraissent devoir rentrer dans le genre que j'ai établi sous
la dénomination de Nuria. Mais, ainsi que je l'observe
à leur article, les barbillons ne sont pas insérés comme
dans.l'espèce que j'ai examinée.

Le Cyprin dangile.

(*Cyprinus dangila,* H. B., p. 390, n.° 54, p. 321.)

Ce danio

a le corps comprimé sous un réseau de lignes bleues anastomosées ;
des quatre barbillons deux sont plus longs que la tête.

B. 3; D. 13; A. 17; C. 28; P. 12? V. 7.

Ce poisson, très-comprimé, de forme alongée, a le ventre plus
proéminent que le dos; la tête est en demi-ovale et petite. Deux
des barbillons naissent au-devant des narines, et sont plus courts
que la tête, et les deux de l'angle sont un peu plus longs. La
bouche descend obliquement : elle est de moyenne taille; la mâchoire inférieure est la plus longue; les yeux sont moyens; le dos
monte à peine de la tête à la dorsale; le ventre est saillant; les
écailles sont assez grandes.

Le dos est de couleur olive; le ventre argenté, avec un beau
réseau de lignes bleues de chaque côté; derrière l'opercule et sous
la pectorale il y a une large tache bleue. L'anale est bordée de
vert, et a deux ou trois raies de même couleur.

M. Buchanan a trouvé le *dangila* parmi les roches et les

pierres qui forment le lit de plusieurs ruisseaux clairs des montagnes au sud de Mungger. C'est un beau poisson, long comme le doigt.

Il paraîtrait, d'après M. Buchanan, que cette espèce est voisine des espèces de mon genre Dangila; mais la dorsale est plus courte que l'anale.

M. John M'clelland en fait un de ses périlampes, sous le nom de *Per. reticulatus,* et il en donne une figure qui porte à croire que ce poisson a plus d'affinité avec le *Nuria;* mais les barbillons ne sont pas insérés comme dans les espèces de ce groupe.

Le naturaliste qui nous a fait connaître les poissons de l'Assam, n'a vu qu'un seul individu de cette espèce à Calcutta.

Le Cyprin danrica.

(*Cyprinus danrica,* H. B., p. 390, n.° 57, p. 325, pl. 16, fig. 88; *Nuria danrica,* nob.)

M. Buchanan a mis aussi parmi les danio cette espèce

à corps peu comprimé, portant de chaque côté, sous la ligne latérale, une bandelette noirâtre et pointillée. Il y a quatre barbillons, dont deux sont très-longs; les premiers rayons des ventrales sont alongés en soie.

B. 3; D. 8; A. 8; C. 19; P. 13; V. 8.

Ce poisson a la taille et l'apparence du véron (*cyprinus phoxinus*);

Il est oblong; il a la tête plate en dessus, courte et plus étroite que le tronc. A chaque angle de la bouche sont deux barbillons grêles, l'un très-petit; l'autre, l'inférieur, atteignant à la ventrale. La ligne latérale est droite; les écailles, larges, tombent aisément.

La couleur verte et pointillée sur le dos devient argentée sous le ventre. Le long de la ligne latérale est une raie dorée, et au-dessous la bandelette longitudinale noirâtre mentionnée ci-dessus. Les yeux sont argentés et pointillés de noir.

Le *danrica* se trouve dans les marais et les fossés du Bengale. La position reculée de la dorsale de ce petit poisson, la forme des barbillons, leur insertion et leur longueur, ne peuvent laisser de doute que l'espèce n'appartienne à mes *Nuria*; j'avoue que c'est par oubli que je ne l'ai pas citée au genre à la suite des deux espèces qui y sont décrites. L'espèce est-elle bien distincte de celle de Ceylan? voilà ce que je n'ose assurer. Cependant, la longueur du barbillon et la différence de séjour me font croire à la diversité spécifique.

Le CYPRIN JONGIA.

(*Cyprinus jogia*, H. B., p. 391, n.° 58, p. 326.)

Ce danio

a le corps très-comprimé; une bandelette longitudinale noirâtre pointillée de chaque côté sous la ligne latérale; quatre barbillons, dont deux très-longs; les premiers rayons de la ventrale courts.

B. 3; D. 8; A. 7; C. 19; P. 10? V. 7.[1]

Cette espèce a la plus grande affinité avec le *cyprinus danrica* : les différences consistent

en ce que les yeux sont entièrement argentés; les pectorales sont plus longues que la tête, et ont dix rayons; les ventrales et l'anale n'en ont que sept.

M. Buchanan a observé ce jongia dans le Kosi avec le

cyprinus rerio, qui lui ressemble assez pour que les pêcheurs les considèrent comme du même genre. M. Buchanan les a placés tous deux parmi les danio; mais, comme
il trouve plus d'affinités avec le *danrica*, on doit supposer
que ce petit poisson est aussi un Nuria, tandis que le
rerio, avec sa longue anale, me paraît d'un groupe particulier, ainsi que je l'ai dit à son article.

M. J. M'clelland en a fait son *perilampus recurvirostris*,
et la figure, pl. 46, fig. 2 *B*, semble préciser mieux les
rapports de l'espèce avec les Nuria; mais, comme dans le
précédent, les barbillons ne sont pas placés de même.

Le CYPRIN RERIO.

(*Cyprinus rerio*, H. B., p. 390, n.° 55.)

Ce danio

a le corps très-comprimé, orné de quelques lignes bleues et argentées; des quatre barbillons, deux sont un peu plus longs que la tête.

B. 3; D. 8; A. 16; C. —? P. 9? V. 7.

Ce poisson est oblong; la tête petite; la bouche fendue obliquement; la mâchoire inférieure quelque peu plus longue que la
supérieure. Les deux barbillons au-devant des narines sont très-
courts; les labiaux sont un peu plus longs que la tête; le dos est
droit jusqu'à la dorsale; le ventre est convexe; la ligne latérale à
peine visible; les écailles de grandeur moyenne.

Ce joli poisson vient du Kosi, où il atteint environ deux
pouces.

Cette espèce, voisine de la précédente, se distingue
encore plus qu'elle de mes Nuria; car la dorsale est plus
reculée que dans aucun barbeau; mais l'anale est, au con-

traire, longue comme celle d'une brème; aussi, avec leur corps comprimé, je me représente ces espèces comme des brèmes à barbillons.

M. J. M'clelland a fait graver la figure que M. Buchanan avait fait faire de ce poisson : elle montre les affinités de ce poisson avec les Nuria; affinités plus difficiles à saisir par la simple description de l'Histoire des poissons du Gange.

Le CYPRIN SUTIHA.

(*Cyprinus sutiha*, H. B., p. 391, n.° 59, p. 327.)

C'est encore un danio

à corps comprimé, ayant une bandelette argentée le long de la ligne latérale; quatre barbillons, dont deux plus longs; les rayons antérieurs des pectorales et des ventrales alongés en filet délié.

B. 3; D. 8; A. 7; C. 19; P. 10; V. 7.

Le sutiha a les plus grandes affinités avec les deux espèces décrites plus haut, dont il diffère par l'absence de la bandelette noire et ponctuée sur les flancs; il se distingue du jongia par les caractères exprimés dans la diagnose, par la transparence de la partie inférieure du corps, et par le brillant argenté du péritoine. Les nageoires inférieures sont transparentes.

On le trouve dans les marais du district du Gorakhpoor. Est-ce encore un Nuria?

Cette espèce est aussi reproduite, d'après M. Buchanan, par M. J. M'clelland, et la représentation, tab. 46, semble confirmer le rapprochement de ce poisson avec les Nuria. Cet ichthyologiste se demande s'il ne serait pas une variété du *cyprinus jogia?* je ne le pense pas.

Les deux espèces suivantes ont un rayon dentelé et les barbillons à l'angle de la bouche. Sous ce rapport elles tiennent des Capoeta; mais le museau étant alongé au-devant de la bouche, il y aurait là une nouvelle combinaison, et ce caractère entrerait dans la diagnose de ce groupe.

Le Cyprin chrysosome.

(*Systomus chrysosomus,* J. M., p. 284.)

Cette espèce est sans doute voisine de la précédente; mais elle diffère,

parce que le rayon de la dorsale est dentelé en arrière. Il y a deux très-petits barbillons; trente-cinq écailles le long de la ligne latérale; les opercules et les sous-orbitaires teintés de jaune doré.

D. 10; A. 8; C. 19; P. 16; V. 8.

Ce poisson du Bengale est d'environ six pouces. Une figure des collections du capitaine Burne fait croire à M. M'clelland que l'espèce se trouve aussi dans l'Indus.

Il est probable que ce poisson doit prendre place parmi les capoeta à côté du *cyprinus fundulus* de Pallas.

Le Cyprin chola.

(*Cyprinus chola,* H. B., p. 389, n.° 43, p. 312.)

Ce puntius

a le corps opaque; une tache dorée diffuse sur l'opercule; une noire de chaque côté de la queue; le second rayon de la dorsale lisse et sans dentelures.

B. 3; D. 10; A. 7; C. 19; P. 13? V. 9.

16. 40

Il a des formes plus épaisses que le *sophore*, et est plus élevé en dessus qu'en dessous. La tête est petite et plus étroite que le corps; à chaque angle de la bouche il y a deux barbillons. Les écailles sont grandes et pointillées à la racine. La couleur, verte sur le dos, est glacée d'argent, et cette teinte s'étend sur tout le blanc du ventre. Les nageoires de couleur olivâtre, à l'exception de la ventrale, qui est orangée. La dorsale est mince, chargée de points réunis en taches de diverses formes.

Le chola se trouve dans le nord-est du Bengale, se tenant dans les marais et les autres eaux stagnantes.

Ce poisson est très-voisin du *cyprinus sophore*. D'après la description il en diffère par un caractère essentiel, qui consiste en ce qu'il a deux barbillons : il appartiendrait donc par ce caractère aux Goujons ou aux Capoètes.

M. J. M'clelland a reproduit cette espèce dans ses *Systomus*; et, comme il affirme aussi qu'elle n'a que deux barbillons, il me paraît que c'est un poisson qui se rangera dans le second des deux genres que j'ai indiqués plus haut. Il est très-abondant dans les étangs de l'Assam.

Ces trois espèces ont des rapports directs avec les cirrhines. Il me paraît probable qu'elles prendront rang dans ce genre. Cependant le museau me paraît plus saillant que celui des cirrhines conservées dans la collection du Muséum.

Le CYPRIN LATI.

(*Cyprinus latius*, H. B., p. 393, n.° 79, p. 345.)

Cyprin de la division des garra, ayant

deux barbillons; onze rayons à la dorsale, et sept à l'anale.

B. 3; D. 11; A. 8; C. 20; P. 13? V. 9.

La tête est ovale, obtuse, courte, et les barbillons paraissent maxillaires; car ils partent des narines, et sont projetés au-devant de la bouche : celle-ci est petite et ouverte transversalement. Les lèvres sont charnues : l'inférieure est comme dentelée sur les bords ; le dos creuse un peu au-devant de la dorsale ; les écailles sont grandes ; le dos est verdâtre et pointillé ; le ventre est argenté ; les nageoires inférieures sont teintées de jaune.

Ce petit poisson se trouve dans la rivière de Tista : il a la vie très-tenace, même hors de l'eau.

A quel groupe rapporter ce *latius*? Les lèvres paraissent être d'un Rohite; mais il n'y a que deux barbillons, placés probablement comme dans les Cirrhines; c'est du moins ce que l'on doit juger d'après la figure donnée par M. J. M'clelland, tab. 43, fig. 7 : mais les deux auteurs s'accordent à ne parler que de deux barbillons seulement. Comme ils sont placés au bout du museau, on ne peut placer ce poisson parmi les Labéons; c'est donc encore une espèce incertaine. Elle est très-répandue dans l'Inde; car M. Buchanan l'a prise au pied de la chaîne de Sekein, sur la frontière nord du Bengale, et M. Griffith l'a trouvée dans les cataractes du Brahmaputra, à l'extrémité est de l'Assam.

Dans une petite collection faite par le capitaine Hannay dans les rapides des différentes rivières de l'Assam, on y voyait plusieurs exemplaires de cette espèce. M. M'clelland en a fait un gonorhynque, nommé *gonorh. macrosomus* : l'espèce ne dépasse pas cependant huit pouces.

Le Cyprin gohama.

(*Cyprinus gohama*, H. B., p. 393, n.° 80, p. 346.)

Celui-ci est mis avec doute parmi les garra. Il a pour caractéristique

deux barbillons; onze rayons à la dorsale et huit à l'anale.

B. 3; D. 11; A. 8; C. 20; P. 13? V. 9.

Ce sont les mêmes nombres qu'au précédent. De plus, il diffère très-peu du latius, mais sa forme est plus trapue, et il a le dos plus saillant. Les pupilles sont circulaires.

Il a des affinités avec le troisième groupe par la forme du dessous de la mâchoire; il se rapporte aussi à d'autres égards aux garra.

Ce petit poisson se trouve dans le Kosi et dans le Gange. Il meurt presque aussitôt qu'on le sort de l'eau.

Nous retrouvons cette espèce dans les *Indian cyprinidæ* sous le nom de *gonorhynchus brevis*. Il y est figuré, tab. 43, fig. 6, d'après un dessin fait par M. Buchanan; car M. J. M'clelland n'a pas rencontré l'espèce. La saillie du museau le rend voisin du précédent; mais les barbillons paraissent excessivement courts : ils sont situés à l'extrémité du museau. Ce n'est pas parmi les labéons qu'on devra le classer; la forme de la bouche me fait croire que c'est près des rohites; mais il n'y a que deux barbillons.

Le Cyprin brachyptère.

(*Gonorhynchus brachypterus*, J. M., p. 374.)

Voici la diagnose de cette espèce tirée de l'ouvrage des Poissons de l'Assam.

La tête plate en dessous, avec une zone cartilagineuse en arrière de la bouche; un petit nombre de pores irréguliers su⁻ le museau; deux petits barbillons; trente-six écailles le long de la ligne latérale sur sept rangées dans la hauteur.

D. 8; A. 7; C. 19; P. 14; V. 9.

Les lèvres forment une ventouse comme dans les espèces voisines.

M. Griffith a trouvé ce poisson dans les eaux des montagnes du Mishmee.

———

L'élanga me paraît devenir le type d'un groupe particulier, s'il ne rentre pas dans le genre des cirrhines. Il faut attendre pour savoir comment sont placés les barbillons.

Le Cyprin élanga.

(*Cyprinus elanga*, Ham. Buch.)

Ce cyprin, de la division des Bangana, a

deux barbillons presque nuls; les lèvres peu épaisses.

B. 3; D. 9; A. 8; C. 19; P. 16; V. 9.

A cette diagnose, M. Buchanan ajoute que ses formes sont semblables à celles de la vandoise (*cyprinus leuciscus*).

Le profil du dos et du ventre est régulièrement convexe. La tête, un peu obtuse, est plus étroite que le corps. Dans quelques individus il a vu un petit barbillon à l'angle de la bouche, et dans d'autres, qu'il croit de la même espèce, ces organes manquaient complètement. Les écailles sont grandes et solides; la ligne latérale, tracée par le milieu du côté, suit la courbe du ventre. Sur le dos, des séries de petits points noirs forment des bandes longitudinales irrégulières. La dorsale et la caudale sont noirâtres; les yeux sont verts et argentés.

L'élanga est un beau poisson, très-commun dans les rivières et les étangs du Bengale.

M. John M'clelland en a donné une figure, tab. 56, fig. 4, où les deux petits barbillons sont oubliés : dans le texte, il les place de chaque côté de la bouche. Il est fâcheux qu'il ne dise pas si ce sont des barbillons maxillaires ou labiaux. La tournure du poisson me fait croire qu'ils doivent être des premiers; et alors ce poisson serait une cirrhine. Malgré la présence des barbillons, M. M'clelland en a fait un *leuciscus* sous le nom de *L. dystomus*. Il l'a reçu du Brahmaputra dans l'Assam, et dans cette rivière il ne paraît pas aussi commun que dans les eaux où M. Buchanan l'a observé; car M. M'clelland dit que sa chair est de bon goût, mais qu'il n'est pas assez abondant pour acquérir quelque degré d'importance. Sa nourriture consiste en petits poissons, en insectes, dont il a vu les débris dans l'estomac.

Il est très-probable que le poisson décrit ci-dessous est un *gobio*. M. Buchanan l'a cependant presque confondu avec le *cyp. rerio,* qui est très-éloigné des goujons.

Le CYPRIN CHAPALIO.

(*Cyprinus chapalio*, H. B., p. 390, n.° 56, p. 324.)

Celui-ci est un danio

à corps un peu comprimé, avec trois lignes bleues de chaque côté, et deux barbillons plus courts que la tête.

B. 3; D. 9; A. 13; C. 18; P. 12; V. 7.

Ce *chapalio* ressemble au *Cypr. rerio*, qui a cependant quatre barbillons. Sa forme, comme celle du véron (*Cypr. phoxinus*), est oblongue, peu comprimée. La tête petite et obtuse; la bouche fendue obliquement; la mâchoire inférieure plus longue; le dos à peine arqué, tandis que le ventre saille beaucoup. Les écailles grandes et très-adhérentes. Le dos est brun; le ventre blanc; les bandes bleues des côtés sont séparées par des lignes dorées ou argentées.

Le Chapalio est un joli poisson, un peu plus long que le Rerio : on le trouve dans les marais du Bengale.
Est-ce un goujon?

Après toutes ces espèces, je vais placer tous les poissons qui tiennent des Leuciscus de Cuvier par leur bouche sans barbillons, par leur dorsale sans rayons épineux et par leur courte anale. On retrouvera parmi ces espèces plusieurs poissons semblables à ceux qui sont devenus types des sous-divisions de M. Agassiz; mais les caractères consignés dans ces descriptions ne sont pas suffisans pour placer les espèces.

Il eût peut-être paru plus naturel de ne parler de ces poissons qu'après la fin du chapitre qui va en traiter; mais je n'ai pas voulu multiplier ces sortes d'appendices.

Le Cyprin barila.

(*Cyprinus barila,* H.B., p. 384, n.° 8, p. 267.)

C'est un Barilius sans barbillons,

ayant des demi-bandes sur les côtés, huit rayons à la dorsale et treize à l'anale.

B. 3; D. 8; A. 13; C. 6 —; P. 14; V. 8.

La forme ressemble quelquefois à une lame de couteau. La tête petite et aiguë; la fente de la bouche petite et oblique; les lèvres très-minces; la mâchoire supérieure plus longue; les ouvertures de la narine près de l'œil, qui est grand et plat; les écailles se détachent facilement; elles sont larges. Il y aurait deux lignes latérales; la supérieure est droite.

Le Barila est commun dans les rivières du nord du Bengale. Il croît jusqu'à trois pouces environ : il n'est nullement estimé.

M. M'clelland range ce Barila parmi ses *Opsarius* sous le nom d'*Ops. anisocheilus,* et le représente, tab. 48, fig. 8. D'après les dispositions des couleurs sur la figure, on le prendrait pour certaines de nos petites clupées. Je crois, d'ailleurs, que l'auteur des *Indian cyprinidæ* n'en parle que d'après M. Buchanan.

Le même auteur a cru devoir considérer comme une variété du Barila l'espèce dont nous allons parler à l'article suivant. Je pense que M. Buchanan a eu raison de croire à l'exactitude des observations pratiques des pêcheurs.

Le Cyprin chedrio.

(*Cyprinus chedrio*, H. B., p. 384, n.° 9, p. 268.)

Barilius

dont les côtés sont traversés par demi-bandes, et ayant neuf rayons à la dorsale et treize à l'anale.

B. 3; D. 9; A. 13; C. —; P. 14; V. 8.

Celui-ci ne diffère du *Cyprinus barila* que par le nombre des rayons. M. Buchanan était porté à le regarder comme une simple variété du précédent, mais les pêcheurs le distinguent. Le chedrio se pêche avec le barila.

Le CYPRIN BARNA.

(*Cyprinus barna*, H. B., p. 384, n.° 10, et p. 268.)

Barilius sans barbillons,

ayant des demi-bandes sur les côtés, neuf rayons à la dorsale et douze
à l'anale. Au-dessus de la ligne latérale règne une bandelette dorée.

B. 3; D. 9; A. 12; C. 19; P. 13; V. 9.

Il a le corps comprimé comme une lame de couteau. La tête est
petite et un peu pointue; la bouche est grande et fendue obliquement; les narines sont au milieu de la distance entre l'œil et le
bout du museau; les yeux sont grands; les écailles de moyenne
grandeur. Sur les côtés sont tracées deux ou trois lignes latérales;
la supérieure est droite. Les trois sortes de nageoires inférieures sont
jaunes; la dorsale et la caudale sont noires, surtout vers le bord.

Ce Barna a de si grandes affinités avec les deux espèces
mentionnées ci-dessus, qu'il a dû être réuni aux barilius,
dont il se distingue par ses petites écailles, par les lignes
dorées le long des flancs.

On le trouve dans le Jamna ou le Brahmaputra, branches
extrêmes du Gange. Il croît à environ trois pouces. Il se
tient près des bords, sur les fonds de sable. Dans quelques endroits on le nomme *Bali bhola,* ou *Band bhola.*

M. M'clelland en fait un *Opsarius,* et le nomme *Ops.
fasciatus.* Il l'a trouvé aussi figuré dans la collection des
dessins de M. Buchanan sous le nom de *Cyprinus bali-
bhola,* et il donne cette figure pl. 48, fig. 9. Les deux lignes
latérales sont bien dessinées : c'est quelque chose de particulier parmi les cyprins.

16.   41

Le Cyprin vagra.

(*Cyprinus vagra*, H. B., p. 385, n.° 11, p. 269.)

Barilius sans barbillons,

les côtés ornés de deux bandelettes, neuf rayons à la dorsale et quatorze à l'anale.

D. 9; A. 14; C. 16; P. 13; V. 9.

La tête est un peu obtuse et petite, ainsi que la bouche, dont la fente est oblique. Les mâchoires sont à peu près d'égale longueur; la supérieure est fendue au milieu. Les yeux sont reculés; les écailles petites; le ventre plus saillant que le dos; le dos est traversé de barres, descendant vers la ligne latérale. La caudale est jaune, bordée de noir.

Le Vagra se trouve dans le Gange à Patna: il n'a guère que trois pouces.

C'est aussi un *Opsarius* dans M. M'clelland, sous le nom de *Ops. isocheilus*. On le voit figuré tab. 56, fig. 1, et décrit pag. 421. Il l'a reçu dans deux collections faites dans les parties les plus opposées de l'Inde : l'une de l'Assam supérieur, et l'autre des parties élevées de l'ouest du Bengale, près Hazarcbang, où ce poisson avait été recueilli par le capitaine Hannay et le docteur Macleod. L'auteur a toujours trouvé le même nombre de rayons dans tous les individus de pays si distans.

Le Cyprin chedra.

(*Cyprinus chedra*, H. B., p. 385, n.° 14, p. 273.)

Barilius sans barbillons,

une tache sur le milieu de chacune des écailles latérales; dix rayons à la dorsale et onze à l'anale.

B. 3; D. 10; A. 11; C. 18; P. 14; V. 9.

La tête, de taille moyenne, est obtuse; le museau porte plusieurs tubercules mousses; la bouche est grande, droite; la mâchoire supérieure ne s'avance pas quand la bouche s'ouvre; la mâchoire inférieure est rendue rude au-dehors par les tubercules pointus qu'elle porte; les lèvres sont très-minces; les yeux petits; les écailles, grandes et très-adhérentes, sont rudes, leur surface étant couverte de petits grains mousses.

Le Chedra ressemble au *Cyprinus cocsa* ou au *Cyprinus tila* par la disposition des taches; mais il en diffère,

parce-que chaque tache est plus étendue ou plus large qu'aux écailles. La dorsale et la pectorale sont pointillées; la première est brunâtre; la seconde blanche comme les ventrales. L'anale et la caudale sont rougeâtres; celle-ci passe au brun.

On trouve le Chedra dans les rivières du nord du Bengale : il y croît à six pouces, et est de peu de valeur.

Le CYPRIN TILA.

(*Cyprinus tila*, H. B., p. 385, n.° 13, et p. 274.)

Barilius sans barbillons;

une tache sur le milieu de chacune des écailles latérales; huit rayons à la dorsale et dix à l'anale.

B. 3; D. 8; A. 10; C. 18; P. 14 ou 15; V. 9.

Celui-ci a la tête petite et pointue; le dehors des mâchoires est rude, parce qu'elles sont hérissées de nombreux tubercules pointus et crochus. La fente de la bouche est petite et oblique; il n'y a pas de lèvres; les narines sont près des yeux, qui sont de grandeur moyenne, avec une pupille circulaire. De grandes écailles adhèrent fortement au corps.

On trouve le Tila dans les rivières du nord du Bengale : il croît à la longueur de six à huit pouces; il est d'ailleurs peu estimé.

Le Cyprin bola.

(*Cyprinus bola*, H. B., p. 385, n.° 16, p. 274.)

Barilius sans barbillons,

avec plusieurs taches diffuses et une bandelette dorée de chaque côté; dix rayons à la dorsale et onze à l'anale.

B. 3; D. 10; A. 11; C. 19; P. 16; V. 9.

Le *Bola* a la tête petite et aiguë; la bouche très-grande et fendue horizontalement jusque sous les yeux; la mâchoire inférieure plus courte que la supérieure; les narines très-près des yeux, qui sont de grandeur moyenne; les écailles petites. Il n'y a qu'une ligne latérale de chaque côté.

Les lignes dorées passent sur chaque flanc entre les parties colorées en vert et celles qui brillent de l'éclat de l'argent. Les taches sont alongées; leur plus long diamètre est vertical, de sorte qu'elles ressemblent un peu à des barres transversales. Les nageoires sont jaunâtres.

M. Buchanan a trouvé le Bola dans le Brahmaputra. Comme le précédent, il atteint à quatre ou cinq pouces, et il est peu estimé.

M. J. M'clelland en a aussi donné une figure, tab. 48, fig. 5. Avec ses taches et son museau avancé on le prendrait pour un anchois (*Clupea encrasicholus*, L.). Il n'en parle, d'ailleurs, que d'après M. Buchanan.

Le CYPRIN GOHA.

(*Cyprinus goha*, H. B., p. 385, n.° 17, p. 275.)

Barilius sans barbillons,

ayant plusieurs taches éparses et diffuses sur les côtés; dix rayons à
la dorsale et treize à l'anale.

B. 3; D. 10; A. 13; C. —; P. —; V. 9.

Les taches de ce *Goha* sont plus nombreuses, plus irrégulièrement parsemées et plus arrondies que celles du *Bola*, auquel il
ressemble sous presque tous les autres rapports.

On trouve cette espèce dans le Kosi, le Jamna, et les
Anglais le nomment truite (*trout*). Il devient grand à peu
près comme le hareng; sa chair est délicate et de très-bon
goût, ayant quelque ressemblance avec le goût de celle de
l'éperlan.

Suivant M. J. M'clelland c'est le *korang* des pêcheurs
de l'Assam. A ce que dit M. Buchanan, l'auteur ajoute
que ce poisson, nommé dans sa monographie *Opsarius
gracilis*, et représenté tab. 47, fig. 1, a la longueur de la
tête à celle du corps :: 2 : 5; que le sous-orbitaire antérieur est long. L'estomac égale la moitié de la longueur
totale, tandis que l'intestin, depuis le pylore jusqu'à l'anus,
n'a que la moitié environ de la longueur de l'estomac; il
est d'ailleurs aussi large; un étranglement en marque la
séparation : le foie est petit.

C'est une espèce très-carnassière, qui se trouve aussi,
outre le Kosi et la Jamna, dans le Gange, le Soanes, et
dans toutes les parties de l'Assam. M. J. M'clelland ne croit
pas à la délicatesse du goût de sa chair, vantée par Bu-

chanan. Il remarque que tous les Opsarius sont peu esti-
més par les Indiens, et il croit que le nom de truite,
que les Anglais lui ont donné, a été consacré à cause des
taches, et non pas à cause de la bonté de la chair. Néan-
moins la beauté de ses formes et de ses couleurs est telle,
qu'elle doit rendre ce poisson d'étang très-remarquable.

Le CYPRIN TILEI.

(*Cyprinus tileo*, H. B., p. 276, n.° 19, p. 276.)

Barilius sans barbillons,

avec plusieurs taches diffuses sur deux rangs, au-dessous de la
ligne latérale; neuf rayons à la dorsale et quatorze à l'anale.

D. 17; A. 14; C. 19, etc.

La tête est petite et un peu obtuse, avec une entaille à l'extrémité du museau; la bouche est grande et fendue obliquement;
la mâchoire supérieure est la plus longue et la plus épaisse des
deux; les lèvres sont à peine sensibles; les narines sont ouvertes
près de l'œil; ses yeux sont avancés; les écailles, de moyenne grandeur, sont très-adhérentes. Il y a de chaque côté trois lignes latérales. Le dos est droit; le ventre arqué et saillant; les côtés plats.
Les nageoires inférieures ont une teinte jaunâtre; la dorsale et la
caudale sont pointillées.

Ce Tilei, de la rivière Kosi, n'a pas plus de six à huit
pouces de longueur.

Nous le trouvons aussi dans M. M'clelland, figuré sous
le nom de *Opsarius maculatus*, et il est figuré tab. 47,
fig. 4. L'auteur l'a disséqué, et a trouvé un estomac fort
et musculeux; un canal intestinal également musculeux,
court, et étendu en droite ligne du pylore à l'anus.

Le CYPRIN BATA.

(Cyprinus bata, H. B., p. 386, n.° 22, p. 283.)

Bangana sans barbillons;

douze rayons à la dorsale, huit à l'anale. La lèvre inférieure entière, droite; le lobe supérieur de la caudale plus long; toutes les nageoires pâles.

B. 3; D. 12; A. 8; C. 19; P. 17; V. 9.

Ce bata a la tête ovale et plus étroite que le corps. La mâchoire supérieure plus courte que l'inférieure; les lèvres épaisses, charnues, à bords lisses; les os de la mâchoire supérieure sont très-étroits; les narines tout près des yeux, qui sont au milieu de la longueur de la tête, non saillans, mais de grandeur moyenne; la pupille, ovale, a le plus grand diamètre vertical. Le corps est couvert de larges écailles adhérentes et striées. Le ventre est plus saillant que le dos. La queue effilée en dessus et en dessous; les nageoires sont finement et beaucoup pointillées, et celle de la queue a des barres transversales mal arrêtées. Les yeux sont argentés et bordés de rouge.

Le Bata est un beau poisson des rivières et des étangs du Bengale. Sa taille ordinaire est d'un pied; mais on en voit de dix-huit pouces. Il vit long-temps hors de l'eau : il fraie au commencement de la saison des pluies.

Le CYPRIN ACRA.

(Cyprinus acra, H. B., p. 386, n.° 23, p. 284.)

Bangana imberbe;

onze rayons à la dorsale, huit à l'anale. La lèvre inférieure entière, relevée; le lobe supérieur de la caudale plus long; les nageoires inférieures rouges.

B. 3; D. 11; A. 8; C. 19; P. 18 ou 19; V. 9.

Ce poisson, qui se trouve dans la rivière Semkos, dans le nord-est du Bengale, a une extrême ressemblance avec le Bata, de sorte que les seules différences ont été signalées dans la diagnose de cette espèce. L'on peut ajouter à ces caractères distinctifs, que les écailles, à peine striées au milieu, ont les bords lisses. Il faut remarquer aussi qu'il y a deux rayons de plus à la pectorale : dix-neuf au lieu de dix-sept.

Le Cyprin cura.

(*Cyprinus cura,* H. B., p. 386, n.° 24, p. 284.)

Bangana imberbe;

douze rayons à la dorsale et sept à l'anale. La lèvre inférieure entière et relevée; les deux lobes de la caudale égaux.

B. 3; D. 12; A. 7; C. —; P. —; V. 9.

La couleur des nageoires est un jaunâtre pointillé de noir. Sur chaque opercule on voit une tache en croissant très-étroit, et dentée sur le bord.

Le Cura est un autre poisson voisin du Bata; il n'en diffère que par le petit nombre de caractères notés plus haut. Il se trouve dans les rivières du Bengale, et excède à peine la longueur du doigt.

Ces différences tiennent peut-être à l'âge ou au sexe.

Le Cyprin pangusiya.

(*Cyprinus pangusia,* H. B., p. 386, n.° 25, p. 285.)

Bangana sans barbillons;

quatorze rayons à la dorsale et huit à l'anale. La lèvre inférieure entière, réfléchie; le museau percé de pores.

B. 3; D. 14; A. 8; C. 19; P. 17; V. 9.

La tête est ovale, plus étroite que le corps; les lèvres sont lisses et charnues; le museau l'est aussi; les narines sont près des yeux, placés vers le milieu de la longueur de la tête, de grandeur moyenne, et dont la pupille, ovale, a son plus long diamètre vertical. Il n'y a pas de bandes longitudinales sur ce poisson. Les écailles et la dorsale sont pointillées. Les yeux, argentés, sont bordés de rouge.

Cette espèce se trouve dans le Kosi, et y atteint six à huit pouces.

M. J. M'clelland a fait un gobio de ce poisson, le réunissant avec le *Cyprinus boga*, le *Cyprinus ariza* de M. Buchanan, et cela à cause des incertitudes que le texte de cet auteur laisse sur les caractères de ces espèces. Leurs dénominations diverses me font croire qu'il vaut mieux les laisser encore distinctes jusqu'à ce que de nouvelles observations, faites sur des individus rapprochés et bien comparés entre eux, viennent nous éclairer; car M. M'clelland observe que des variétés peuvent, d'après des dessins laissés par M. Buchanan, être considérées comme distinctes. Il a reproduit l'un de ces dessins sous le nom de *cyprinus pangusia*, pl. 42, fig. 1. Il paraît qu'il a vu cette variété, qui a un estomac et un canal intestinal très-longs.

Le CYPRIN ARIZA.

(*Cyprinus ariza*, H. B., p. 386, n.° 26, p. 286.)

Bangana sans barbillons;

douze rayons à la dorsale, sept à l'anale. La lèvre inférieure entière, réfléchie; le museau lisse.

B. 3; D. 12; A. 7; C. —; P. 16; V. 9.

16.

42

Cet Ariza se trouve dans les rivières du Bengale aussi bien que dans toutes celles de la péninsule, où M. Buchanan l'a d'abord observé. Il a la plus grande ressemblance avec le *Pangusiya* décrit ci-dessus, par les couleurs, la forme et la grandeur, qu'il ne dépasse pas. On peut ajouter à la diagnose, que le ventre est plus saillant que le dos, et que les nageoires inférieures sont jaunes, légèrement colorées de rouge.

Le Cyprin a queue égale.

(*Gobio isurus*, J. M., p. 357.)

Il paraît, d'après l'avis même de l'auteur, qu'il faut placer ici le poisson décrit dans les *Indian cyprinidæ* sous le nom de *gobio isurus*.

L'espèce a la plus grande ressemblance avec le *Cyprinus ariza;* mais elle s'en distingue par son museau lisse, dur et sans aucuns pores, tandis que l'Ariza a un museau rude, mou et percé d'un grand nombre de pores. Il se rapproche du *G. limnophilus* par le nombre des écailles; mais celles de l'espèce dont nous nous occupons ont chacune d'elles percée d'un tube qui la traverse dans le milieu.

La longueur de la tête fait les deux tiers de sa hauteur et le quart de la longueur totale. On compte trente-sept écailles le long du côté, et quatorze dans la hauteur.

D. 11; A. 7; C. 19; P. 14; V. 9.

Le dos est gris bleuâtre, et cette teinte s'évanouit graduellement sur le côté.

L'intestin est onze fois plus long que le corps. Le foie est divisé en petits lobes entre les plis de l'intestin.

Cette espèce a été trouvée par M. Griffith à Suddyah dans l'Assam supérieur. Elle paraît confinée dans les parties hautes des vallées, où les grandes rivières tombent des flancs des montagnes en eaux rapides et claires sur des fonds de roches.

Dans ces circonstances, M. Griffith pense qu'il faut l'associer aux gonorhynques avec le *Gobio anisurus* et le *Cyprinus semiplotus.*

Le CYPRIN BOGA.

(*Cyprinus boga*, H. B., p. 386, n.° 27, p. 286.)

Bangana sans barbillons;

douze rayons à la dorsale, huit à l'anale. La lèvre inférieure crénelée; le museau percé de pores.

B. 3; D. 12; A. 8; C. —; P. —; V. 8.

Le Boga est encore une espèce très-voisine des deux précédentes. Il a cependant les yeux plus rouges; chaque écaille a une strie longitudinale plus profonde; ces stries sont plus effacées sur les écailles situées au-dessous de la ligne latérale; le dos est plus courbe que le ventre; la dorsale a le bord très-échancré, et peut se cacher sur le dos dans une rainure profonde. La caudale est plutôt coupée en croissant que fourchue. Toutes les nageoires, les pectorales restant pâles, sont plus ou moins teintées de noir. Ce Boga vient du Brahmaputra, où il atteint un pied de long.

Le Cyprin catla.

(*Cypr. catla,* H. B., p. 387, n.° 28, p. 287, pl. 13, fig. 81.)

Celui-ci est, selon M. Buchanan, un vrai cyprin sans barbillons,

avec dix-huit rayons à la dorsale et huit à l'anale. La couleur est peu argentée. Le dos brun verdâtre. Les lèvres entières.

B. 3; D. 18; A. 8; C. 19; P. —; V. 9.

La tête est grande, ovale-obtuse, un peu plus épaisse que le corps et lisse; la bouche, de grandeur moyenne, a sa fente oblique; les mâchoires sont presque d'égale longueur; les lèvres sont lisses et charnues; la mâchoire supérieure n'a pas d'os (ce qui veut dire, sans doute, qu'ils sont petits ou cachés sous les replis de la peau avancée au-delà du sous-orbitaire); la mâchoire inférieure est réfléchie; le palais lisse; la langue obtuse, charnue, indivisée, lisse, et fixée en dessous sur toute sa longueur; les narines sont hautes, et tout près des yeux, organes assez grands, convexes, et dont la pupille est circulaire; les écailles sont grandes, à bord entier, et chacune paraît divisée en deux par une ligne de points verticale. Le dos est plus saillant que le ventre, arqué, et plus incliné de la nuque à la dorsale que la ligne du profil du front. La dorsale est au milieu du dos et concave; les pectorales plus courtes que la tête; l'anale sous le milieu de la queue, très-inclinée en arrière; la caudale fourchue.

Les nageoires sont rembrunies, et les yeux seuls ont quelques teintes rouges.

Le Catla a de la ressemblance avec la carpe par sa forme, par les qualités de sa chair, et par ses habitudes; mais il en diffère par l'absence des barbillons.

C'est un poisson commun dans les rivières et les étangs du Bengale; mais il est rare dans les provinces de l'ouest,

et il est même inconnu dans plusieurs parties du Béhar.
Il devient long de trois à quatre pieds. C'est un très-bon
poisson qui n'a pas d'arêtes : la tête est grasse et délicieuse;
le goût du poisson entier est excellent quand il est de
taille moyenne, de dix-huit pouces à deux pieds; mais
quand il est plus grand, il prend un goût fort.

C'est un poisson fort et actif, sautant souvent hors des
filets des pêcheurs, qui ont l'habitude de suivre leur seine
avec les canots, et de faire du bruit en battant l'eau avec
leurs rames.

M. J. M'clelland ajoute aux observations de M. Buchanan, que le Catla diffère non-seulement de la carpe par
l'absence des barbillons, mais parce qu'il n'a pas de rayons
épineux à la dorsale; ce qui ne l'a pas empêché de le réunir à son *Cyprinus semiplotus,* qui est une vraie carpe de
la division des *carassius.*

Le Catla a été trouvé plus loin que le Bengale, aussi
haut dans le Brahmaputra que Bishenath, quoiqu'il y soit
moins abondant que dans les limites de la marée au-dessus
des cours d'eau saumâtres. Mais il vit mieux, et atteint
une plus grande taille dans les étangs et les marais tout-
à-fait sans communication avec les eaux de la mer, de
sorte qu'on peut l'introduire partout où il y a de l'eau
douce.

Il n'y a pas d'espèce plus importante sous le point de
vue économique, et on le multiplierait beaucoup plus, si
l'on détruisait les crocodiles et autres animaux voraces qui
se propagent à l'excès dans les étangs.

Le Cyprin danikoni.

(*Cyprinus Daniconius*, H. B., p. 391, n.° 60, p. 327, pl. 15, fig. 89.)

Celui-ci est un danio

avec une bandelette de points noirâtres sous la ligne latérale. Le corps un peu comprimé, point de barbillons, neuf rayons à la dorsale, sept à l'anale. La ligne latérale droite.

B. 3; D. 9; A. 7; C. 19; P. 13; V. 9.

La tête est ovale, obtuse, et de moyenne taille; la bouche est petite et fendue obliquement; les mâchoires paraissent ne pas avoir de lèvres, tant celles-ci sont minces. L'inférieure est plus longue que la supérieure, et terminée en pointe un peu aiguë, qui entre dans l'échancrure de la mâchoire supérieure. Les yeux sont hauts, convexes et assez grands. Le dos a une courbe régulière du museau à la dorsale. La ligne latérale est tracée par le milieu du côté. Les écailles adhèrent peu; elles sont grandes, pointillées et marquées de stries divergentes du centre à la circonférence. Sur les côtés il y a deux bandelettes longitudinales, voisines l'une de l'autre; la supérieure est dorée; l'autre est noirâtre. Les nageoires, jaunâtres, n'ont pas de taches.

Le Danikoni est commun dans les rivières du midi du Bengale : c'est un beau poisson de trois à quatre pouces de long.

M. J. M'clelland en parle, *Indian cyprinidæ*, pag. 405, d'après M. Buchanan, en le classant dans ses *Leuciscus*.

Le Cyprin anjona.

(*Cyprinus anjona*, H. B., p. 391, n.° 61, p. 328.)

Danio,

ayant de chaque côté deux bandelettes de points noirs. Le corps

peu comprimé, point de barbillons, neuf rayons à la dorsale et
sept à l'anale.

B. 3; D. 9; A. 7; C. 19; P. 13? V. 9.

La tête est plus étroite et plus comprimée que le corps; le dessus
est plat; l'extrémité obtuse; la bouche de grandeur moyenne; les
lèvres minces; la mâchoire inférieure plus longue et terminée en
pointe, qui est reçue dans une échancrure de la supérieure. Les
yeux hauts, de grandeur moyenne, à pupille circulaire. Le profil
du dos, arrondi, descend subitement vers la nuque. Les écailles
sont grandes, n'adhèrent pas fortement, sont pointillées et striées
en rayons divergens. La couleur, verte sur le dos, est argentée sous
le ventre.

La bandelette supérieure et pointillée parcourt le milieu du côté;
elle est lisérée d'un filet d'or; une, inférieure, parallèle à la courbure du ventre, est interrompue. Les nageoires, jaunes, sont pointillées de noir. Les yeux ont l'iris argenté.

L'Anjona est un petit poisson très-semblable au Dani-
koni, mais plus oblong et plus épais. Il a été trouvé dans
les étangs du district de Puraniya.

M. M'clelland le compte parmi ses vrais *Leuciscus;* mais
il n'ajoute rien aux observations de M. Buchanan. Il
l'appelle *leuciscus lateralis.*

Le CYPRIN RASBORA.

(*Cyprinus rasbora*, H. B., p. 391, n.° 62, p. 329, pl. 2, fig. 90.)

Danio sans barbillons,

n'ayant qu'une bandelette unique de points noirs. Le corps peu
comprimé; neuf rayons à la dorsale et huit à l'anale. La ligne
latérale parallèle au ventre.

B. —; D. 9; A. 8; C. 19; P. 13; V. 9.

La tête, ovale, est un peu pointue et de moyenne grandeur; la bouche est petite et comme dans la précédente espèce, une échancrure de la mâchoire supérieure reçoit la pointe de la mâchoire inférieure, qui est la plus longue des deux. Les yeux sont plus grands, convexes; la papille est circulaire. La ligne latérale est basse; les écailles sont grandes, peu adhérentes et pointillées ou striées comme les précédentes.

La couleur est verte en dessus, avec beaucoup de petites taches; le dessous est argenté. De chaque côté sont tracées deux lignes longitudinales, contiguës et faibles; l'une dorée, l'autre inférieure, pointillée de noir. La caudale est jaune; son bord inférieur noir.

Le Rasbora a la plus grande ressemblance avec le Dani-koni, mais il est plus grand : il vit dans les eaux du Bengale. La figure, pl. XI, n.° 60, montre que c'est parmi les ables que ce poisson prendra place définitive.

C'est aussi dans ce groupe que l'a placé M. M'clelland, qui en a fait une courte description sur des exemplaires apportés du haut Assam par M. Griffith. L'estomac et l'intestin, pris ensemble, ont à peine plus de longueur que le corps. L'estomac était rempli d'insectes.

Le CYPRIN MUSIHA.

(*Cyprinus musiha*, H. B., p. 392, n.° 66, p. 333.)

Celui-ci est de la division des morulius.

Le corps est comprimé, sans barbillons, treize rayons à la dorsale et huit à l'anale.

B. 3; D. 13; A. 8; C. 19; P. 16? V. 9.

M. Buchanan observe que cette espèce diffère du Morala par le manque de barbillons; mais que ceux de celui-ci sont si petits qu'il doute que ce soit un caractère

distinctif suffisant. Il faut savoir, si l'auteur croit qu'ils
ont pu échapper à son observation à cause de leur petitesse; car, si le Musiha manque réellement de ces organes,
il diffère, sans aucun doute, du Morala. L'espèce mentionnée dans cet article vient du Gange près de Patna.

Le CYPRIN JAYA.

(*Cyprinus jaya*, H. B., p. 392, n.° 67, p. 333.)

Ce poisson, de la division des Cabdio,

a huit rayons à la dorsale, neuf à l'anale, treize environ aux pectorales, huit à la ventrale, et de chaque côté deux lignes latérales.

B. 3; D. 8; A. 9; C. 17; P. 13? V. 8.

La tête petite et obtuse; le museau charnu, avancé au-delà de la
bouche, qui est petite et arquée. Les lèvres très-minces; la mâchoire
supérieure plus longue et sans échancrure; les narines près des
yeux; ceux-ci hauts, vers le milieu de la longueur de la tête, de
grandeur moyenne. Les os de l'épaule écailleux. Deux lignes latérales; une supérieure, droite; l'autre parallèle à la courbe du ventre.
Les écailles petites et peu adhérentes. La couleur, argentée, est
verdâtre sur le dos, sans taches sur le corps ou sur les nageoires.
Les yeux argentés.

On trouve le Jaya dans les rivières du nord du Bengale,
où il se maintient à deux pouces de longueur.

M. M'clelland le croit le même que le *chola* de l'Assam,
et il le place alors parmi ses LEUCISCUS sous le nom de
Leuc. margarodes. Il l'a trouvé dans le Brahmaputra,
spécialement dans l'Assam supérieur.

Le Cyprin mola.

(*Cyprinus mola*, H. B., p. 392, n.° 68, p. 334, pl. 38, fig. 92.)

Cabdio,

a neuf rayons à la dorsale, sept à l'anale, quinze aux pectorales, neuf à la ventrale. Deux lignes latérales de chaque côté.

B. 3 ; D. 9 ; A. 7 ; C. 19 ; P. 15 ; V. 9.

Le corps est très-comprimé et ressemblant à un fer de lance. La tête est obtuse, ovale et de grandeur moyenne ; la bouche, peu fendue, s'ouvre à l'extrémité du museau ; les mâchoires n'ont pas de lèvres ; la supérieure, plus courte, a une échancrure ; l'inférieure est plus pointue. La langue est pointue et lisse comme le palais. Les narines s'ouvrent au milieu de l'espace entre l'œil et le bout du museau. Les yeux, au milieu de la tête, sont convexes et de grandeur moyenne. Les écailles, petites, adhèrent faiblement. La couleur est verte en dessus et argentée en dessous ; mais le corps est assez diaphane, comme une membrane argentée, à travers de laquelle on voit l'épine du dos et les viscères abdominaux. Les yeux sont brillants comme de l'argent.

Ce Mola est un des poissons les plus communs et les plus répandus dans toutes les provinces arrosées par le Gange. On le trouve dans les rivières et dans les étangs : il ne dépasse pas trois ou quatre pouces en longueur. La figure donnée, pl. 38, n.° 92, montre aussi que c'est des Leuciscus que ce poisson doit être rapproché. M. J. M'clelland l'a entendu nommer dans l'Assam *Moah*, du nom de l'insecte dont il fait sa principale nourriture. L'intestin et l'estomac forment un canal deux fois plus long que le corps.

Il y en a une petite variété très-commune dans l'Assam, dont le nombre des rayons

D. 8 ; A. 6 ; C. 19 ; P. 16 ; V. 9.

Les pêcheurs la nomment *Moah,* comme la précédente; mais il y en a encore une autre variété, qu'ils désignent sous la dénomination de *Dorikana,* qui est blanche ou argentée, couverte de petites écailles, plus transparentes et plus sveltes. M. John M'clelland avait d'abord voulu la nommer *cyprinus pellucidus;* mais il n'a pas trouvé dans ses notes de caractères suffisans pour établir l'espèce. Dans une description il s'en rapporte seulement à la phrase de son Synopsis.

Le CYPRIN HAYALI.

(*Cyprinus hoalius,* H. B., p. 392, n.° 69, p. 336.)

Cabdio

a neuf rayons à la dorsale, dix à l'anale, neuf à la ventrale; une seule ligne latérale; le ventre argenté.

D. 9; A. 10, etc.

M. Buchanan n'a pris qu'une description incomplète de ce poisson. Il a noté que le corps est très-comprimé; la tête petite; les mâchoires d'égale longueur; la ligne latérale parallèle au ventre. La couleur est verte sur le dos et argentée en dessous.

Ce voyageur a trouvé le *hayali* dans le Atreyi et d'autres rivières du nord du Bengale. Il croît à la longueur de six pouces environ. Il ressemble à la vandoise ou au meunier, mais il est plus petit.

Le CYPRIN BORELI.

(*Cyprinus borelio,* H. B., p. 392, n.° 70, p. 336.)

Cabdio,

ayant neuf rayons à la dorsale, onze à l'anale, huit à la ventrale. La ligne latérale double; le ventre jaune.

B. 3; D. 9; A. 11; C. 18; P. 13? V. 8.

Sa forme est alongée et comprimée. La tête est petite; le museau un peu avancé au-delà de la bouche, qui est très-petite; la lèvre supérieure est charnue; les narines sont près de l'œil; les yeux sont reculés et de grandeur moyenne; le profil du dos est convexe; les os de l'épaule n'ont pas d'écailles; celles du tronc sont peu adhérentes et de moyenne grandeur. La ligne latérale supérieure est droite; l'inférieure est parallèle à la courbure du ventre.

La couleur est en dessus d'un bel argenté, teinté de vert, et en dessous d'un jaune qui est étendu sur les nageoires inférieures. Les yeux sont argentés.

Dans les provinces du Gange le Boreli est un poisson très-commun, qui reste à une longueur de quatre pouces environ.

Le CYPRIN SOLI.

(*Cyprinus soli*, H. B., p. 392, n.° 71, p. 337.)

Cabdio

ayant neuf rayons à la dorsale, onze à l'anale, huit à la ventrale. La ligne latérale double; le ventre argenté.

B. 3; D. 9; A. 11; C. 18; P. 13; V. 8.

Le Soli ne diffère que par la seule couleur du ventre, qui ne prend aucune teinte jaune. Il a une écaille longue dans l'aisselle de la ventrale : il est aussi plus petit.

Cette différence peut tenir à l'âge : le jaune colorant peut-être les poissons qui vont frayer?

On le trouve dans le Kosi.

Le CYPRIN KOSWATI.

(*Cyprinus cosuatis*, H. B., p. 3o2, n.° 72, et p. 338.)

C'est un Cabdio

ayant dix rayons à la dorsale, sept à l'anale. La ligne latérale soli-
taire; le corps opaque.

B. 3; D. 10; A. 7; C. —; P. —; V. 9.

La tête ovale, de grandeur moyenne; les écailles larges. La couleur argentée, verte sur le dos; les ventrales rouges; toutes les autres
nageoires jaunâtres; les écailles pointillées à la racine.

Ce Koswati vient du Kosi. Il a de grandes ressemblances
avec le *cyprinus terio;* mais il s'en distingue par l'absence
de ses belles taches.

M. J. M'clelland l'a figuré tab. 44, fig. 9, et en fait un
de ses SYSTOMUS sous le nom de *Systomus malacopterus,*
parce qu'il l'oppose dans ce genre à d'autres espèces qui
ont un rayon épineux à la dorsale. L'auteur n'en parle,
d'ailleurs, que d'après les dessins et les collections de
M. Buchanan.

Le CYPRIN GUGANI.

(*Cyprinus guganio*, H. B., p. 3g2, n.° 73, p. 338.)

Cabdio

ayant dix rayons à la dorsale, sept à l'anale. La ligne latérale effacée.
Le corps diaphane.

B. 4? D. 10; A. 7; C. —; P. 12? V. 9.

Le corps est comprimé, épais et plus arqué en dessus qu'en
dessous. La tête est petite, ovale, obtuse et pointillée. La bouche
est étroite; la mâchoire supérieure est la plus longue.

Les yeux sont grands et reculés sur la tête au-devant de la dorsale. Le profil du dos baisse beaucoup; les écailles sont très-adhérentes et grandes. La ligne latérale, si elle existe, est très-faiblement marquée. Il est si diaphane, que l'on peut compter onze côtes de chaque côté, à travers les écailles. Le dos est pointillé; la tête, les yeux, le péritoine et l'épine du dos brillent comme de l'argent; les nageoires sont transparentes; le devant de la dorsale est pointillé.

L'auteur n'a pu voir les narines. Quoiqu'il affirme dans sa description, comme dans le Synopsis, qu'il y a quatre rayons à la membrane branchiostège, j'ai lieu de douter de l'exactitude de ce nombre. Dans le cas où il y en aurait effectivement à la membrane branchiale, le poisson serait d'un autre genre.

Ce poisson excède rarement un pouce et demi de long : il a la plus grande ressemblance avec le *Cyprinus mola*.

M. Buchanan l'a trouvé dans le Brahmaputra et le Jamna, les rivières les plus extrêmes du territoire du Gange; il croit que cette espèce vit aussi dans les eaux de rivières ou d'étangs des provinces inférieures arrosées par le Gange.

Le Cyprin debari.

(*Cyprinus devario*, H. B., p. 393, n.° 75, p. 341.)

Cabdio

avec dix-huit rayons à la dorsale et autant à l'anale.

B. 3; D. 18; A. 18; C. 19; P. 10; V. 8.

Le corps est très-comprimé, haut, avec le ventre saillant. La tête est ovale et obtuse, moins penchée que le dos; la bouche, à l'extrémité du museau, est grande; les lèvres sont très-minces; les mâchoires d'égale longueur; l'inférieure est un peu rude, rugosités que l'on pourrait regarder comme des dents, mais qui ne se distinguent qu'au

toucher. La langue est pointue, adhérente et lisse; les narines sont
au milieu de l'intervalle entre l'œil et le bout du museau. Les yeux
sont grands, hauts et convexes; le dos a le bord régulièrement convexe de la nuque à la fin de la queue; le bord inférieur est aussi
convexe, et la plus grande saillie est au milieu, où se trouve pra-
tiquée l'ouverture de l'anus. De chaque côté il y a une ligne latérale,
parallèle au ventre; les écailles sont grandes, bien adhérentes, pointillées et marquées de lignes concentriques. La couleur est verte,
avec des grandes taches ou marbrures irrégulières, dorées et lisses;
le ventre est argenté, et de chaque côté de la queue jusqu'à la
caudale est une bande bleue, changeant sous certains reflets en vert;
les nageoires sont jaunes; les yeux blancs, avec un anneau rouge
autour de la pupille.

Le Debari est un poisson très-commun dans les rivières
et les marais du Bengale. Il a quelquefois huit pouces;
mais dans les étangs où il est le plus commun il n'atteint
pas à cette longueur.

La forme du corps, l'étendue de la dorsale le long du
dos, me feraient croire que le *Debari* est voisin de nos
Carassius; mais la longueur de l'anale, dont le nombre
de rayons égale celui de la dorsale, semble s'opposer à ce
rapprochement. La figure de la planche VI, n.º 94, ne
lève aucune de ces incertitudes. Ce poisson n'a pas la
forme d'une brème, quoique certaines de nos espèces
n'aient guères plus de rayons à l'anale.

M. M'clelland a fait de ce poisson le premier de ses
Perilampus, et l'a représenté tab. 45, fig. 2. Il me paraît
qu'il doit être voisin de notre *Cyprinus amarus;* mais
c'est difficile à affirmer. Il est aussi commun dans l'Assám
que dans le Bengale.

Le Cyprin mosario.

(*Cyprinus mosario*, H. B., p. 393, n.° 81, p. 346.)

Celui-ci est de la division des Garra.

Il n'a point de barbillons; les pectorales sont alongées en pointe par les rayons supérieurs; les côtés n'ont pas de taches nuageuses; dix rayons à la dorsale et sept à l'anale.

B. 3; D. 10; A. 7; C. 20; P. 13? V. 9.

M. Buchanan regarde ce poisson comme très-peu différent de son *Garra latius;* d'après la description, l'absence de barbillons est le seul caractère distinctif. Cette petite espèce vient de la rivière Rapti, du district de Gorakhpur.

Le Cyprin sucaté.

(*Cyprinus sucatio*, H. B., p. 393, n.° 82.)

Garra sans barbillons,

à pectorales arrondies; les côtés couverts de taches nuageuses; neuf rayons à la dorsale et sept à l'anale.

B. 0? D. 9; A. 7; C. 16; P. 13; V. 9.

La tête est obtuse, courte, déprimée, pointillée et aussi épaisse que le corps; le museau dépasse la bouche; laquelle est petite et à fente transversale; les mâchoires, protractiles, ont des lèvres charnues; les yeux, reculés sur les côtés de la tête, sont convexes; le dos, à profil courbé, est plus saillant que le ventre, qui est plat; la queue finit en pointe. La ligne latérale suit le milieu du côté. Les écailles sont grandes, fortement adhérentes et striées du centre vers le bord.

Le dessus du corps est verdâtre, avec des petites taches éparses;

sur les côtés, elles sont réunies en nébulosités; le dessous du tronc est blanchâtre et comme transparent. La dorsale, la caudale et les pectorales sont pointillées. Les yeux sont bruns, avec un cercle doré autour de la pupille.

M. Buchanan a trouvé ce poisson, long de trois pouces, dans les rivières du nord du Bengale. Comme il dit qu'il a de grandes ressemblances avec les Cobitis, et qu'il n'en diffère que par l'absence des barbillons, je présume qu'il appartient au groupe des Vérons. L'auteur n'a pu voir les rayons de la membrane branchiostège ; mais on ne peut admettre qu'ils n'existeraient pas.

M. J. M'clelland a mentionné cette espèce et la suivante, mais en en faisant un genre particulier nommé *Psylorhynchus*. Voici comme il le caractérise :

Museau alongé et aplati; yeux placés en arrière; les opercules étroits; la bouche petite et propre à sucer; point de barbillons : les nageoires comme dans les gonorhynques, mais plus élevées.

Ces genres ont été établis d'après les dessins de M. Buchanan, qui avait classé les poissons représentés, d'abord parmi les *Stoléphores* sous les noms de *Stol. sucatio* et *Stol. balitora*. Or, comme les Stoléphores, ou mieux les anchois, sont de la famille des clupéoïdes, et que les poissons dont il s'agit ne peuvent y appartenir à cause de leur forme déprimée et de leur anale courte, et que, d'ailleurs, M. Buchanan a rectifié cette erreur en les décrivant parmi les cyprins dans son Histoire des poissons du Gange, M. M'clelland a cru devoir séparer en un genre distinct ces espèces, dont le museau est très-prolongé au-devant d'une petite bouche qui n'a pas de barbillons. La minceur du corps, la position reculée des yeux, le développement des

16.   44

nageoires, indiquent un pouvoir assez grand dans la natation. L'auteur ne savait rien des habitudes de ces poissons au moment où il imprimait ces observations; mais pendant l'impression il a reçu un individu de chaque espèce dans une collection faite dans l'Assam supérieur par le capitaine Hannay.

CYPRIN BALITORA.

(*Cyprinus balitora*, H. B., p. 394, n.° 83.)

Garra sans barbillons,

à pectorales arrondies; des taches nuageuses, disposées sur trois rangs, une sur le dos et une de chaque côté; dix rayons à la dorsale et sept à l'anale.

B. 2; D. 10; A. 7; C. 18; P. 12? V. 9.

Le corps est aminci ou effilé aux deux bouts. La tête est obtuse, courte, déprimée, pointillée, de grandeur moyenne; le museau avance au-delà de la bouche, qui est petite et fendue en travers; les lèvres sont charnues; les yeux, reculés en arrière sur la tête, sont petits et convexes; le profil du dos est courbe et saillant; celui du ventre est rectiligne; la ligne latérale droite; les écailles adhérentes et grandes, relativement à la taille du poisson; elles sont diaphanes et à peine visibles.

Le corps est transparent; mais les yeux, les opercules, le péritoine, l'épine dorsale, sont brillants de l'éclat de l'argent; les taches du corps sont formées par une réunion de points noirs; la dorsale et la caudale sont tachetées.

Le balitora reste à deux pouces environ de longueur : il vient des rivières du nord-est du Bengale.

M. Buchanan ne lui compte que deux rayons branchiostèges; mais il y a lieu de croire qu'il aurait dû en trouver trois, comme dans les autres cyprinoïdes. Je pense aussi que ce petit poisson est voisin de nos vérons.

C'est, avec le *cyprinus sucatio*, la seconde espèce du genre Psylorhynchus de M. M'clelland : il la nomme *Psyl. variegatus*. L'estomac est grand; l'intestin petit, moitié de la longueur du corps.

Ce poisson vient des torrens du pied des montagnes de l'Assam. L'individu de ce pays, décrit dans les *Indian cyprinidæ*, ne diffère que très-peu de ceux de M. Buchanan.

———

M. Buchanan a réuni sous le nom de CHELA, des cyprinoïdes qu'il dit ressembler au *cyprinus cultratus* de nos contrées, dont M. Agassiz a fait son genre PELECUS. Toutes les espèces du groupe des chela, dans l'idée de M. Buchanan, manquent de barbillons; il le dit positivement, de sorte que M. Agassiz change déjà l'acception du genre Chela, quand il dit, à l'article de son Pelecus, que les chela ne comprendront plus que les espèces à barbillons. Dans les diagnoses de M. Buchanan les nombres de rayons des ventrales varient de deux à neuf. Ces variations laissent des incertitudes très-grandes, ou sur l'exactitude de la numération des rayons des ventrales, ou sur les rapports naturels et génériques de ces espèces. Un poisson, n'ayant que deux rayons aux ventrales, ne sera pas du même groupe s'il est un cyprinoïde, que celui qui a trois, quatre, cinq ou neuf rayons à cette même nageoire. Une autre particularité fort notable, et qui doit devenir un caractère important, consiste dans ces doubles lignes latérales; exemple rare dans les poissons, et que je ne trouve nulle autre part que dans les Chirus de la famille des joues cuirassées. Ces observations prouvent que toutes ces espèces doivent être encore étudiées.

Le Cyprin kachhi.

(*Cyprinus kachius,* H. B., p. 384, n.° 1.)

Ce chela a pour caractère

trois rayons à la ventrale, vingt-six environ à l'anale et sept à la dorsale.

B. 3? D. 7; A. 26; C. —; P. 8; V. 3.

La tête obtuse, demi-ovale, plate en dessus; la lèvre supérieure molle et avancée (l'auteur dit qu'elle n'a pas d'os); les narines à moitié de l'intervalle entre le bout du museau et l'œil; les yeux sont grands; à travers un péritoine argenté on aperçoit les côtes; les écailles sont de grandeur moyenne; mais elles sont si transparentes que l'on a de la peine à les voir.

Le corps est transparent et changeant en vert glacé de pourpre; le dos et le ventre sont pointillés; la partie supérieure de la tête est verte, avec une bande argentée de chaque côté; les nageoires sont transparentes; celles du dos étant pointillées.

Le kachhi est un petit poisson à peine long d'un pouce, qui se trouve dans le Gange au commencement du Delta.

M. John M'clelland en a fait un de ses Perilampus; il le représente pl. 46, n.° 6, en donnant la copie des dessins de la collection de M. Buchanan; mais en n'ajoutant aucun détail nouveau aux observations de cet auteur.

Le Cyprin atpar.

(*Cyprinus atpar,* H. B., p. 384, n.° 2.)

Celui-ci aurait, selon sa diagnose,

cinq rayons à la ventrale, vingt-cinq à l'anale et neuf à la dorsale.

B. 3; D. 9; A. 25; C. —; P. 11 ou 12; V. 5.

La tête est ovale; la bouche de grandeur moyenne; la mâchoire inférieure est la plus longue; les narines sont plus près des yeux que du bout du museau; le profil du dos est mousse et pénètre un peu vers la dorsale; les écailles sont petites et très-adhérentes. Sa couleur, verte, glacée et changeant en pourpre sur un fond transparent et argenté, est la même que sur l'espèce précédente. Il y a de même une bandelette longitudinale sur chaque côté de la tête. On peut compter neuf côtes à travers ces téguments; les nageoires sont jaunâtres; la dorsale et le bord du dos sont pointillés de noir.

L'Atpar se trouve dans les deux branches les plus éloignées du Gange, le Brahmaputra et le Jamna : on le voit aussi dans les étangs. Sa taille va à trois pouces environ.

M. J. M'clelland a nommé ce poisson *perilampus psilopteromus,* en en donnant une figure, pl. 46, fig. 4, tirée de la collection de M. Buchanan, mais dont les couleurs ne se rapportent pas tout-à-fait à celles indiquées dans la description de cet auteur.

Le dos est jaune d'ocre, et cette couleur s'étend sur les côtés du corps, au-dessus de l'anale, où il y a des reflets rougeâtres. La région abdominale est blanche; une ligne bleue s'étend de l'opercule à la caudale, et au-dessus il y a une bandelette blanche de même largeur. Les ventrales sont de la couleur du dos; les pectorales sont blanches; les autres nageoires sont citron.

M. M'clelland conclut de la forme des nageoires et de leur position, que ce poisson doit prendre par des sauts ou des bonds au-dessus de l'eau, et non par une poursuite rapide dans l'eau, les insectes, dont il fait sa principale nourriture. Du reste, je ne crois pas que l'auteur des *Indian cyprinidæ* ait observé lui-même ce joli petit poisson.

Le CYPRIN LAYUBUKA.

(*Cyprinus laybuka*, H. B., p. 384, n.° 3.)

C'est un chela ayant

sept rayons à la ventrale, vingt-quatre à l'anale et dix à la dorsale.

B. 3; D. 10; A. 24; C. —; P. 12; V. 7.

La tête est pointue et demi-ovale, moins déclive en dessus qu'en dessous, et plus épaisse que le corps; la bouche est petite; les mâchoires sont d'égale longueur, à lèvres excessivement minces.

M. Buchanan ajoute qu'il y a une légère rugosité sur les nageoires, ce qui ferait peut-être, selon lui, placer ce poisson parmi les CYPRINODONS.

L'ouverture des narines est au milieu de l'intervalle entre le bout du museau et l'œil. Les yeux sont grands et convexes; le dos a une couleur verte, brune ou foncée; le ventre, argenté, est glacé de changeant en vert et en pourpre; une tache verte est à l'aisselle de chaque pectorale; on en voit une autre sur la queue.

Ce poisson a été trouvé dans les marais du nord-est du Bengale.

C'est aussi un périlampe pour M. M'clelland, sous le nom de *Peril. guttatus;* et les collections de M. Buchanan lui ont fourni le dessin gravé tab. 45, fig. 4. Il paraît rare dans les parties du Bengale autres que celles indiquées par M. Buchanan; car M. M'clelland n'en a trouvé qu'un seul individu. L'estomac et l'intestin, pris ensemble, ont à peine la longueur du corps.

Le Cyprin phul.

(*Cyprinus phulo*, H. B., p. 384, n.° 4.)

Chela ayant

huit rayons à la ventrale, vingt à l'anale et neuf à la dorsale.

B. 3; D. 9; A. 20; C. 18; P. 11; V. 8.

La tête est ovale et un peu pointue; la bouche est petite; les lèvres très-minces; la mâchoire supérieure est la plus longue, et l'inférieure est obtuse; les narines s'ouvrent près de l'œil; le dos est droit; le ventre est arqué et saillant; il y a deux lignes latérales de chaque côté; la supérieure est droite; l'autre est parallèle à la courbe du ventre; les écailles sont petites; le dos est vert; le ventre argenté; la caudale et l'anale sont jaunes.

Ce *phul-chela* est peu estimé, n'a guère que trois pouces, et vient des eaux douces du nord-est du Bengale.

M. M'clelland a fait de ce chela un de ses Opsarius, le nommant *Opsarius albulus*. Il l'a figuré d'après les dessins de M. Buchanan, tab. 48, fig. 10 : d'ailleurs il ne l'a pas observé par lui-même.

Le Cyprin ghora.

(*Cyprinus ghora*, H. B., p. 384, n.° 5.)

Ce chela a aussi

huit rayons à la ventrale, seulement dix-sept à l'anale et neuf à la dorsale. Il n'y a pas de taches le long de la ligne latérale.

B. 3; D. 9; A. 17; C. —; P. 13? V. 8.

Le Ghora a la tête un peu obtuse; la partie supérieure est couverte d'écailles jusqu'aux narines; elle est nue sur les côtés; sa forme est demi-ovalaire, plate en dessus, inclinée en dessous, plus étroite que le corps; la bouche est grande et fendue obliquement; les narines sont percées près de l'œil; le dos est presque droit; le ventre est arrondi et plus saillant; il y a deux lignes latérales; l'une, parallèle à la courbe du ventre, avec une interruption dans le milieu; l'autre, au-dessus, est droite; les écailles sont petites, épaisses et bien adhérentes.

Le Ghora-chela est un des plus grands du genre. Il a communément un empan de long. Il a été trouvé dans le Brahmaputra près de Goyalpara.

A cause des écailles qui couvrent la tête, M. M'clelland a nommé ce poisson *Opsarius pholicephalus*. Il est figuré tab. 47, fig. 2 : les ventrales sont très-longues.

C'est une des espèces qu'il n'a pas vues par lui-même.

Le CYPRIN MORUR.

(*Cyprinus morur*, H. B., p. 384, n.° 6.)

Chela n'ayant aussi

que huit rayons à la ventrale, que douze à l'anale; la dorsale en a dix; la carène du ventre est la plus entière.

B. 3; D. 10; A. 12; C. 20; P. 15; V. 8.

A aussi la tête obtuse et ovale; la bouche très-petite et basse; la mâchoire supérieure la plus longue; la lèvre charnue; les narines ouvertes près de l'œil, qui est de grandeur moyenne; il y a deux lignes latérales; la supérieure, droite; l'inférieure parallèle à la courbe du ventre; les écailles sont grandes, mais elles tombent facilement. La couleur, argentée, prend du vert sur le dos. Toutes les nageoires sont pâles et transparentes, excepté la caudale, qui est jaunâtre, avec des points noirs.

Le *morur* a été pêché dans le Jamna et dans le Tista,

deux des plus grands affluens du Gange, mais des plus éloignés : il a près d'un empan de long. C'est un poisson d'un très-bon goût, très-estimé, son goût ayant quelque ressemblance avec celui de l'éperlan. D'après la figure de M. Buchanan, pl. 31, fig. 75, je ne serais pas éloigné de regarder ce poisson comme du genre Labéon.

M. M'clelland a cru devoir le compter parmi ses *leuciscus*, et l'a inscrit dans ce genre sans changer son nom spécifique. C'est, d'ailleurs, une des espèces qu'il n'a pas observées, et qu'il ne cite que d'après l'Histoire des poissons du Gange.

Le CYPRIN BACAILA.

(*Cyprinus bacaila*, H. B., p. 384, n.° 7.)

Chela avec

neuf rayons à la ventrale, seize à l'anale, neuf à la dorsale ; les nageoires sont transparentes.

B. 3 ; D. 9 ; A. 16 ; C. 19 ; P. 12 ; V. 9.

La tête est un peu étroite, obtuse, plate en dessus, courbe en dessous ; la bouche grande, fendue obliquement ; les lèvres très-minces ; la mâchoire supérieure échancrée ; l'inférieure plus longue et pointue ; chaque narine près de l'œil, qui est convexe ; le dos droit arrondi ; le ventre plus courbe. Sur chaque côté courent deux lignes latérales ; une, supérieure, droite ; la seconde, parallèle à la courbe du ventre. Les écailles petites, épaisses et très-adhérentes.

La couleur est un vert foncé sur le dos, et argenté sous le ventre. Il y a quelquefois des taches muqueuses sur les épaules, et toujours plusieurs petites, bien limitées, le long de la ligne latérale supérieure.

Le *bacaila* est un des poissons les plus répandus dans tout l'Indoustan ; car M. Buchanan l'a trouvé dans les provinces arrosées par le Gange, et dans les provinces du centre de la péninsule : il atteint sept à huit pouces.

M. M'clelland a fait de ce poisson un *Opsarius*. D'après la figure de M. Buchanan, tab. 8, fig. 76, c'est un des poissons qui ressemble le plus au *Cyprinus cultratus*.

On a vu que j'ai cherché avec soin, dans l'étude que j'ai faite de l'ouvrage de M. John M'clelland, de placer ses espèces à côté de celles qui ont du rapport avec les poissons décrits dans l'ouvrage de M. Buchanan; mais il en reste encore un certain nombre sur lesquelles je n'ai pas dû me prononcer; c'est pour cette raison que je les place toutes à la fin de cet article.

Le Cyprin goréah.

(*Labeo dyocheilus*, J. M., p. 269, et p. 330, tab. 37, fig. 1.)

Tête longue; les opercules cachés sous des tégumens épais; museau musculaire; quarante-quatre écailles le long de la ligne latérale; treize dans la hauteur.

D. 12; A. 8; C. 19; P. 18; V. 9.

Les couleurs sont bleues ou brunâtres, noires en dessus et à l'extrémité des nageoires; le ventre est blanc bleuâtre; les côtés ont des teintes variées de bleu, de blanc, de rouge et de jaune sur les épaules.

M. M'clelland a compris cette espèce sous le genre Labéon, quoiqu'elle n'ait pas de barbillons.

Le Goréah nage avec adresse et force dans les rapides. Il est plus exposé que beaucoup d'autres aux filets des

pêcheurs; mais son nom désigne, selon ces hommes, la
facilité avec laquelle il sait s'échapper de leurs piéges. Suivant les observations de M. Griffith, on le trouve dans le
haut Assam au commencement de la froide saison, se
tenant généralement à la surface des eaux profondes et au
pied des rapides, de telle façon qu'il évite toute sorte d'ap-
pâts et de mouches. Il est très-estimé comme nourriture
dans les parties plus basses de la rivière. M. M'clelland l'a
vu vers la fin de Février dans l'Assam moyen : il n'y est plus
estimé. Ce poisson se retire dans les bas-fonds pour y frayer.
Sa taille ordinaire est de un à deux pieds et demi.

Le Cyprin bicolore.

(*Gobio bicolor*, J. M., p. 278, tab. 40, 1, et p. 360.)

A museau lisse, alongé, pointu; la mâchoire inférieure plus
courte que la supérieure; quarante-deux écailles le long de la
ligne latérale, treize dans la hauteur; bleu dessus, argenté dessous;
pectorales petites.

D. 12; A. 7; C. 19; P. 16; V. 9.

Le canal intestinal égale onze fois la longueur totale du corps.

M. Griffith a trouvé un seul individu de cette espèce,
qui habite les parties les plus élevées du Brahmaputra, où
la rivière devient rapide et claire, sur un lit de cailloux.

Le Cyprin a queue inégale.

(*Gobio anisurus*, J. M., p. 278 et 360, tab. 40, fig. 2.)

Museau obtus; la mâchoire inférieure plus courte que la supérieure; trente-neuf écailles dans la longueur, treize dans la hauteur; le lobe inférieur de la caudale plus long que le supérieur.

D. 12; A. 7; C. 19; P. 17; V. 9.

La longueur de la tête égale la hauteur du tronc, et est le tiers de la longueur totale.

La couleur est bleu foncé sur le dos, s'adoucissant sur les côtés; le ventre est blanc; les intestins ont une grande longueur; ils sont au moins aussi longs que ceux du *gobio isurus*; le foie est peu développé.

M. M'clelland n'a vu qu'un seul exemplaire de cette petite espèce, trouvée par M. Griffith dans la plus haute branche du Brahmaputra.

Le CYPRIN BANGON.

(*Gobio limnophilus*, J. M., p. 279 et 358, tab. 55, fig. 3, et tab. 58, fig. 2.)

Les écailles en rangées parallèles, trente-six dans chaque rang, sur douze de hauteur.

D. 10; A. 7; C. 19; P. 19; V. 9.

Les proportions de la hauteur, par rapport à la longueur, varient un peu. La couleur du dos, de la dorsale et de la caudale sont grises. Les parties inférieures deviennent blanchâtres, avec une teinte jaune à la base des nageoires et sous la mâchoire.

Le canal alimentaire est étroit, mais long huit fois autant que le corps.

C'est une des espèces les plus communes dans toutes les eaux courantes ou dormantes du Bengale.

Le CYPRIN RICNORHYNQUE.

(*Gobio ricnorhynchus*, J. M., p. 279, tab. 55, 1, et p. 363.)

Ce poisson, de la division des goujons, ayant les écailles sur des lignes obliques, a pour diagnose :

Museau épais et ridé; quarante-quatre écailles le long de la ligne latérale, et dix en travers du tronc.

D. 12; A. 7; C. 19; P. 17; V. 9.

La longueur de la tête est à celle du corps :: 1 : 4. Les yeux sont petits. La couleur est un brun olivâtre dessus, et jaune en dessous. Le museau est percé de beaucoup de pores.

Les pêcheurs de l'Assam le nomment *Nepura* : il a été découvert par M. Hodgson. M. M'clelland l'a trouvé aussi bas que Bishenath, où le courant est très-faible et sur un fond de sable. Ce poisson y est petit; il est encore plus rare dans le bas Assam; mais M. Griffith assure qu'au-dessus des rapides il devient très-commun, et qu'il acquiert une assez grande taille.

M. M'clelland croit que le Nepura ressemble au *cyprinus falcatus* des planches des Illustrations du major-général Hardwick. Cette opinion est confirmée par les observations de M. Griffith.

Le Cyprin herilwa.

(*Gonorhynchus gobioides*, J. M., p. 280 et p. 369, tab. 43, fig. 1.)

Hauteur du corps à la longueur :: 1 : 4, trente-sept écailles le long de la ligne latérale, neuf dans un rang oblique de la hauteur.

D. 10; A. 7; C. 19; P. 15; V. 9.

C'est la plus courte et la plus trapue des espèces de ce genre. La longueur de la tête égale la hauteur du tronc et le quart de la longueur totale. La tête est plate; la bouche petite et transverse; la lèvre est frangée; le dessus est vert; le dessous argenté.

Le canal intestinal est huit fois plus long que le corps, d'un grand diamètre.

M. M'clelland croit qu'il pourrait être le même que le *cyprinus mosario*. S'il y avait des barbillons, ce serait un

Rohita ou une Cirrhine; mais comme l'auteur dit positivement qu'il n'y a pas de barbillons, c'est encore pour moi
une espèce incertaine.

Le CYPRIN PÉTROPHILE.

(*Gonorhynchus petrophilus*, J. M., *Journ. asiat. soc.*, IV, p. 1;
Ind. cypr., p. 281.)

Écailles très-petites; corps et tête alongés; huit rayons à la
dorsale.

D. 8; — A. 8, etc.

La mâchoire inférieure est plate, et sous la tête garnie de lèvres,
pour sucer la végétation qui se développe et s'accumule au fond
des eaux claires et rapides des montagnes. Le museau est alongé,
charnu, sans barbillons; les écailles petites, et un double rang
de pores est percé le long de la ligne latérale; les intestins sont
huit fois plus longs que le corps.

Ce poisson habite le ruisseau Keamon, à six mille pieds
d'élévation au-dessus du niveau de la mer. Il a été observé
par le lieutenant Kutton à la même hauteur dans les montagnes au nord de Simla, aussi bien que dans le Nepaul
par le docteur Campbell.

Le CYPRIN RUPICOLE.

(*Gonorhynchus rupiculus*, J. M., p. 281, tab. 43, fig. 4, 5.)

Museau épais et lisse; pectorales arrondies; nageoires courtes;
la membrane qui les réunit, épaisse et opaque; trente-cinq rayons
le long de la ligne latérale, neuf dans la hauteur du corps.

D. 8; A. 6; C. 20; P. 10; V. 9.

La couleur est brune sur le dos, et blanche, teintée de jaunâtre, sous le ventre; il n'y a pas de taches. Le canal intestinal, étroit, est huit fois aussi long que le corps.

Ce poisson a été pris par M. Griffith dans le Laceh, rivière à peu de milles de Bramacund, à mille pieds de hauteur dans les montagnes de Mishmée.

Le Cyprin bimaculé.

(*Gonorhynchus bimaculatus*, J. M.)

Museau verruqueux, poreux, divisé par une rainure, sans barbillons; une tache noire à la base de la caudale; le lobe inférieur de la caudale plus long que le supérieur; trente-quatre écailles dans la longueur, huit dans la hauteur; les pectorales et les ventrales lancéolées.

D. 9; A. 7; C. 19; P. 13; V. 9.

M. M'clelland donne la figure de cette espèce d'après celle de la collection de M. Buchanan, qui a trouvé ce petit poisson dans les ruisseaux rocheux de la province du Behar, du district de Gorackpoor; mais l'auteur a retrouvé un individu de l'espèce dans une collection faite dans le Nepaul par M. Hodgson.

Le Cyprin ostréographe.

(*Perilampus ostreographus*, J. M., p. 289, tab. 45, fig. 3.)

Le dos droit; les côtés marqués de plusieurs lignes bleues.

D. 12; A. 16; C. 19; P. 15; V. 8.

La hauteur égale la moitié de la longueur du corps; le dos est droit; le ventre arqué et saillant, la tête est petite; la bouche comprimée; les côtés sont marqués de bandelettes pourpres, étendues de l'opercule à la caudale. La couleur du dos est un bleu noirâtre, devenant rouge ou laqué sur l'abdomen. On compte trente-cinq écailles dans la longueur, et quinze dans la hauteur.

L'estomac a en longueur moitié de celle du corps; il est suivi d'un intestin deux fois plus long à peu près. Sa nourriture se compose d'insectes.

L'espèce se trouve dans les eaux mortes de l'Assam, aussi bien que dans les grandes rivières : elle est aussi abondante dans quelques parties du Bengale, et elle est du petit nombre de celles qui ont échappé aux recherches de M. Buchanan.

Ce poisson atteint trois pouces, et son abondance en fait un article de nourriture.

Le CYPRIN PERSÉE.

(*Perilampus perseus,* J. M., p. 289, tab. 46, fig. 5.)

Pectorales et ventrales alongées; une raie bleue de chaque côté

D. 19; A. 21; C. —, P. 8, V. 5.

La tête est petite; le dos est droit; la bouche fendue au bout et au haut du museau, de sorte qu'elle affleure la surface de l'eau quand le poisson nage.

M. M'clelland dit que c'est une des espèces qui présentent le mieux les caractères de ses périlampes.

Le CYPRIN ÉPAULARD.

(*Leuciscus branchiatus,* J. M., p. 293, tab. 42, fig. 5.)

Le scapulaire et les opercules ont une large surface argentée; quarante-quatre écailles dans la longueur et dix dans la hauteur.

D. 8; A. 10, C. 18, P. 14, V. 9.

Cette espèce a le dos bleu foncé, et du noir sur l'anale et la caudale.

Elle vient de l'Assam et du nord du Bengale. M. Griffith dit qu'elle est commune dans le Brahmaputra, et qu'elle mord bien à la mouche.

Le Cyprin a petite langue.

(Leuciscus elingulatus, J. M., p. 294, tab. 57, fig. 4.)

Point de barbillons; la tête haute et comprimée; le museau obtus; trente-six écailles le long de la ligne latérale, et onze dans la hauteur.

D. 9; A. 10; C. 19, P. 13, V. 9.

La langue est presque nulle; l'intestin et l'estomac constituent un tube égal à la longueur du corps.

L'auteur l'avait regardé comme un périlampe dans la première description publiée par lui dans le VIIe volume du Journal de la société asiatique; mais son museau est court comme celui des leuciscus. Il vient des ruisseaux des montagnes de Simla.

Le Cyprin leucère.

(Opsarius leucerus, J. M., p. 295, tab. 47, fig. 3.)

La hauteur du corps égale au quart de la longueur. Les ventrales très-petites.

D. 9, A. 14; C. 18, P. 13, V. 9.

Les écailles sont petites; l'estomac court, épais, pyriforme et terminé par un intestin court et charnu, qui se rend droit à l'anus; le profil du dos est droit; celui du ventre est arqué et saillant.

16. 46

Quelques étangs des environs de Calcutta en contiennent une grande quantité. Après une première pluie qui tomba à la fin de Juin sur une surface qui avait été desséchée et brûlée pendant plusieurs mois, M. M'clelland fut surpris du grand nombre de personnes pêchant dans les fossés de l'esplanade, qui paraissait d'abord être tout-à-fait sans communication avec l'étang d'où pouvait venir ce poisson; mais après des recherches, il trouva que ce poisson montait par la tranchée d'un réservoir peu éloigné, et qu'il devait surmonter, pour arriver de ce réservoir, une chute de plusieurs pieds.

Le Cyprin brachial.

(*Opsarius brachialis*, J. M., p. 297, pl. 48, fig. 6.)

Tête courte; les pectorales reculées en arrière à cause de la largeur des os de l'épaule; les côtes marquées de deux rangs de taches transversales.

D. 9, A. 13, C. 19, P. 14, V. 9.

M. M'clelland dit qu'il est probable que cette espèce n'est qu'une variété de son *Opsarius maculatus*, ou, ce qui est le même, du *cyprinus tileo* de M. Buchanan.

Le Cyprin balisandre.

(*Opsarius acanthopterus*, J. M., p. 422, et p. 298, tab. 48, fig. 7.)

Les côtés marqués de barres vertes, transversales; la dorsale opposée à la ventrale et contenant neuf rayons très-écartés l'un de l'autre; le premier précédé par un rayon court et isolé.

D. 9...

La bouche est grande; le dos vert jaunâtre, avec du rougeâtre sur le reste du corps; les côtés croisés·de plusieurs bandes vertes; le premier rayon de la dorsale est court et épineux.

Le canal alimentaire est replié et contourné en cercles dans la cavité de l'abdomen; les tuniques de l'estomac et de l'intestin sont minces.

M. M'clelland ayant perdu le poisson, nommé dans l'Assam *balisandra,* n'a pu revoir sa première description, et il a quelque doute sur cette espèce. Dans son Synopsis il l'avait d'abord nommé *opsarius latipinnatus.* Il me semble que la nature du rayon de la dorsale aurait dû faire ranger ce poisson dans son genre *Systomus.* Il en fait un *opsarius,* parce que les Indiens disent l'espèce carnassière, ce qui ne s'accorderait guère avec la longueur du canal intestinal.

FIN DU TOME SEIZIÈME.

AVIS AU RELIEUR

POUR PLACER LES PLANCHES.

9 782329 342771